Wildbret-Hygiene

Das Buch zur Guten Hygienepraxis bei Wild

7. Auflage 2019

Impressum

7. aktualisierte Auflage 2019

Wildbret-Hygiene

Das Buch zur Guten Hygienepraxis bei Wild

Ausbildungsbuch auf Basis des „Hygienepakets“ der EU

Verordnung (EG) Nr. 178/2002; Verordnung (EG) Nr. 852/2004;
Verordnung (EG) Nr. 853/2004; Durchführungsverordnung (EU) 2019/627;
Verordnung (EU) 2017/625; Verordnung (EG) Nr. 2075/2005;
Durchführungsverordnung (EU) 2015/1375.
Verordnung (EG) Nr. 2073/2005.

Lebensmittelsicherheits- und Verbraucherschutzgesetz
(LMSVG; BGBl. I Nr. 13/2004)
Lebensmittelhygiene-Direktvermarktungsverordnung
(BGBl. II Nr. 108/2006).
Lebensmittelhygiene-Einzelhandelsverordnung
(BGBl. II Nr. 92/2006).
Alle Rechtsvorschriften in der jeweils geltenden Fassung – Stand August 2021.

Autoren:
Prof. Dr. med. vet. Rudolf Winkelmayer, Dipl.ECVPH i.R.,
Ao. Univ-Prof. Dr. med. vet. Peter Paulsen, Dipl.ECVPH,
Mag. Dr. iur. Peter Lebersorger,
Hans-Friedemann Zedka

Layout und Lektorat: Hans-Friedemann Zedka.
Repro: Reprozwölf, Wien.
Druck: Druckerei Ferdinand Berger & Söhne GmbH, Horn
Gedruckt auf chlorfrei gebleichtem Papier – umweltfreundlich.

ISBN 978-3-85208-166-3

Wildbret-Hygiene

Das Buch zur Guten Hygienepraxis bei Wild

Prof. Dr. med. vet. Rudolf Winkelmayer
Ao. Univ.-Prof. Dr. med. vet. Peter Paulsen
Mag. Dr. iur. Peter Lebersorger
Hans-Friedemann Zedka

Österreichischer Jagd- und Fischerei-Verlag

Fotos:
Ing. Franz Kovacs (Fotoserien Aufbrechen – Ausweiden).
Forschungsinstitut für Wildtierkunde und Ökologie der Vet.-Med. Univ. Wien;
AGES – Institut für veterinärmedizinische Untersuchungen Innsbruck; Fa. Testo (Messgeräte); Dr. Renate Edelhofer, Dr. Pavel Forejtek, Dr. Peter Paulsen,
Dr. Heinrich Prosl, Dr. Josef Ursprung, Dr. Rudolf Winkelmayer.
Franz Bagyi, Michael Breuer, Helmut Ctverak, Richard F. Flasch, Michael Migos, Werner Nagel, DI Matus Rajsky, Johann Reuscher, Ing. Walter Riener, Manfred Rogl, Karl-Heinz Volkmar, Josef Winhofer, Marianne Winkelmayer, Fritz Wolf, Hans-Friedemann Zedka. – Umschlagbild Dieter Hopf.
Weitere Fotos und Grafiken stammen aus dem Archiv der Jagdzeitschrift „Weidwerk“

Für ihre Unterstützung und die fachliche Durchsicht danken wir folgenden Personen sehr herzlich *(in alphabetischer Reihenfolge):*

BUNDESMINISTERIUM FÜR GESUNDHEIT

MR Dr. Martin Luttenfeldner,
Abteilung III/B/12
Bundesministerium für Soziales, Gesundheit
Pflege und Konsumentenschutz

vetmeduni vienna

Univ.-Prof. i. R. Dr. med. vet. Heinrich Prosl,
(ehm. Institut für Parasitologie und Zoologie –
Department für Pathobiologie –
Veterinärmedizinische Universität Wien)

MARKTAMT

Dr. med. vet. Robert Riedl, Dipl.ECVPH,
Fachtierarzt für Lebensmittel,
Leiter der Landeskommission für Zoonosen,
Magistrat der Stadt Wien
MA 59 – Marktservice und Lebensmittelsicherheit
Direktion, Gruppe Lebensmittelsicherheit

Dr. Iris Schuhmann-Irschik,
Amtstierärztin, BH Horn, NÖ Landesregierung

vetmeduni vienna

em. Univ.-Prof. Dr. med. vet. Dr. h.c. Frans J. M. Smulders, Dipl.ECVPH,
ehem. Institut für Fleischhygiene, Fleischtechnologie und
Lebensmittelwissenschaft – Department für öffentliches
Gesundheitswesen in der Veterinärmedizin
– Veterinärmedizinische Universität Wien

Inhalt

Inhaltsverzeichnis

Inhaltsverzeichnis

In eigener Sache:
Das richtige Wort am richtigen Ort: Im Zuge der Bearbeitung des Buches stellte es sich als sinnvoll heraus, die Bezeichnungen der Weidmannssprache, die wissenschaftlichen Fachausdrücke sowie die Begriffe aus Zoologie, Veterinärmedizin usw. gleichsam „gemischt“ zu verwenden, sodass ein Höchstmaß an Verständnis beim Leser gewährleistet ist. Um eine bessere Lesbarkeit von Personenbezeichnungen und personenbezogenen Wörtern zu ermöglichen, wird in diesem Buch die männliche Form verwendet. Diese Begriffe gelten aber auch für alle Geschlechter.

Wildfleisch – hochwertiges Naturprodukt und wertvolles Nahrungsmittel von höchster ethischer Qualität

Jahrtausende lang gehörte das Aufspüren, Jagen und Erbeuten von Wild zur wichtigsten Beschäftigung der Menschen. Ausdauer, Geschick und Mut waren gefordert, denn nicht selten bedeutete Jagd auch Lebensgefahr für die Jäger. Aber der Preis für den hohen Einsatz lohnte sich: Die Beute – das Wildfleisch – stillte den Hunger und sicherte das Überleben. Darin liegen sicher die Wurzeln der hohen Wertschätzung, die dem Fleisch im Allgemeinen und dem Wildfleisch im Besonderen über die Zeit entgegengebracht wurde und heute zunehmend entgegengebracht wird.

Aus aktueller ethischer und ökologischer Sicht ist Wildfleisch als hochwertiges Naturprodukt anzusehen, da es von Tieren stammt, die in der freien Wildbahn nahezu uneingeschränkte Bewegungsfreiheit und Möglichkeit der individuellen Nahrungsselektion hatten, was für die Aromabildung und Zusammensetzung des Fleisches – auch des wertvollen Fettes – bedeutsam ist. Seine Zartheit und sein Geschmack machen es zur begehrten Delikatesse. Bei weidgerechter Jagd gewonnenes Wildbret gehört auch zum im höchsten Maße tierschutzgerecht sowie ökologisch vernünftig gewonnenen Fleisch.

Mit der Jagd nutzen die Jäger den Überschuss der Natur – sozusagen die Zinsen. Korrekter Umgang mit Wildbret ist somit auch ein grundlegender Teil der Weidgerechtigkeit, der aus der Jägerausbildung nicht wegzudenken ist.

Wildfleisch ist aber nicht nur ein hochwertiges, sondern auch ein leicht verderbliches Lebensmittel. Der Umgang mit Fleisch erfordert daher besondere Sachkenntnis und fundiertes Hygienebewusstsein. Alle fachlichen Grundlagen dafür bietet das vorliegende Buch, nun in aktualisierter Form bereits in 7. Auflage. Dieses international höchst erfolgreiche, verständlich aufbereitete und übersichtlich gegliederte Sachbuch wird die Ausbildung zur „kundigen Person" weiter verbessern und ist darüber hinaus auch als hilfreiches Nachschlagewerk für alle fachlich Interessierten, wie etwa Studenten, Tierärzte, Lebensmittelfachleute, Ernährungswissenschafter, und viele andere gedacht.

Der hier vorliegende Nachdruck wurde, soweit nötig, aktualisiert. Insbesondere das Unterkapitel „Einige Grundregeln der Seuchenhygiene im Zusammenhang mit der Jagd" wurde aufgewertet und unter das Schlagwort „Biosicherheit bei der Jagd" gestellt (siehe Seite 203). Seit der Erstauflage 2004 steht dieses Buch nun für fünfzehn Jahre der Aus- und Weiterbildung der Jäger in Lebensmittelhygiene und -sicherheit. Leider war es Dr. Lebersorger nicht vergönnt, an diesen Änderungen mitzuwirken. Die Autoren hoffen aber, dass dieses Buch dazu beitragen wird, Dr. Lebersorger als kompetenten und hilfsbereiten Kollegen und Freund in Erinnerung zu behalten.

Rudolf Winkelmayer, Peter Paulsen, Hans-Friedemann Zedka

Wien, im November 2018

Rechtliche Grundlagen

Kapitelinhalt:
- EU-Recht
- Österreichisches Recht

EU-Recht

Warum europäische Regeln?

Die Mitgliedschaft Österreichs in der Europäischen Union führt auch im Bereich der Wildbrethygiene zu gemeinschaftlichen Rechtsvorschriften, die eine einheitliche Behandlung des von Jägern länderübergreifend in Verkehr gebrachten Wildbrets gewährleisten sollen. In der EU wurde der Bereich Wildbrethygiene bis zum Jahr 2006 in erster Linie durch die Richtlinie 92/45/EWG vom 16. Juni 1992 („Wildbret-Richtlinie“) geregelt. Der Begriff der „Wildbrethygiene“ wurde neu geprägt: Es ging um alle Aspekte rund um die gesundheitlichen und tierseuchenrechtlichen Fragen beim Erlegen von Wild und bei der Vermarktung von Wildfleisch. Fleischskandale und Qualitätsprobleme bei Fleisch aus landwirtschaftlicher Nutztierhaltung veranlassten die EU-Gremien damals, über eine Verbindung, Harmonisierung und Vereinfachung der EU-Bestimmungen über Lebensmittelsicherheit und Hygiene nachzudenken – und dabei auch die Bestimmungen über Fleisch von frei lebendem Wild „mitzuregeln“.
Österreich hatte bei der Umsetzung dieser Richtlinie in nationales Recht die EU-Normen in das bestehende System der Schlachttier- und Fleischuntersuchung integriert, dessen Grundlage damals das Fleischuntersuchungsgesetz war. Aufgrund dieses Gesetzes wurde 1994 die Wildfleisch-Verordnung (WF-VO) erlassen. Diese mit 1. Juli 1994 in Kraft getretene Wildfleisch-Verordnung war ein Meilenstein für die Verbesserung der Wildbrethygiene und zugleich ein Wendepunkt im Umgang mit dem hochwertigen Produkt „Wildbret“. Auch wenn schon vor dieser Zeit viele Jäger sehr sorgsam und verantwortungsbewusst mit Wildbret umgegangen waren, wurden durch die damalige WF-VO verbindliche Hygienenormen festgesetzt, die in der Folge zu einer deutlichen Verbesserung der handelsüblichen Wildbretqualität führten.
Das Lebensmittelhygiene-Recht der EU gilt seit 1. Jänner 2006, hygienerelevante Teile bereits seit 1. Juni 2005. Alle EU-Mitgliedstaaten leiteten gemeinsam einen weiter fortschreitenden Prozess ein, dessen übergeordnetes Ziel die verbesserte „Lebensmittelsicherheit“ für den Konsumenten ist. Erreicht werden soll dieses Ziel durch die unmittelbar in der gesamten EU (ohne weitere Umsetzung in den jeweiligen Mitgliedstaaten – wie etwa in österreichisches Recht) anzuwendenden heute gültigen Rechtsvorschriften.

Folgende Verordnungen bilden das EU-Hygienepaket:

- VERORDNUNG (EG) Nr. 178/2002 zur Festlegung der **allgemeinen Grundsätze und Anforderungen des Lebensmittelrechts,** zur Errichtung der Europäischen Behörde für Lebensmittelsicherheit und zur Festlegung von Verfahren zur Lebensmittelsicherheit, i. d. F. Verordnung (EG) Nr. 652/2014.
- VERORDNUNG (EG) Nr. 852/2004 über **Lebensmittelhygiene** i. d. F. Verordnung (EG) Nr. 517/2013.
- VERORDNUNG (EG) Nr. 853/2004 mit spezifischen **Hygienevorschriften für Lebensmittel tierischen Ursprungs,** i. d. F. Verordnung (EU) Nr. 219/2009.
- VERORDNUNG (EU) 2017/625 des Europäischen Parlaments und des Rates vom 15. März 2017 über amtliche Kontrollen und andere amtliche Tätigkeiten zur Gewährleistung der Anwendung des Lebens- und Futtermittelrechts und der Vorschriften über Tiergesundheit und Tierschutz, Pflanzengesundheit und Pflanzenschutzmittel,... („Kontrollverordnung") und DURCHFÜHRUNGSVERORDNUNG (EU) 2019/627 DER KOMMISSION vom 15. März 2019 zur Festlegung einheitlicher praktischer Modalitäten für die Durchführung der amtlichen Kontrollen in Bezug auf für den menschlichen Verzehr bestimmte Erzeugnisse tierischen Ursprungs. In letztgenannter Verordnung wird der Ablauf der tierärztlichen Wildfleischuntersuchung geregelt.

Die in allen EU-Mitgliedstaaten direkt anzuwendenden Verordnungen regeln nicht alles abschließend und endgültig, sondern bieten auch Bereiche, in denen jeder Mitgliedstaat selbst Regelungen treffen kann. Das EU-Hygienepaket wurde daher durch das Lebensmittelsicherheits- und Verbraucherschutzgesetz (LMSVG; BGBl. I Nr. 13/2006 i. d. g. F.) sowie einige nationale Verordnungen vervollständigt. Für die direkt vermarktenden Jäger ist die Lebensmittelhygiene-Direktvermarktungsverordnung (BGBl. II Nr. 108/2006 i. d. g. F.) besonders wichtig.

Dieses EU-Hygienepaket ersetzte das davor gültige Lebensmittelgesetz sowie das bisherige Fleischuntersuchungsgesetz – und somit auch die darauf basierende Wildfleisch-Verordnung (WF-VO) aus dem Jahr 1994. Aus lebensmittelhygienischer Sicht waren die Änderungen im Umgang mit Wild und Wildbret geringfügig, doch gab es eine Reihe von Details, die die Jäger ab sofort zu beachten hatten. Alle diese Neuerungen waren jedenfalls als Fortschritt zu werten, da die praktischen Erfahrungen aus dem Umgang mit der Wildfleisch-Verordnung von Österreich aus in die EU-Verordnungen eingebracht werden konnten. An dieser Stelle darf keinesfalls unerwähnt bleiben, dass die Österreichische Wildfleisch-Verordnung als Basis für dieses EU-Hygienepaket für den Bereich Wild und Wildfleisch gedient hatte.

Im Gegensatz zur Rechtslage bis 1. 1. 2006 wurden die Rechtsvorschriften, welche die hygienebezogenen Maßnahmen beschreiben, für die der Lebensmittelunternehmer verantwortlich ist, auch legistisch von jenen Normen getrennt, mit denen die Kontrollmaßnahmen festgelegt wurden, für die die Behörden zuständig sind. Die Verordnungen (EG) Nr. 178/2002 i. d. g. F., (EG) Nr. 852/2004

i. d. g. F. und (EG) Nr. 853/2004 i. d. g. F. richten sich ausdrücklich an den Lebensmittelunternehmer. Die Durchführungsverordnung (EU) 2019/627 i. d. g. F. ist hingegen in erster Linie an die kontrollierende Behörde gerichtet.
Die wesentlichste Neuerung des Lebensmittelhygiene-Rechts der EU, die auch voll für den Bereich der Jagd gilt, ist, dass den Anbietern von Lebensmitteln ausdrücklich die volle Verantwortung für die gesundheitliche Unbedenklichkeit der von ihnen in Verkehr gebrachten Lebensmittel übertragen wurde. **Auch das Schenken von Lebensmitteln ist diesbezüglich als ein Inverkehrbringen zu werten!**

Definitionen

Frei lebendes Wild

Unter „frei lebendem Wild" sind gemäß Anhang I der Verordnung (EG) Nr. 853/2004 i. d. g. F. sowohl frei lebende Huftiere und Hasenartige sowie andere Landsäugetiere, die für den menschlichen Verzehr gejagt werden und nach dem geltenden Recht des betreffenden EU-Mitgliedstaates als Wild gelten, zu verstehen. Unter dieses „frei lebende Wild" fallen auch frei lebende Vogelarten, die für den menschlichen Verzehr gejagt werden. Ebenso fallen unter den Begriff „frei lebendes Wild" jene Säugetiere, die in einem geschlossenen Gehege unter ähnlichen Bedingungen leben wie frei lebendes Wild (gemeint sind hier Schalenwildarten, die in einem umfriedeten Eigenjagdgebiet, also in einem Gehege mit mindestens Eigenjagdgröße, gehalten werden).

Kleinwild

Frei lebendes Federwild und frei lebende Hasentiere (Wildkaninchen, Feldhasen, Schneehasen und Nagetiere, wie z. B. auch Murmeltiere) werden unter dem Begriff „Kleinwild" zusammengefasst.

Großwild

Die frei lebenden Landsäugetiere, die nicht „Kleinwild" sind, werden als „Großwild" bezeichnet (im Wesentlichen sind das unsere Schalenwildarten, aber z. B. auch Bär oder Dachs).

Lebensmittel

„Lebensmittel" sind alle Stoffe oder Erzeugnisse, die dazu bestimmt sind oder von denen nach vernünftigem Ermessen erwartet werden kann, dass sie in verarbeitetem, teilweise verarbeitetem oder unverarbeitetem Zustand von Menschen aufgenommen werden. Darunter fällt definitionsgemäß natürlich auch Wildbret (Wildfleisch).

Lebensmittelunternehmen

„Lebensmittelunternehmen" sind alle Unternehmen, gleichgültig, ob sie auf Gewinnerzielung ausgerichtet sind oder nicht und ob sie öffentlich oder privat sind, die eine mit der Produktion, der Verarbeitung und dem Vertrieb von Lebensmitteln zusammenhängende Tätigkeit ausführen.

Lebensmittelunternehmer

„Lebensmittelunternehmer“ sind natürliche oder juristische Personen, die dafür verantwortlich sind, dass die Anforderungen des Lebensmittelrechts in dem ihrer Kontrolle unterstehenden Lebensmittelunternehmen erfüllt werden. Darunter fällt auch ein Jäger, der Wildbret zerwirkt, um es (auf eigene Rechnung) zu vermarkten, oder ein Jäger, der Wild zum Verkauf bereithält bzw. auch im Ganzen verkauft. In der Regel ist der Jagdleiter der Lebensmittelunternehmer. Ein Jäger, der nur für den privaten häuslichen Verbrauch jagt, ist kein Lebensmittelunternehmer. Siehe Kapitel „Eigenkontrolle, Selbstevaluierung, Checklisten“, Seite 147.

Inverkehrbringen

„Inverkehrbringen“ ist das Bereithalten von Lebensmitteln für Verkaufszwecke einschließlich des Anbietens zum Verkauf oder jede andere Form der Weitergabe, gleichgültig, ob unentgeltlich oder nicht, sowie der Verkauf, der Vertrieb oder andere Formen der Weitergabe selbst.

Rückverfolgbarkeit

„Rückverfolgbarkeit“ ist die Möglichkeit, ein Lebensmittel, ein der Lebensmittelgewinnung dienendes Tier oder einen Stoff, der dazu bestimmt ist oder von dem erwartet werden kann, dass er in einem Lebensmittel verarbeitet wird, durch alle Produktions-, Verarbeitungs- und Vertriebsstufen zu verfolgen.
Hier geht es für den Jäger darum, das Prinzip *„eine Stufe vorwärts und eine Stufe zurück“* einzuhalten, wenn er Wild nicht nur im häuslichen Bereich verzehrt, sondern auch direkt an den Endverbraucher oder an den Einzelhandel (z. B. Gastronomie etc.) abgibt. Auch diese Adressaten müssen wiederum belegen können, von wem sie das Wild bezogen haben („eine Stufe zurück“). Die Abgabe an den Endverbraucher und der Endverbrauch selbst sind davon ausgenommen (es reicht „Abgabe an privat“ anzuführen).

Endverbraucher

Endverbraucher sind die letzten Verbraucher eines Lebensmittels, die das Lebensmittel nicht im Rahmen der Tätigkeit eines Lebensmittelunternehmens verwenden.

Einzelhandel

Einzelhandel ist die Handhabung und/oder Be- oder Verarbeitung von Lebensmitteln und ihre Lagerung am Ort des Verkaufs oder der Abgabe an den Endverbraucher; dazu gehören Verladestellen, Betriebskantinen, Großküchen, Restaurants u. ä. Einrichtungen der Lebensmittelversorgung, (Fleischer-)Läden, Supermarkt-Vertriebszentren und Großhandelsverkaufsstellen.

Primärproduktion

Primärproduktion ist die Erzeugung, die Aufzucht oder der Anbau von Primärprodukten einschließlich Ernten, Melken und landwirtschaftlicher Nutztierproduktion vor dem Schlachten. Sie umfasst auch das Jagen (einschließlich Aufbrechen/ Ausweiden bis zum Verbringen in die Kühleinrichtung) und Fischen sowie das Ernten wild wachsender Erzeugnisse.

Amtlicher Tierarzt

Tierarzt, der für eine bestimmte amtliche Tätigkeit (in Zusammenhang mit diesem Fachbuch etwa die Agenden der Schlachttier- und Fleischuntersuchung) von der Behörde für einen gewissen Wirkungsbereich (z. B. Gemeinde) beauftragt ist. – Für jede Gemeinde ist zumindest ein amtlicher Tierarzt und ein Stellvertreter bestellt.

Amtstierarzt

Tierarzt, der bei einer Behörde (Bezirksverwaltungsbehörde) für die gesamten Veterinärangelegenheiten zuständig ist.

Ausbildung von Jägern in Gesundheits- und Hygienefragen

Der Aufmerksamkeit des Jägers vor dem Erlegen eines Wildtieres kommt deshalb große Bedeutung zu, da viele krankhafte Veränderungen nur im Zustand des Lebens erkannt werden können (z. B. Wesensveränderungen, auffällige Lautäußerungen). Aus Tradition stehen dem Jäger die Innereien in Form des Jägerrechtes zu, welche häufig frisch nach dem Erlegen zubereitet werden. Gerade die Untersuchung dieser Innereien liefert aber wesentliche Hinweise auf den Gesundheitszustand des Wildtieres und somit auf seine Verwendbarkeit als Lebensmittel. Die Beobachtungen am lebenden Stück und die Aufmerksamkeit beim Aufbrechen sind dem dafür ausgebildeten Jäger übertragen.
Alle Personen, die Wild bejagen, um Wildbret für den menschlichen Verzehr in der Folge in Verkehr zu bringen, müssen daher auf dem Gebiet der Wildpathologie und der Produktion und Behandlung von Wildbret ausreichend geschult sein, um das Wild vor Ort einer ersten Untersuchung unterziehen zu können. Das gilt für alle Jäger/Erleger, die ihre Untersuchung auf der Seite 1 des bisherigen Wildbret-Anhängers oder direkt auf der neuen Bescheinigung für Wildkörper dokumentieren. Dies wird durch die erfolgreiche Ablegung der Jagdprüfung erfüllt. Im Rahmen der Vorbereitungskurse für die Jungjägerprüfung werden die Kandidaten entsprechend ausgebildet, ihre Aufgaben beim Beobachten, Ansprechen und Ausweiden der Wildstücke zu erfüllen.
Die Untersuchung der Innereien ist Aufgabe der kundigen Person, die wiederum aus den Reihen der Jäger kommt.
Es genügt auch, wenn mindestens eine Person einer Jagdgesellschaft diesbezüglich geschult ist. Der Ausdruck „kundige Person“ kennzeichnet eine solche Person, die eine entsprechende Ausbildung der österreichischen Landesjagdverbände oder der Landes-Veterinärbehörden absolviert hat.
Die kundige Person könnte etwa auch der Jagdaufseher sein, wenn er Teil der Jagdgesellschaft oder in unmittelbarer Nähe des Gebiets niedergelassen ist, in dem die Jagd stattfindet. Im letztgenannten Fall muss der Jäger das Wild der kundigen Person vorlegen und diese über etwaige vor dem Erlegen beobachtete Verhaltensstörungen unterrichten.

Die zuständige Behörde muss sich davon überzeugen, dass die Schulungen für die Jäger ausreichend sind, damit diese als kundige Personen registriert werden können.
Die Ausbildungslehrgänge müssen mindestens folgende Gebiete umfassen:

- normale Anatomie, Physiologie und Verhaltensweisen von frei lebendem Wild;
- abnorme Verhaltensweisen und pathologische Veränderungen beim Wild infolge von Krankheiten, Umweltverschmutzung oder sonstigen Faktoren, die die menschliche Gesundheit bei Verzehr von Wildbret schädigen können;
- Hygiene- und Verfahrensvorschriften für den Umgang mit Wildkörpern nach dem Erlegen, ihr Befördern, Ausweiden usw.;
- Rechts- und Verwaltungsvorschriften auf dem Gebiet der Gesundheit von Mensch und Tier und auf hygienerechtlichem Gebiet, die für das Inverkehrbringen von Wildbret von Belang sind.

Die zuständige Behörde stellt gemeinsam mit den Jagdverbänden sicher, dass derartige Lehrgänge angeboten werden. In Österreich bieten alle Landesjagdverbände oder die jeweiligen Landes-Veterinärbehörden Ausbildungslehrgänge für kundige Personen an. Im Rahmen der Vorbereitungskurse für die Jungjägerprüfung werden die Jäger entsprechend ausgebildet, ihre Aufgaben beim Beobachten, Ansprechen und Ausweiden der Wildstücke zu erfüllen. Die Landes-Veterinärbehörden arbeiten hier mit den Landesjagdverbänden eng zusammen.

Verwertung von Wild

Es bieten sich 4 Möglichkeiten an:

A Wild wird für den Eigenbedarf verwendet (Eigenbedarf ist gegeben, wenn ausschließlich ein privater/gesellschaftlicher Zweck für die Verwendung vorliegt)

B Wild wird an einen Wildbearbeitungsbetrieb abgegeben

C Wild wird direkt vermarktet

D Wild wird nicht dem menschlichen Verzehr zugeführt

A **Wild wird für den Eigenbedarf verwendet** (Wild wird selbst verzehrt – Eigenverzehr; privater häuslicher Verbrauch)
Das Lebensmittelhygienerecht gilt nicht für die Primärproduktion für den privaten häuslichen Verbrauch. Der Grundsatz: „Zu Hause ist erlaubt, was gefällt“ drückt auch die individuelle Freiheit in unserer Gesellschaft aus.
Die volle Verantwortung für die gesundheitliche Unbedenklichkeit der im privaten häuslichen Verbrauch verwendeten Lebensmittel besteht wie bei allen anderen Lebensmitteln auch. Die allgemeine Strafbarkeit (leichte oder grobe

Fahrlässigkeit; Vorsatz) in diesem Bereich – wie bei Pilzen, Bärlauch, Honig, Eiern, Getränken etc. – ist natürlich nicht ausgeschlossen.

B Wild wird an einen Wildbearbeitungsbetrieb abgegeben

Grundsätzlicher Umgang mit frei lebendem Großwild – Behandlung von Großwild

❶ Nach dem Erlegen des frei lebenden Großwilds müssen Magen und Gedärme so bald wie möglich entfernt und dabei untersucht werden; erforderlichenfalls müssen die Tiere entblutet werden.

Anmerkung: Der Jäger/Erleger hat das Wild vor dem Erlegen einer Lebendtieruntersuchung zu unterziehen. Es gilt als Leitlinie für die Gute Hygienepraxis: Ausweiden spätestens 3 Stunden nach dem Erlegen; sonst gilt das Wildstück als auffällig und ist dem amtlichen Tierarzt vorzulegen – siehe Seite 1 des Wildbret-Anhängers und Bescheinigung für Wildkörper (etwa in Niederösterreich und Salzburg).

❷ Die kundige Person muss den Wildkörper und alle ausgenommenen Eingeweide (Herz, Lunge, Leber, Milz, Nieren – nicht aber Magen und Gedärme, denn die waren schon vom Jäger/Erleger zu untersuchen) auf Merkmale untersuchen, die darauf schließen lassen, dass das Fleisch gesundheitlich bedenklich sein könnte. Die Untersuchung muss so bald wie möglich nach dem Erlegen stattfinden.

Anmerkung: Diese Untersuchung hat so bald wie möglich nach dem Erlegen zu erfolgen, im Sinne einer Guten Hygienepraxis jedoch binnen 36 Stunden.

❸ Soll Fleisch von frei lebendem Großwild über einen Wildbearbeitungsbetrieb vermarktet werden, so müssen die Wildkörper so bald wie möglich nach der unter Ziffer 2 genannten Untersuchung zu einem Wildbearbeitungsbetrieb befördert werden.

❹ a) Werden bei der Untersuchung gemäß Ziffer 2 keine auffälligen Merkmale festgestellt, vor dem Erlegen keine Verhaltensstörungen beobachtet und besteht kein Verdacht auf Umweltkontamination, so muss die kundige Person dem Wildkörper eine zur späteren Identifikation nummerierte und mit ihrer eigenen amtlichen Identifikationsnummer versehene Bescheinigung beigeben, in der dies dokumentiert wird (Bescheinigung für Wildkörper). Diese Bescheinigungen sind in Blockform zu je 50 fortlaufend nummerierten Bescheinigungen mit einer selbstdurchschreibenden Durch-

schrift ausgestaltet. Die kundige Person übernimmt die Angaben des vom Jäger/Erleger ausgefüllten Wildbret-Anhängers durch Übertragung in den eingerandeten Teil der Bescheinigung. Den Wildbret-Anhänger hat die kundige Person sodann aufzubewahren. Falls aus hygienischen Gründen eine Kopie davon aufbewahrt wird, ist das Original zu vernichten. In der Folge füllt die kundige Person den restlichen Teil der Bescheinigung für Wildkörper aus und bringt die Bescheinigung am Wildkörper – wie bisher den Wildbret-Anhänger – an.
Einige Bundesländer (z. B. NÖ und Sbg.) haben diese neuen Bescheinigungen für Wildkörper praxisgerecht modifiziert. In diesen neuen modifizierten Bescheinigungen für Wildkörper kann der Erleger/Jäger selbst Eintragungen machen: Ist der Erleger (Jäger) gleichzeitig auch kundige Person und untersucht das von ihm erlegte Wild selbst – oder führen der Jäger/Erleger und die kundige Person gemeinsam die Jagd durch – oder treffen sich Jäger/Erleger und kundige Person zur Versorgung des Wildes z. B. im Kühlraum, kann in allen diesen Fällen direkt in die Bescheinigung im Block der kundigen Person eingetragen werden. Der Jäger/Erleger unterschreibt dann direkt in der Bescheinigung im Block und ein Wildbret-Anhänger ist in diesen Fällen nicht mehr notwendig. Der Durchschlag der ausgefüllten Bescheinigung dient als Dokumentation. Sind der Jäger/Erleger und die kundige Person nicht ident und treffen sich auch nicht zur Versorgung des Wildes etwa im Kühlraum, dann hat der Jäger/Erleger wie bisher (und wie in den Bundesländern, in denen die Bescheinigung nicht modifiziert wurde) einen Wildbret-Anhänger zu verwenden und am Wildstück anzubringen. Die kundige Person hat die Daten des Jägers/Erlegers vom Wildbret-Anhänger auf die Bescheinigung aus ihrem Block zu übertragen und den vom Wildstück entfernten Wildbret-Anhänger oder eine Kopie davon zur Dokumentation aufzubewahren.
Achtung: In Oberösterreich sind beide Drucksorten (Wildbret-Anhänger und Bescheinigung für Wildkörper) am Wildstück anzubringen, wenn die Meldung nicht auf elektronischem Weg erfolgt. Wird elektronisch gemeldet, genügt – wie in allen anderen Bundesländern – die Anbringung der Bescheinigung.
Wenn die neue Bescheinigung am Tierkörper angebracht ist, brauchen der Kopf und die Eingeweide dem Wildkörper nicht beigefügt zu werden, außer bei Tieren der für Trichinose anfälligen Arten (Wildschweine), deren Kopf (ausgenommen Hauer und Haderer) und Zwerchfell dem Wildkörper wiederum beigefügt werden müssen. Für die unmittelbare Verbringung von Köpfen von Tieren der für Trichinose anfälligen Arten zu einem Tierpräparator zur Herstellung von Jagdtrophäen gibt es hier allerdings eine Erleichterung: Diese unmittelbare Verbringung der Köpfe zum Tierpräparator ist dann zulässig, wenn die kundige Person den Tierpräparator (die „zugelassene technische Anlage") auf der Wildbret-Bescheinigung nennt und damit die zuständige Behörde den Kopf bei positivem Trichinen-Befund später noch amtlich kontrollieren kann. Allen anderen in den Mitgliedstaaten, in denen gejagt wird, noch allfällig zusätzlich gestellten Anforderungen müssen die Jäger ebenso genügen,

Bestätigung: Gesamteindruck, Verhalten, Magen, Gedärme
Verordnung der EU (EG) Nr. 853/2004

laufende Nummer
aus der Bescheinigung

Tag und Zeit des Erlegens

Wildart

Ort des Erlegens

Bitte ankreuzen: ❑ keine Auffälligkeiten, kein Verdacht auf Umweltkontamination – **Geeignet!**

❑ Auffälligkeiten – **Zum amtlichen Tierarzt!**

Anmerkungen zu den Auffälligkeiten ....

Anhänger aufheben!

Name des Jägers

Unterschrift des Jägers

Muster eines Wildbret-Anhängers – mit Ausnahme des grauen Feldes vom Erleger/Jäger auszufüllen (die kundige Person überträgt die Daten dann in die Wildbret-Bescheinigung, siehe unten)

Durchschreibe-Block „Bescheinigung Wildkörper und Eingeweide“ (Wildbret-Bescheinigung, Beispiel Niederösterreich) – diese Bescheinigung ist von der kundigen Person auszufüllen

damit insbesondere bestimmte Rückstände und Stoffe gemäß der Verordnung (EU) 2017/625 über Kontrollmaßnahmen hinsichtlich bestimmter Stoffe und ihrer Rückstände in lebenden Tieren und tierischen Erzeugnissen kontrolliert werden können. Eine parallel erfolgende Kennzeichnung mittels nummerierter Plomben wird ab 2019 vorerst auf freiwilliger Basis erfolgen.

Anmerkung: Bei für Trichinose anfälligen Arten sind vor allem die Zwerchfellpfeiler für die Trichinen-Untersuchung notwendig!

❹ b) Andernfalls – eben bei auffälligen Merkmalen – müssen der Kopf (ausgenommen Hauer, Geweih und Hörner) und alle Eingeweide mit Ausnahme des Magens und der Gedärme beigefügt werden. Die kundige Person, die die Untersuchung vorgenommen hat, muss dem amtlichen Tierarzt mitteilen, welche auffälligen Merkmale, welche Verhaltensstörungen oder welcher Verdacht auf Umweltkontamination sie bewogen hatten, keine Bescheinigung im Sinne von Ziffer 4a auszustellen.

Anmerkung: Mitteilung erfolgt auf der Bescheinigung für Wildkörper!

❹ c) Steht zur Durchführung der Untersuchung nach Ziffer 2 keine kundige Person zur Verfügung, so müssen der Kopf (ausgenommen Hauer, Geweih und Hörner) sowie alle Eingeweide mit Ausnahme des Magens und der Gedärme beim Wildkörper belassen werden.

❺ Die Wildkörper insgesamt müssen nach dem Erlegen innerhalb einer angemessenen Zeitspanne auf nicht mehr als +7 °C (Innereien +3 °C) abgekühlt werden. Soweit es die klimatischen Verhältnisse erlauben, ist eine aktive Kühlung nicht erforderlich.

❻ Während der Beförderung zum Wildbearbeitungsbetrieb muss das Übereinanderlegen von Wildkörpern vermieden werden.

❼ Frei lebendes Großwild, das in einem Wildbearbeitungsbetrieb angeliefert wird, muss dort dem amtlichen Tierarzt zur Untersuchung gestellt werden.

❽ Außerdem darf nicht enthäutetes frei lebendes Großwild nur enthäutet und in Verkehr gebracht werden, wenn es

a) vor der Häutung von anderen Lebensmitteln getrennt gelagert und behandelt und nicht tiefgefroren wird und
b) nach der Häutung einer abschließenden Untersuchung gemäß DF-Verordnung (EU) 2019/627 i. d. g. F. unterzogen wird.

❾ Für das Zerlegen und Entbeinen von freilebendem Großwild gelten die Vorschriften von Anhang III, Abschnitt I, Kapitel V der Verordnung (EG) Nr. 853/2004 i. d. g. F.

Anmerkung: Gelangt Großwild in einen zugelassenen Wildbearbeitungsbetrieb, unterliegt es jedenfalls zusätzlich einer Fleischuntersuchung durch einen amtlichen Tierarzt. Für Trichinose empfängliche Tierarten unterliegen gemäß Durchführungsverordnung (EU) 2015/1375 i. d. g. F. zusätzlich einer Trichinen-Untersuchung.

Erleichterung bei größeren Strecken

Werden mehrere Wildkörper zugleich (z.B. Riegeljagden) in denselben Wildbearbeitungsbetrieb verbracht, kann die kundige Person auch eine Sammelbescheinigung für Großwild – eine „Gemeinsame Erklärung" über das Datum, den Zeitpunkt und den Ort des Erlegens unterfertigen, die nicht direkt an den Tierkörpern angebracht wird. Dann muss aber die Kennzeichnung des einzelnen Wildstückes durch Anbringung einer Bescheinigung für Wildkörper aus dem der „kundigen Person" zugeteilten Block erfolgen – und zwar unter Angabe von Datum der Untersuchung und Unterschrift der kundigen Person. Die Identifikationsnummer jedes dieser Tierkörper entspricht der fortlaufenden Nummer der Bescheinigung für Wildkörper, und alle Identifikationsnummern sind in der „Gemeinsamen Erklärung" anzugeben, sodass eine eindeutige Zuordnung gegeben ist. Die Rückverfolgbarkeit (Herkunftsrevier) muss jedenfalls sichergestellt sein. Die Beurteilung durch den Jäger/Erleger wird dadurch allerdings nicht ersetzt. Das heißt, dass weiterhin alle Stücke entweder einen Wildbret-Anhänger brauchen, der ordnungsgemäß auf Seite 1 auszufüllen ist, oder aber der Jäger/Erleger direkt im Block der kundigen Person bei modifizierten Bescheinigungen (etwa in Niederösterreich oder Salzburg) seine Angaben dokumentiert und auch dort unterschreibt. Möglich ist auch die Kennzeichnung der Tiere mit nummerierten Plomben. Die Plombennummern werden auf den Wildbretbescheinigungen notiert, und die Bescheinigungen nicht am Tierkörper befestigt, aber mit der Lieferung mitgeführt (Regelungen der Bundesländer beachten).

Anmerkung: Rechtliche Vorgaben: Jedes Stück soll innerhalb von 3 Stunden nach der Erlegung aufgebrochen werden. Die Beschau des Wildkörpers und der Eingeweide ist von einer für das Bundesland berechtigten kundigen Person durchzuführen. Diese Untersuchung hat die kundige Person auf der individuell nummerierten Bescheinigung für Wildkörper aus dem eigenen Block zu dokumentieren und am Wildkörper anzubringen. Der Schütze kann seine bei der Erlegung durchgeführte Lebendbeschau direkt im Block der kundigen Person auf der betreffenden Bescheinigung für Wildkörper durch Eintragung und Unterschrift (Niederösterreich und Salzburg) oder durch Ausstellung eines Wildbret-Anhän gers (z. B. die Seite 1 der alten Wildbret-Anhänger) dokumentieren. Wird vom Erleger ein Wildbret-Anhänger ausgestellt, hat die kundige Person diese Angaben auf die Bescheinigung für Wildkörper aus dem eigenen Block zu übertragen. Der Wildbret-Anhänger ist dann von der kundigen

Begleitschein für Kleinwild
Verordnung der EU (EG) Nr. 853/2004

laufende Nummer
lt. Wildfleisch-Protokoll

Zutreffendes ankreuzen:	Wildart	Anzahl	Zutreffendes ankreuzen:	Wildart	Anzahl
☐	Feldhase		☐	Rebhuhn	
☐	Wildkaninchen		☐	*Sonstiges**	
☐	Fasan		☐	*Sonstiges**	
☐	Wildente		☐	*Sonstiges**	

(* Wildart eintragen, z. B. Wildtaube, Schnepfe)

1. Untersuchung durch den für die Jagd verantwortlichen Jäger:
Bestätigung – Gesamteindruck, Verhalten

Tag des Erlegens:

Ort des Erlegens (Gemeinde):

Name des für die Jagd verantwortlichen Jägers:

Zutreffendes bitte ankreuzen:

☐ Keine Auffälligkeiten, kein Verdacht auf Umweltkontamination – **Geeignet!**
☐ Auffälligkeiten – **zum amtlichen Tierarzt!**

Anmerkungen zu den Auffälligkeiten:

Unterschrift des für die Jagd verantwortlichen Jägers:

2. Untersuchung durch die kundige Person:
Bescheinigung – Gesamteindruck

Tag und Zeit der Untersuchung:

Ort der Untersuchung (Gemeinde):

Name der kundigen Person:

Nummer der kundigen Person:

Zutreffendes bitte ankreuzen:

☐ Keine Auffälligkeiten – **Geeignet!**
☐ Auffälligkeiten – **zum amtlichen Tierarzt!**

Anmerkungen zu den Auffälligkeiten:

Unterschrift der kundigen Person:

Begleitschein für Kleinwild (Muster)

Person unter Vermerk der Nummer der Bescheinigung aufzubewahren. Wird die gesamte Strecke einer Jagd an einen Wildbearbeitungsbetrieb abgegeben und von einer kundigen Person beschaut, kann auch die „gemeinsame Erklärung für Schalenwild" verwendet werden.

Grundsätzlicher Umgang mit frei lebendem Kleinwild – Behandlung von Kleinwild

❶ Die kundige Person muss den Wildkörper auf Merkmale hin untersuchen, die darauf schließen lassen, dass das Fleisch gesundheitlich bedenklich sein könnte. Die Untersuchung muss so bald wie möglich nach dem Erlegen stattfinden.

Anmerkung: Der Erleger bzw. der für diese Jagd verantwortliche Leiter der Jagd hat das Wild einer Lebendtieruntersuchung „während der Jagd" zu unterziehen. Die „kundige Person" hat die Wildkörper auf Merkmale zu untersuchen, die auf Auffälligkeiten hinweisen könnten. Die Sammelbescheinigung „Begleitschein für Kleinwild" berücksichtigt diese Untersuchungspflicht!
Anmerkung: Vom Jagdhund aufgegriffene, vorher nicht beschossene Niederwildstücke sind als auffällig zu beurteilen!

❷ Werden bei der Untersuchung auffällige Merkmale festgestellt, vor dem Erlegen Verhaltensstörungen beobachtet oder besteht ein Verdacht auf Umweltkontamination, so muss die kundige Person den amtlichen Tierarzt davon unterrichten.
❸ Soll Fleisch von frei lebendem Kleinwild über einen Wildbearbeitungsbetrieb vermarktet werden, so muss der Wildkörper so bald wie möglich nach der unter Ziffer 1 genannten Untersuchung zu einem Wildbearbeitungsbetrieb befördert werden.
❹ Die Wildkörper insgesamt müssen nach dem Erlegen innerhalb einer angemessenen Zeitspanne auf nicht mehr als +4 °C abgekühlt werden. Soweit es die klimatischen Verhältnisse erlauben, ist eine aktive Kühlung nicht erforderlich.
❺ Die Wildkörper müssen nach dem Eintreffen im Wildbearbeitungsbetrieb ohne ungerechtfertigte Verzögerung ausgeweidet oder „vollständig ausgeweidet" (Anm.: für den Fall, dass sie vorher nur teilweise ausgeweidet waren) werden, sofern die zuständige Behörde keine anderweitige Genehmigung erteilt.
❻ An einen Wildbearbeitungsbetrieb geliefertes frei lebendes Kleinwild muss dort dem amtlichen Tierarzt zur Inspektion vorgeführt werden.
❼ Für das Zerlegen und Entbeinen von frei lebendem Kleinwild gelten die Vorschriften von Anhang III, Abschnitt II, Kapitel V der Verordnung (EG) Nr. 853/2004 i. d. g. F.

Anmerkung: Gelangt Kleinwild in einen Wildbearbeitungsbetrieb, unterliegt es jedenfalls zusätzlich einer weiteren Untersuchung durch den amtlichen Tierarzt. Die Sammelbescheinigung „Begleitschein für Kleinwild" ist vorzulegen!

Kundige Personen aus den Reihen der Jäger – Dokumentationen

Der Landeshauptmann kann gemäß § 27 Abs. 3 LMSVG i. d. g. F. für die Erstuntersuchung von in freier Wildbahn erlegtem Wild gemäß Anhang III Abschnitt IV der Verordnung (EG) Nr. 853/2004 i. d. g. F. entsprechend ausgebildete Jäger heranziehen. Steht keine derartige „kundige Person" zur Verfügung oder werden Auffälligkeiten festgestellt, muss die Untersuchung von einem amtlichen Tierarzt vorgenommen werden.
Die notwendigen Dokumentationen der kundigen Personen erfolgen mittels „Bescheinigung für Wildkörper" (Großwild), Sammelbescheinigung für Großwild „Gemeinsame Erklärung" und Sammelbescheinigung für Kleinwild „Begleitschein für Kleinwild" – erhältlich sind diese bei den jeweiligen Landesjagdverbänden. Eine „Gemeinsame Erklärung" für mehrere Wildkörper ist von der kundigen Person entsprechend den erforderlichen Inhalten zu erstellen.
Bei Großwild ist die Bescheinigung für Wildkörper am Wildkörper anzubringen (richtige Anbringung siehe Seite 125), bei Kleinwild dient der Begleitschein für Kleinwild für die am gleichen Tag und Ort (Jagdgebiet) erlegten Wildtiere.

1

WILDFLEISCHUNTERSUCHUNGSPROTOKOLL

Jagdjahr: 20____

Bezirk: ______________

Name: ______________

Adresse: ______________

Kennnummer: ______________

		BEANSTANDUNGSGRÜNDE		
	untersuchte Stückanzahl je Wildart	keine	Lebendtier untersuchung 1) A	Fleisch-untersuchung 2) B
Rehwild				
Schwarzwild				
Rotwild				
Gamswild				
Muffelwild				
Damwild				

Kundige Personen müssen ein Wildfleischuntersuchungsprotokoll führen (Beispiel)

Die Bescheinigungen sind leserlich auszufüllen und dürfen nicht entfernt werden. Im Wildbearbeitungsbetrieb müssen sie dem amtlichen Tierarzt vorgelegt werden. Im Sinne der Rückverfolgbarkeit gemäß der Verordnung (EG) Nr. 178/2002 i. d. g. F. dienen sie als Aufzeichnung.
Die kundigen Personen dokumentieren ihre Untersuchungen in Form des Blocks mit den Durchschriften der Bescheinigungen für Wildkörper. Ob darüber hinaus weiterhin sogenannte Wildfleischuntersuchungsprotokolle, Summenlisten oder Protokollbücher zu führen sind, müssen die Landesveterinärbehörden entscheiden – hier kann es auch Unterschiede zwischen den einzelnen Bundesländern geben. In diese Protokolle muss von der kundigen Person fortlaufend jedes Wild, welches einer Untersuchung unterzogen wurde, eingetragen werden (Dokumentation der Rückverfolgbarkeit). Bei Summenlisten wird am Jahresende nur die Summe der untersuchten Wildstücke eingetragen. Dieses Wildfleischuntersuchungsprotokoll ist zumindest einmal jährlich (bundesländerweise unterschiedlich) nach den Vorgaben des Landeshauptmannes der zuständigen Bezirksverwaltungsbehörde zu übermitteln. Verpflichet ist dazu – länderweise unterschiedlich – die kundige Person oder das Jagdschutzorgan. – Hinsichtlich der Modalitäten der Meldung sind die Vorgaben der Bundesländer (Meldung online oder in Papierform) zu beachten. Informationen sind über die Jagdverbände und Landesregierungen erhältlich.

C Wild wird direkt vermarktet

Die Verordnung (EG) Nr. 853/2004 i. d. g. F. gilt nicht für Jäger, die kleine Mengen von Wild oder Wildfleisch direkt an den Endverbraucher oder an örtliche Einzelhandelsunternehmen zur direkten Abgabe an den Endverbraucher abgeben.
Im Rahmen des einzelstaatlichen Rechts erlassen die Mitgliedsstaaten Vorschriften für diese Tätigkeiten und Personen. Mit diesen einzelstaatlichen Vorschriften muss gewährleistet werden, dass die Ziele dieser Verordnung erreicht werden.

D Wild wird nicht dem menschlichen Verzehr zugeführt

Behandlung von Kfz-Unfallwild oder sonstigem Unfallwild nach einem Fangschuss

Für Wild, das aus Tierschutzerwägungen erlegt werden muss (z. B. nach Unfällen, unabhängig von Schonzeiten und anderen Beschränkungen) gilt:

- Solches Wild ist zwar vorschriftsmäßig erlegt worden, aber es bestehen immer „Auffälligkeiten“ und „Bedenken gegen das Fleisch“ als Lebensmittel.
- Die Beurteilung, ob das Tier als Lebensmittel „in Verkehr gebracht“ werden kann, wird vom örtlich zuständigen amtlichen Tierarzt durchgeführt. Dazu ist nicht nur der Tierkörper, sondern es sind auch die inneren Organe vorzulegen.
- Je nach Sachlage können auch weiterführende Untersuchungen (z. B. eine mikrobiologische Untersuchung) nötig sein.
- Hinweis: Nottötung aus Tierschutzgründen (siehe Seite 101).

Eine Untersuchungspflicht entfällt, wenn das Fleisch vom Jäger selbst verzehrt wird oder (sofern kein Seuchenverdacht besteht) unschädlich beseitigt wird. Weiters sind jagdgesetzliche Regelungen für Hegeabschüsse und tierseuchenrechtliche Regelungen zu beachten.

Das bedeutet:

- Der Jäger hat am Wildbret-Anhänger oder im Block mit den modifizierten Bescheinigungen für Wildkörper immer das Feld „Auffälligkeiten – Zum amtlichen Tierarzt!" zu markieren sowie den Grund dafür anzuführen und das Stück dem zuständigen amtlichen Tierarzt zur Untersuchung vorzulegen.
- Es ist jedenfalls nicht zulässig, solches Wild im Ganzen oder zerlegt an den Konsumenten oder an Einzelhändler weiterzugeben.
- Es ist weiters nicht zulässig, das Stück von der kundigen Person mit „Bedenken gegen das Fleisch" beurteilen zu lassen und es dann an Wildbearbeitungsbetriebe abzugeben.
- Alle als Trophäen geeigneten Teile dürfen verwendet werden.

Behandlung von bereits verendet aufgefundenem Unfallwild bzw. von Fallwild

Solches Wild ist nicht erlegt worden und es fehlt auch die Beurteilung des Stückes vor dem Erlegen.

Das bedeutet:

- Es liegt immer Genussuntauglichkeit vor – Weitergabe nicht zulässig!
- Das Stück muss vom Jäger unschädlich beseitigt werden (sofern kein Seuchenverdacht besteht); der Jäger könnte das Fleisch nur noch zum Eigenverzehr verwenden, wird dies wohl aber im eigenen gesundheitlichen Interesse nicht tun.

- Alle als Trophäen geeigneten Teile dürfen verwendet werden.
- Jagdgesetzliche und tierseuchenrechtliche Regelungen sind zu beachten.

Trichinen-Untersuchung

Die rechtlichen Rahmenbedingungen zur Trichinen-Untersuchung sind im Sonderkapitel „Trichinen-Untersuchung" (Seite 221) enthalten.

Österreichisches Recht

Österreich hat solche Vorschriften in Form der Lebensmittelhygiene-Direktvermarktungsverordnung (BGBl. II Nr. 108/2006 i. d. F. BGBl. II Nr. 210/2012) erlassen. Für die Jäger sind die §§ 1 sowie 5 bis 7 relevant:

§ 1
Diese Verordnung regelt die Hygieneanforderungen bei der direkten Abgabe kleiner Mengen bestimmter Lebensmittel an den Endverbraucher oder an örtliche Einzelhandelsunternehmen, die diese direkt an den Endverbraucher abgeben.

§ 5
Werden Tierkörper von Großwild direkt vom Jäger frisch, nicht tiefgekühlt, nicht gehäutet und im Ganzen gemäß § 1 abgegeben, sind zusätzlich folgende Vorschriften einzuhalten:

❶ Nach dem Erlegen des frei lebenden Großwilds müssen Mägen und Gedärme so bald wie möglich entfernt werden; erforderlichenfalls müssen die Tiere entblutet werden. Es müssen insbesondere Vorkehrungen getroffen werden, um das Auslaufen von Magen- und Darminhalt während des Ausnehmens zu verhindern. Dabei hat der Jäger auf Merkmale zu achten, die darauf schließen lassen, dass das Fleisch gesundheitlich bedenklich sein könnte.

❷ Eine kundige Person gemäß § 27 Abs. 3 LMSVG i. d. g. F. muss die Wildkörper und alle ausgenommenen Eingeweide (außer Magen und Gedärme) auf Merkmale hin untersuchen, die darauf schließen lassen, dass das Fleisch gesundheitlich bedenklich sein könnte. Alle für Trichinose anfälligen Arten sind einer Trichinen-Untersuchung nach einer in der Verordnung (EG) Nr. 2075/2005 i. d. F. Verordnung (EU) Nr. 1109/2011 mit spezifischen Vorschriften für die amtlichen Fleischuntersuchungen auf Trichinen angeführten Methode zu unterziehen, wobei die Befristung gemäß Art. 16 der genannten Verordnung *(Anm.: bis Ende 2009)* bei der Direktvermarktung nach wie vor nicht anzuwenden ist. Die Kompressionsmethode wird aufgrund der Durchführungsverordnung (EU) Nr. 1375/2015 ausdrücklich nicht mehr empfohlen. Die Untersuchung muss so bald wie möglich nach dem Erlegen stattfinden. Die Vermarktung darf erst erfolgen, wenn diese Untersuchung den Nachweis erbracht hat, dass das Fleisch keine Merkmale aufweist, die darauf schließen lassen, dass es gesundheitlich bedenklich sein könnte. Steht keine kundige Person zur Verfügung, muss die Untersuchung von einem amtlichen Tierarzt durchgeführt oder veranlasst werden.

❸ Werden bei der Untersuchung gemäß Z 2 keine auffälligen Merkmale im Sinne des Art. 28 der Durchführungsverordnung (EU) 2019/627 i.d.g.F.festgestellt, und vor dem Erlegen keine Verhaltensstörungen beobachtet und besteht kein Verdacht auf Umweltkontamination, so muss die kundige Person dem Wildkörper eine mit einer Nummer versehene Erklärung beigeben, in der dies bescheinigt wird. In dieser Bescheinigung müssen auch das Datum, der Zeitpunkt und der Ort des Erlegens vom Jäger aufgeführt werden. Diese Bescheinigung ist in Form eines Anhängers (auch bei der „Gemeinsamen Erklärung") am Tierkörper anzubringen. Die kundige Person hat über die gemäß Z 2 durchgeführten Untersuchungen Aufzeichnungen zu führen und dem Landeshauptmann nach dessen Anweisungen Bericht zu erstatten.

❹ Werden bei der Untersuchung gemäß Z 2 abweichende Merkmale von der „kundigen Person" festgestellt, so muss die kundige Person, die die Untersuchung vorgenommen hat, dem zuständigen amtlichen Tierarzt mitteilen, welche auffälligen Merkmale, welche Verhaltensstörungen oder welcher Verdacht auf Umweltkontamination sie bewogen hatten, keine Bescheinigung gemäß Z 3 auszustellen, sofern der Tierkörper nicht unschädlich beseitigt wird.

❺ Die Wildkörper insgesamt müssen nach dem Erlegen innerhalb einer angemessenen Zeitspanne auf nicht mehr als +7 °C abgekühlt werden, zum menschlichen Verzehr vorgesehene Eingeweide auf nicht mehr als +3 °C. Soweit es die klimatischen Verhältnisse erlauben, ist eine aktive Kühlung nicht erforderlich.

❻ Tierkörper dürfen nicht übereinanderliegend gelagert oder so transportiert werden, dass sie hygienisch beeinträchtigt werden.

❼ Die Vermarktung hat längstens binnen 7 Tagen nach dem Erlegen zu erfolgen.

§ 6

Werden Tierkörper von Kleinwild direkt vom Jäger frisch, nicht tiefgekühlt, nicht gehäutet und im Ganzen gemäß § 1 abgegeben, sind zusätzlich folgende Vorschriften einzuhalten:

❶ Eine kundige Person gemäß § 27 Abs. 3 LMSVG muss die Wildkörper auf Merkmale hin untersuchen, die darauf schließen lassen, dass das Fleisch gesundheitlich bedenklich sein könnte. Alle für Trichinose anfälligen Arten sind einer Trichinenuntersuchung nach einer in der Verordnung (EG) Nr. 2075/2005 angeführten Methode zu unterziehen, wobei die Befristung gemäß Art. 16 der genannten Verordnung nicht anzuwenden ist. Die Untersuchung muss so bald wie möglich nach dem Erlegen stattfinden. Die Vermarktung darf erst erfolgen, wenn diese Untersuchung den Nachweis erbracht hat, dass das Fleisch keine Merkmale aufweist, die darauf schließen lassen, dass es gesundheitlich bedenklich sein könnte. Steht keine kundige Person zur Verfügung, muss die Untersuchung von einem amtlichen Tierarzt durchgeführt werden.

❷ Werden bei der Untersuchung gemäß Z 1 auffällige Merkmale im Sinne des Art. 28 der Durchführungsverordnung (EU) 2019/627 festgestellt oder vor dem Erlegen Verhaltensstörungen beobachtet oder besteht ein Verdacht auf Umweltkontamination, so muss die kundige Person den zuständigen amtlichen Tierarzt davon unterrichten, sofern der Tierkörper nicht unschädlich beseitigt wird. Die kundige Person hat über die gemäß Z 1 durchgeführten Untersuchungen Aufzeichnungen zu führen und dem Landeshauptmann nach dessen Anweisungen Bericht zu erstatten.

❸ Die Wildkörper müssen nach dem Erlegen innerhalb einer angemessenen Zeitspanne auf nicht mehr als +4 °C abgekühlt werden. Soweit es die klimatischen Verhältnisse erlauben, ist eine aktive Kühlung nicht erforderlich. Magen und Gedärme müssen so bald wie möglich entfernt werden.
❹ Tierkörper dürfen nicht übereinanderliegend gelagert oder so transportiert werden, dass sie hygienisch beeinträchtigt werden.
❺ Die Vermarktung hat binnen 7 Tagen nach dem Erlegen zu erfolgen.

§ 7
Wird zerlegtes Wildfleisch direkt vom Jäger gemäß § 1 vermarktet, sind zusätzlich zu den Bestimmungen der §§ 5 und 6 folgende Vorschriften einzuhalten:
❶ Das Entbluten, Enthäuten oder Rupfen, Ausweiden und weitere Zurichten muss ohne ungebührliche Verzögerung so vorgenommen werden, dass jede Kontamination des Fleisches vermieden wird. Es müssen insbesondere Vorkehrungen getroffen werden, um das Auslaufen von Magen- und Darminhalt während des Ausnehmens von Kleinwild zu verhindern.
❷ Wildfleisch ist unter Berücksichtigung der Transportdauer, der Transportbedingungen und der eingesetzten Transportmittel so zu befördern, dass die vorgeschriebenen Temperaturen des Fleisches nicht überschritten werden.
❸ Bei der Abgabe ist das Fleisch in geeigneter Weise mit dem Hinweis „Wildbret aus Direktvermarktung“ unter Nennung des Jagdgebietes zu kennzeichnen.
Die Trichinen-Untersuchung bei direkt vermarktetem, frei lebendem Großwild (Schwarzwild, Dachs, Bär) darf gemäß § 5 Ziffer 2 von speziell für die Trichinen-Untersuchung ausgebildeten kundigen Personen durchgeführt werden. Die Entnahme von Proben zur Trichinen-Untersuchung und Einsendung an ein zugelassenes Labor kann auch durch eine als Probenzieher ausgebildete kundige Person vorgenommen werden. Die Landesveterinärbehörden können eine solche Ausbildung in Zusammenarbeit mit den Landesjagdverbänden einrichten.

Fallbeispiele

❶ Der Jäger verwendet Fleisch von ihm erlegter Tiere oder daraus hergestellte Erzeugnisse für den privaten häuslichen Verbrauch.
Hier liegt keine Direktvermarktung vor, weil keine Abgabe (welcher Art auch immer) stattfindet. Die Lebensmittelhygiene-Direktvermarktungsverordnung kommt nicht zur Anwendung. Das EU-Hygienerecht gilt nicht, weil dieser Fall von allen Verordnungen ausgenommen ist (siehe Seite 18 „Wild wird für den Eigenbedarf verwendet, selbst verzehrt – Eigenverzehr; privater häuslicher Verbrauch“)!
❷ Der Jäger gibt das von ihm erlegte Wild (Großwild oder Kleinwild) im Ganzen, frisch, ungehäutet, nicht tiefgefroren an den Endverbraucher oder an örtliche Einzelhandelsunternehmen ab.
Hier gilt das EU-Hygienerecht – mit Ausnahme der Verordnung (EG) Nr. 178/2002

i. d. g. F. und der Anhang I der Verordnung (EG) 852/2004 i. d. g. F. soweit anwendbar – nicht, die EU verpflichtet aber jeden Mitgliedstaat, entsprechende Regelungen zu erlassen. In Österreich wurde das in Form der Lebensmittelhygiene-Direktvermarktungsverordnung wahrgenommen: Der Jäger hat als Lebensmittelunternehmer sicherzustellen, dass die Tierkörper und die essbaren Organe vor Kontamination (Schmutz, Bakterien ...) geschützt werden; die verwendeten Anlagen, Behälter, Geräte, Ausrüstungen und Fahrzeuge usw. müssen bei ihrer Verwendung sauber sein und sind nach Gebrauch zu reinigen und erforderlichenfalls zu desinfizieren.

> *Anmerkung: Unter einem Einzelhandelsunternehmen im Sinne der Lebensmittelhygiene-Direktvermarktungsverordnung ist entsprechend der Verordnung (EG) Nr. 178/2002 i. d. g. F. eine Örtlichkeit zu verstehen, an welcher die Handhabung und/oder Be- oder Verarbeitung von Lebensmitteln und ihre Lagerung am Ort des Verkaufs oder der Abgabe an den Endverbraucher erfolgt: Das sind etwa Verladestellen, Verpflegungsvorgänge, Kantinen, Großküchen, Restaurants und ähnliche Einrichtungen der Lebensmittelversorgung sowie (Fleischer-)Läden.*

- Bei Großwild sind Magen und Gedärme so bald wie möglich in einer sauberen Weise zu entfernen. Der Jäger hat auf Merkmale, die auf gesundheitliche Bedenken hindeuten, zu achten.

- Auch Kleinwild muss so bald wie möglich sauber ausgeweidet werden.

- Tierkörper von Großwild und Kleinwild (und bei Großwild zusätzlich alle inneren Organe außer Magen und Gedärme) sind von einer kundigen Person zu untersuchen; dazu kommt bei Schwarzwild und anderen möglichen Trichinenträgern die Untersuchung auf Trichinen, die vor der Weitergabe (vor der Vermarktung bzw. vor dem Verschenken) zu erfolgen hat.

- Wenn keine Verhaltensänderungen, keine Auffälligkeiten bei der Untersuchung und kein Verdacht auf Umweltkontamination bestehen, wird dies von der kundigen Person bescheinigt („Bescheinigung für Wildkörper“ bei Großwild zwingend notwendig; Begleitschein für Kleinwild empfohlen, aber nicht zwingend notwendig). Erst dann darf der Tierkörper vermarktet werden.

- Die Tierkörper sind zu kühlen (Kleinwild auf nicht mehr als +4 °C; Großwild auf nicht mehr als +7 °C; essbare innere Organe auf nicht mehr als +3 °C; alles jedoch nicht unter –1 °C).

- Tierkörper dürfen nicht so transportiert werden, dass sie hygienisch beeinträchtigt werden (z. B. übereinanderliegend gelagert).

- Die Vermarktung hat binnen 7 Tagen nach dem Erlegen zu erfolgen.

  Anmerkung: Unausgeweidet und gekühlt sollte Kleinwild innerhalb von 3 Tagen vermarktet werden, und zwar nur dann, wenn die Kühlung bald nach dem Erlegen erfolgen kann und die Kühlung bei etwa +1 °C (Fleischtemperatur) möglich ist. Ausgeweidetes Kleinwild im Ganzen, nicht gehäutet, muss innerhalb von 7 Tagen vermarktet werden.

❸ Der Jäger zerlegt das von ihm erlegte Wild und gibt die zerlegten Wildkörper bzw. das zerlegte Fleisch an den Endverbraucher oder an örtliche Einzelhandelsunternehmen ab.
Hier sind die Lebensmittelhygiene-Direktvermarktungsverordnung und vom EU-Hygienepaket die Verordnung (EG) Nr. 852/2004 i. d. g. F. („Bedingungen hinsichtlich Ausstattung“, Anhang I und II, Kapitel 1 oder 3) anzuwenden:

Anforderungen nach der Lebensmittelhygiene-Direktvermarktungsverordnung:

- Zusätzlich zu den Anforderungen (einzelne Punkte) wie oben im Fall 2 sind Enthäuten, Rupfen, Ausweiden (bei Kleinwild) ohne Verzögerung in einer hygienischen Weise vorzunehmen.
- Die Umgebungstemperatur (Raumtemperatur) sollte bei der Zerlegung höchstens +12 °C betragen – oder ein anderes alternatives System mit gleicher Wirkung wird angewandt und sorgt für die Einhaltung der Fleischinnentemperaturen.

WILDBRET AUS DIREKTVERMARKTUNG

AUS FREIER WILDBAHN

Ich garantiere: *Dieses Stück Wild stammt aus der freien Wildbahn unseres Reviers.*

Jäger ....

Revier/Bez. ....

Erlegt am ....

Wildart .... Gewicht .... kg

Fleischart .... Preis .... Euro/kg

Bei +4 °C mindestens haltbar bis: .... **Preis** .... **Euro**

Beispiel für die Kennzeichnung von verpacktem, zerlegtem Wildfleisch

Anmerkung: Fleisch könnte vor der Zerlegung auf +1°C bis +2°C heruntergekühlt werden. Nur kleine Mengen werden jeweils aus dem Kühlraum zur Zerlegung entnommen und nach der Zerlegung wieder in den Kühlraum zurückgebracht – so wird die Fleischinnentemperatur gewährleistet..

- Während des Transports darf die Fleischtemperatur nicht über die Grenzwerte (siehe vorhin Fall 2) steigen. Dies ist nur beim Transport in Kühlfahrzeugen, Kühlboxen, Kühltaschen oder beim Herunterkühlen bis an die Grenze von –1 °C kurz vor dem Transport gewährleistet.
- Das Fleisch ist bei der Abgabe mit „Wildbret aus Direktvermarktung" unter Nennung des Jagdgebietes zu kennzeichnen (Herkunftsbezeichnung).

Anforderungen nach der Verordnung (EG) Nr. 852/2004 i. d. g. F.:
Die für das Zerlegen genützten Räumlichkeiten stellen eine Betriebsstätte im Sinne des Anhanges II, Kapitel III der Verordnung (EG) Nr. 852/2004 i. d. g. F. dar. Die Verordnung spricht von „vorrangig als private Wohngebäude genutzte Betriebsstätten, in denen jedoch Lebensmittel regelmäßig für das Inverkehrbringen zubereitet werden".

Folgende allgemeine Hygienevorschriften der Verordnung (EG) Nr. 852/2004 i. d. g. F. sind dabei insbesondere zu beachten:

- Der Jäger hat für die Betriebsstätte ein Eigenkontrollsystem auf der Grundlage der HACCP-Grundsätze (siehe Kapitel „HACCP und Risikoanalyse", Seite 217) einzurichten und aufrechtzuerhalten. Die beteiligten Verkehrskreise können einzelstaatliche Leitlinien für eine „Gute Hygienepraxis" und für die Anwendung der HACCP-Grundsätze nach bestimmten Vorgaben erstellen. Diese Leitlinien sind vom jeweiligen Mitgliedstaat auf ihre Verordnungskonformität zu überprüfen.
- Anforderungen hinsichtlich der Baulichkeit und Ausstattung (Anhang II, Kapitel III und V); der Beförderung (Anhang II, Kapitel IV); des Umganges mit Lebensmittelabfällen (Anhang II, Kapitel VI); der Wasserversorgung (Anhang II, Kapitel VII); des Personals (persönliche Hygiene, Schulung; Anhang II, Kapitel VIII und XII).
- Hygieneregeln für den Umgang mit Lebensmitteln, für das Umhüllen und Verpacken von Lebensmitteln.

Wenn das zerlegte Fleisch vom Jäger bereits verpackt (z. B. vakuumverpackt) an den Endverbraucher oder an Einrichtungen der Gemeinschaftsversorgung abgegeben wird, ist das Fleisch zusätzlich gemäß der EU-Verbraucherinformationsverordnung Verordnung (EU) Nr. 1169/2011 i. d. g. F. und der Allergeninformationsverordnung BGBl. II Nr. 175/2014 i. d. g. F. zu kennzeichnen.
Hier sind zumindest die Sachbezeichnung der Ware (Wildart, Wild aus freier Wildbahn), Name und Anschrift des Jägers, der Herkunftsort (das Revier), die

Nettofüllmenge, die Lagerungsbedingungen (Temperatur) und das Mindesthaltbarkeitsdatum anzugeben. Es ist jeweils die aktuelle Fassung der EU-Verbraucherinformationsverordnung Verordnung (EU) Nr. 1169/2011 und der Allergeninformationsverordnung BGBl. II Nr. 175/2014 zu beachten.

❹ Der Jäger stellt in seiner eigenen – vorrangig als privates Wohngebäude genutzten – Betriebsstätte Fleischerzeugnisse her und gibt diese an den Endverbraucher ab. – Die Herstellung erfolgt nebensächlich auf lokaler Ebene in beschränktem Umfang.
Hier sind die Lebensmittelhygiene-Einzelhandelsverordnung (BGBl. II Nr. 92/2006 i. d. F. BGBl. II Nr. 349/2012) und die Verordnung (EG) Nr. 852/2004 i. d. g. F. („Bedingungen hinsichtlich Ausstattung", Anhang II, Kapitel 1 oder 3) anzuwenden.

Anforderungen nach der Verordnung (EG) Nr. 852/2004 i. d. g. F.:
Diese gelten wie in Fall 3.

Anforderungen nach der Lebensmittelhygiene-Einzelhandelsverordnung:
Einzelhandelsbetriebe haben die Anforderungen folgender Bestimmungen der Verordnung (EG) Nr. 853/2004 i. d. g. F. zu erfüllen: Gem. § 6 Abs. 2 Ziffer 6 der Lebensmittelhygiene-Einzelhandelsverordnung sind die Bestimmungen des Abs. 2 Ziffern 1 bis 5 für die jeweiligen Tätigkeiten sinngemäß auch für Wildfleisch anzuwenden.

Alles Fleisch – einschließlich Hackfleisch/Faschiertes und Fleischzubereitungen –, das zur Herstellung von Fleischerzeugnissen verwendet wird, muss den Anforderungen, die an frisches Fleisch gestellt werden, entsprechen.
Bei der Abgabe von vorverpackten Fleischerzeugnissen sind die EU-Verbraucherinformationsverordnung Verordnung (EU) Nr. 1169/2011 i. d. g. F. und die Allergeninformationsverordnung BGBl. II Nr. 175/2014 i. d. g. F. anzuwenden.

Achtung:
Wo endet die Direktvermarktung – wo beginnt das Gewerberecht?
Es ist aus der Sicht der Gewerbeordnung zu beachten, dass das verwendete Wildfleisch von Wildstücken stammt, die entweder vom Jäger selbst erlegt wurden oder die aus dem Revier/den Revieren stammen, in dem/denen der Jäger Jagdausübungsberechtigter (Pächter, Mitpächter) ist. Wird daher Wild zugekauft, wird der Jäger lebensmittelrechtlich zum Lebensmitteleinzelhändler, aber gewerberechtlich praktisch zum Bearbeiter mit allen Konsequenzen eines Wildbearbeitungsbetriebes oder eines Fleischverarbeitungsbetriebes. Wenn die Zerlegung, die Verpackung oder die Herstellung von Fleischerzeugnissen nicht vom Jäger in dessen Betriebsstätte vorgenommen werden, sondern z. B. in Lohnarbeit in eine Fleischhauerei ausgelagert wurden, dann darf die weitere Vermarktung durchaus z. B. über den

eigenen Bauernladen (falls es sich um einen zugelassenen Wildbearbeitungsbetrieb handelt) erfolgen.
Gewerberechtlich gilt: Nach § 2 Abs. 3 Ziffer 3 der Gewerbeordnung zählen die Jagd und Fischerei zur Landwirtschaft – und sind daher vom Anwendungsbereich der Gewerbeordnung ausgenommen. Das heißt: Ausgenommen ist die Bearbeitung und Verarbeitung überwiegend des eigenen Naturproduktes (in unserem Fall von Wild) unter der Voraussetzung, dass der Charakter des jeweiligen Betriebes als land- und forstwirtschaftlicher Betrieb gewahrt bleibt.
Unter Verarbeitung ist die Erzeugung von Produkten aus Wildbret zu verstehen. Solche Endprodukte können Fleischwaren, wie Wildschinken, Wildwurst etc., sein.
Dabei ist zu beachten, dass für Verarbeitungsnebengewerbe grundsätzlich drei Kategorien von Produkten denkbar sind:

- das verarbeitete eigene Naturprodukt
- das verarbeitete zugekaufte Naturprodukt
- mitverarbeitete Erzeugnisse, die grundsätzlich bei Verarbeitungsgewerben verwendet werden dürfen.

Für die Vermarktung des eigenen Wildbrets – auch in einer weiterverarbeiteten Form – ist grundsätzlich keine Gewerbeberechtigung erforderlich. Wird zugekauftes Wildbret verarbeitet oder wird eigenes Wildbret mit zugekauftem Wildbret verarbeitet oder Fleisch von Schlachttieren mitverarbeitet, ist eine Gewerbeberechtigung und eine gewerberechtliche Betriebsanlagengenehmigung notwendig. Hier ist mit der zuständigen Gewerbebehörde der dafür notwendige Konsens herzustellen.

Eintragung als Lebensmittelunternehmer

Jäger, die das selbst erlegte bzw. aus dem eigenen Revier stammende Wildbret innerhalb von 7 Tagen nach der Erlegung selbst vermarkten (als Tierkörper in der Decke/im Balg/im Federkleid oder enthäutet, zerwirkt, portioniert und verpackt; gekühlt, aber nicht tiefgekühlt), üben Tätigkeiten nach der Lebensmittelhygiene-Direktvermarktungsverordnung aus. Diese Tätigkeiten sind der Behörde zu melden („Registrierung eines Lebensmittelunternehmers" – die Bundesländer bieten dafür eigene Formulare an). Die Verarbeitung des eigenen Wildbrets zu Wurst und Schinken und Weitergabe an den Konsumenten ist eine Tätigkeit nach der Lebensmittelhygiene-Einzelhandelsverordnung, ebenso wie die Vermarktung von zugekauftem Wildbret. Die Abgabe innerhalb von 7 Tagen nach dem Erlegen ist auch hier verpflichtend. Auch bei diesen Tätigkeiten ist die Meldung an die Behörde erforderlich.

Darüber hinausgehende Produktions- und Vermarktungsformen bedürfen der Zulassung (Lebensmittelhygiene-Zulassungsverordnung, BGBl. II Nr. 231/2009 i. d. g. F.). Entsprechende Leitfäden werden von den Landesverwaltungen zur Verfügung gestellt.

Lebensmittelunternehmer-Protokoll (Beispiel Niederösterreich)

Lebensmittelunternehmer-PROTOKOLL

NIEDERÖSTERREICHISCHER LANDESJAGDVERBAND

Jahr: 20... **Jagdrevier:** ....
Reviernummer: ....

Blatt-Nummer: ......

Lebensmittelunternehmer:

Name: ....

Adresse: ....
....

Nr. in der Abschuss-liste	Wildart (Bei sonstigen Wildarten auch Stück)	Datum der Erlegung	Name der kundigen Person	Nummer der kundigen Person	Datum der Abgabe	Abgabe an: (Name, Adresse)

Datum .... **Unterschrift** ....

Geeichte Waagen

Jeder Direktvermarkter, der Fleisch oder Fleischwaren nach Gewicht abgibt, muss über eine geeichte (eichfähige) Waage verfügen und diese längstens alle zwei Jahre nacheichen lassen. Gesetzliche Grundlage ist das Maß- und Eichgesetz – MEG, BGBl. Nr. 152/1950 i. d. g. F. Geeichte Waagen sind am Markt erhältlich, die Nacheichung können private Firmen, die dazu ermächtigt sind, durchführen. Waagen, die erstmalig in Verkehr gebracht werden, müssen eine Konformitätskennzeichnung (CE-Kennzeichnung) gemäß der Richtlinie über Nichtselbsttätige Waagen aufweisen. Diese besteht aus der CE-Kennzeichnung, einem grünen M, der Jahreszahl und der Nummer der benannten Stelle. Die Konformitätskennzeichnung ersetzt die Ersteichung. Die erfolgte Nacheichung wird mit dem Eichstempel dokumentiert.

Wenn ein Jäger (eine Jagdgesellschaft) zum Beispiel Wild im Ganzen an einen Endverbraucher oder Einzelhändler (z. B. Gastronom) abgibt, muss auch mit einer geeichten Waage gewogen werden, außer man verkauft das gesamte Stück Wild (auch in Teilen), wie das bei Niederwild üblich ist. Wenn bei Abgabe an den Wildbrethändler im Nachhinein (nach der Untersuchung durch den amtlichen Tierarzt) abgerechnet wird, dann muss nur der Wildbrethändler über eine geeichte Waage verfügen.

Lebensmittel-Sicherheit

Kapitelinhalt:

- **Wann gilt ein Lebensmittel als sicher?**
- **Wann gilt ein Lebensmittel als gesundheitsschädlich?**
- **Wann gilt ein Lebensmittel als für den Verzehr ungeeignet?**

Der Begriff Lebensmittel-Sicherheit bedeutet, ein hohes Maß an Schutz für Leben und Gesundheit des Menschen bzw. Konsumenten zu gewährleisten.

Wann gilt ein Lebensmittel als sicher?

Ein Lebensmittel gilt als sicher, wenn davon auszugehen ist, dass es weder

- **gesundheitsschädlich** noch
- **für den menschlichen Verzehr ungeeignet** ist.

Bei der Beurteilung der Frage, ob ein Lebensmittel sicher ist oder nicht, sind

- die **normalen Bedingungen** seiner Verwendung durch den Verbraucher auf allen Produktions-, Verarbeitungs- und Vertriebsstufen sowie
- die **dem Verbraucher vermittelten Informationen** einschließlich der Angaben auf dem Etikett oder sonstige ihm normalerweise zugängliche Informationen über die Vermeidung bestimmter die Gesundheit beeinträchtigender Wirkungen eines bestimmten Lebensmittels oder einer bestimmten Lebensmittelkategorie

zu berücksichtigen.

Bei der Einstufung eines Lebensmittels als sicher oder unsicher muss daher immer eine bestimmungsgemäße Verwendung zugrunde gelegt werden. Das heißt, es ist z. B. anzunehmen, dass eine deklarierte Zubereitungsanweisung vom Konsumenten eingehalten wird (z. B. dass Gulaschfleisch vom Konsumenten nicht roh verzehrt wird).

Wann gilt ein Lebensmittel als gesundheitsschädlich?

Ein Lebensmittel ist dann als gesundheitsschädlich einzustufen, wenn es **geeignet** ist, (bei bestimmungsgemäßem Gebrauch) **die menschliche Gesundheit zu gefährden** oder zu schädigen.
Bei der Entscheidung der Frage, ob ein Lebensmittel gesundheitsschädlich ist, sind

- die wahrscheinlichen sofortigen und/oder kurzfristigen und/oder langfristigen Auswirkungen des Lebensmittels auf die Gesundheit des Verbrauchers und auch auf nachfolgende Generationen,
- die wahrscheinlichen kumulativen toxischen Auswirkungen und
- die besondere gesundheitliche Empfindlichkeit bestimmter Verbrauchergruppen, falls das Lebensmittel für eine solche bestimmt ist,

zu berücksichtigen.

Beispiele für gesundheitsschädliche Lebensmittel (aus Wildfleisch) wären:

- verzehrfertige Speisen mit für Menschen krankmachenden (humanpathogenen) Mikroorganismen/Viren in gesundheitsrelevantem Ausmaß
- Lebensmittel mit hitzestabilen Giften (Toxinen), wie z. B. Mykotoxine, Staphylococcus aureus-Enterotoxine
- zum Rohverzehr bestimmtes Fleisch, das Trichinen oder andere humanpathogene Parasiten enthält
- Fleischerzeugnisse mit gesundheitsbedenklichen Arzneimittelrückständen (z. B. Entwurmungsmitteln)
- radioaktiv kontaminierte Lebensmittel
- Lebensmittel mit erhöhten Schwermetallgehalten (siehe Aktionswerte; Erlass BMG, 18. 5. 2015)
- Lebensmittel mit scharfkantigem/n, hartem/n Fremdkörper(n) – zumindest dort, wo sie der Konsument nicht erwarten muss. Bei Wild, das mittels Schuss erlegt wurde, ist dies zwangsläufig nicht vollständig vermeidbar.

Darüber hinaus gelten als gesundheitsschädlich:

- Fleisch, das von Tieren stammt, die einer vorschriftswidrigen medikamentösen Behandlung unterzogen wurden (prinzipiell besteht für Wild in freier Wildbahn Behandlungsverbot, da dies der „guten veterinärmedizinischen Praxis“ widersprechen würde)
- Lebensmittel, welche die vorgeschriebenen Lebensmittelsicherheitskriterien nicht erfüllen.

Wann gilt ein Lebensmittel als für den Verzehr ungeeignet?

Bei der Entscheidung der Frage, ob ein Lebensmittel für den Verzehr durch den Menschen ungeeignet ist, ist zu berücksichtigen, ob das Lebensmittel infolge einer durch Fremdkörper oder auf andere Weise bewirkten Kontamination, durch Fäulnis, Verderb oder Zersetzung, ausgehend von dem beabsichtigten Verwendungszweck, für den Verzehr durch den Menschen nicht inakzeptabel bzw. ekelerregend geworden ist.

„Für den Menschen ungeeignet" sind demnach Lebensmittel, die nicht direkt gesundheitsschädlich sind, aber dennoch erhebliche Veränderungen zeigen.

Lebensmittel sind jedenfalls dann für den menschlichen Verzehr ungeeignet, wenn ihre bestimmungsgemäße Verwendbarkeit nicht gewährleistet ist.
Beispiele für zum menschlichen Verzehr ungeeignete, jedoch nicht gesundheitsschädliche Lebensmittel wären:

- augenscheinlich mit Kot oder Erde verschmutztes Fleisch
- verschimmelte Lebensmittel (wenn Mykotoxine vorhanden sind, sind die Lebensmittel auch gesundheitsschädlich)
- ranziges Fett (wenn lebertoxische Verbindungen vorhanden sind, sind die Lebensmittel auch gesundheitsschädlich)
- Fleisch mit Fliegenlarven/Maden
- Lebensmittel mit starker Farb-, Geruchs- oder Geschmacksabweichung (z. B. ausgeprägter Geschlechts- bzw. Brunftgeruch)
- verzehrfertige Lebensmittel mit überhöhtem Bakteriengehalt (ausschließlich nicht pathogene Verderbserreger)
- angefaulte/verfaulte Lebensmittel.

Lebensmittel-Sicherheit und geschossbedingte Kontamination
Hinsichtlich der Schwermetallgehalte in Wildfleisch ist Blei in den letzten Jahren immer stärker in den Blickpunkt der Öffentlichkeit gerückt. Seit der Umstellung auf unverbleiten Kraftstoff wird die Rolle bleihaltiger Jagdgeschosse intensiver diskutiert, einerseits wegen möglicher Umweltfolgen von in der Umwelt direkt oder über den Aufbruch deponierten Geschossresten, andererseits wegen im Fleisch verbleibender Bleisplitter. Die Ablagerung von Blei im Wildkörper ist dabei von der Geschossbauweise, der Auftreffgeschwindigkeit, den durchschossenen Geweben und anderen Faktoren abhängig. Je nach Splitterbildung weist dabei nicht nur die unmittelbare Schusswunde

erhöhte Bleiwerte auf, sondern es können kleinste Splitter auch noch in 30 cm Entfernung von der Schusswunde nachgewiesen werden. Inbesondere bei der Zubereitung durch Erhitzen in sauren Flüssigkeiten (Essigbeize) kommt es noch zur Erhöhung der Bleigehalte im Fleisch, da dann Blei aus den Splittern in Lösung geht.
Bei der Beurteilung, ob ein bestimmter Bleigehalt in Wildfleisch als gesundheitsschädlich gilt, werden neben Grenzwerten für Nieren-, Herz-Kreislauf- und Entwicklungstoxizität auch typische Verzehrgewohnheiten berücksichtigt. In der üblichen Ernährung trägt Wildfleisch nur zu einem geringen Teil zur Gesamtbleibelastung des Menschen bei (<0,5 kg Wildfleisch pro Jahr).
Der sicherste Weg zur Vermeidung überhöhter Bleigehalte in Wildfleisch ist derzeit die Verwendung bleifreier Geschosse. Bei Büchsengeschossen sind sowohl konventionelle Teilmantelkonstruktionen mit bleifreiem Kern (z. B. aus Zinn) erhältlich als auch Geschosse aus reinem Kupfer oder aus Kupferlegierungen. Bedenken hinsichtlich des Geschossabriebs im Lauf, des Abprallens von Geschossen oder -fragmenten (Geller) können konstruktiv gelöst werden. Eine ausreichende Tötungswirkung setzt – neben der ohnehin notwendigen korrekten Platzierung des Schusses – voraus, dass das Geschoss entweder durch Fragmentierung oder Verformung im Wildkörper ausreichend Energie abgibt. Mit anderen Worten muss das Geschoss bei den jagdlich üblichen Entfernungen im Ziel noch ausreichend Geschwindigkeit aufweisen, was sowohl von Geschossbauart und -masse als auch von der Laborierung abhängt. Aus lebensmittelhygienischer Sicht ist das Deformationsverhalten (keine Splitter) besser als das Zerlegeverhalten.
Bei Schroten gelten im Wesentlichen dieselben Erwägungen, auch hier kann es zu Splitterbildung kommen. Hinsichtlich der Geschwindigkeit und damit der Einsatzschussweite sind die Einschränkungen aber stärker als bei Büchsengeschossen.
Es muss angemerkt werden, dass derzeit noch nicht für alle Alternativmaterialien zu Blei bzw. Bleilegierungen die Umwelttoxizität bzw. die Bedeutung für die Lebensmittelsicherheit voll erforscht ist. Aus Sicht der Lebensmittelsicherheit ist jedenfalls die Verwendung von Deformationsgeschossen bei Büchsenmunition vorteilhaft. Solche Geschosse aus Kupfer oder Kupferlegierungen werden von verschiedenen Herstellern angeboten.

Wildfleisch – Wildbret

Kapitelinhalt:

- Ernährungsphysiologische Bedeutung
- Besondere Qualität des Wildfleisches
- Garzeiten von Wild und Wildgeflügel
- Aufbau des Wildfleisches
- Vorgänge nach der Erlegung – Fleischreifung
- Verderbserscheinungen
- Kälteschock (Muskelverkürzung durch Kälte)
- Unerwünschtes Durchfrieren
- Kühlung – Qualitätskriterien

Ernährungsphysiologische Bedeutung

Wildbret zeichnet sich durch seinen geringen Fettgehalt, aber hohen Eiweißanteil aus. Es ist eiweißreicher als das Fleisch landwirtschaftlicher Nutztiere (Schlachttiere). Das enthaltene Eiweiß ist darüber hinaus auch von überdurchschnittlicher biologischer Wertigkeit, das heißt, es hat einen hohen Verwertungsgrad für den Aufbau unseres körpereigenen Eiweißes. Das Fleisch des Wildes ist in der Faser zarter als das Fleisch der landwirtschaftlichen Nutztiere. Es ist durch dichtes Gefüge charakterisiert, weil Aponeurosen (flächenhaft ausgebreitete Sehnen) die einzelnen Muskeln fest umschließen. Wildbret ist – da auch Cholesterin zu den Fettbestandteilen zählt – sehr cholesterinarm. Fettinhaltsstoffe treten bekanntlich als Geschmacksträger auf, wobei bereits ein Gewichtsanteil von ein bis zwei Prozent genügt, um diese Eigenschaft voll wirksam werden zu lassen – und dieser Mindestanteil ist bei Wildbret gegeben. Der Geruch des Fleisches ist für jede Wildart zwar verschieden, aber sehr dezent und artspezifisch typisch. Hinsichtlich der Fleischfarbe unterscheidet sich das Wildbret (Schalenwild) von den Schlachttieren dadurch, dass es kräftig rot bis sehr dunkel ist.

Wildfleisch – Wildbret

Wildernte	Stück	Gewicht kg
Rehwild	285.718	4.285.770
Rotwild	61.545	4.615.875
Gamswild	21.048	463.056
Muffelwild	2.379	59.475
Schwarzwild	40.297	1.611.880
Feldhasen	94.245	376.980
Wildkaninchen	4.857	7285
Fasane	50.775	50.775
Wildgänse	1.558	3.895
Wildenten	15.810	15.810
Schnepfen	1.856	557
Wildtauben	14.910	4.473
Rebhühner	2.412	1.085

Wildernte 2017/2018 nach Stück (Quelle: Statistik Austria) – und Gewicht (ausgenommen, mit Fell und Federn)

Bei der Ernährung des Menschen stellt Fleisch einen bedeutenden Nährstoff- und Eiweißlieferanten dar. Die Deutsche Gesellschaft für Ernährung empfiehlt daher, hinsichtlich der Eiweißzufuhr jeweils die Hälfte aus tierischen und aus pflanzlichen Quellen zu decken. Probleme mit den Fleischerzeugnissen, z. B. Würsten, ergeben sich allerdings dadurch, dass damit häufig zu viel verstecktes Fett aufgenommen wird. Gerade darin liegt einer der wesentlichsten Vorteile des „mageren" Wildfleisches. Deshalb wird von Ernährungsfachleuten, wenn es um die Empfehlung von Fleisch und Fleischprodukten geht, Wildfleisch gleichrangig mit Rind-, Kalb-, Hühner- und Putenfleisch genannt. Es eignet sich daher auch hervorragend für die moderne Diätküche. Auch der Gehalt an essenziellen Aminosäuren, das Fettsäuremuster, die Vitamingehalte und die Muskelfaserstruktur unterscheiden sich mehr oder weniger deutlich von jenen der Nutztiere.

Aminosäuren: Das Fleisch von Wildschweinen und Hasen weist unter dem heimischen Wildbret den höchsten Gehalt an essenziellen Aminosäuren (8,17 bzw. 7,99 g/100 g) auf, wobei Schwarzwild einen um 11,7 % höheren Anteil als das Hausschwein zeigt. Die Hirschartigen ähneln in ihren Gehalten dem Rind.

Fettsäuremuster: Das Fettsäuremuster (der relative Anteil der unterschiedlichen Fettsäuren im Gesamtfett) der meisten Wildarten ist zugunsten der ungesättigten Fettsäuren verschoben. Insbesondere bei Reh- und Rotwild ist das verbleibende intramuskuläre und Zellmembranfett reich an den für das Gefäßsystem „gesunden" langkettigen Omega-3-Fettsäuren, auch das Verhältnis Omega-3-zu-Omega-6-Fettsäuren liegt im günstigen Bereich (1:4 oder niedriger). Neueste wissenschaftliche Untersuchungen belegen, dass die positive Fettsäuren-Zusammensetzung auch im zubereiteten Zustand voll erhalten bleibt. Ungesättigte Fettsäuren sind aber auch leichter verderblich (Ranzigkeit).

Vergleich der Anteile an mehrfach ungesättigten Fettsäuren bzw. Omega-3-Fettsäuren

(Valencak, 2011)

	Tierart	mehrfach ungesättigte Fettsäuren (%)	davon Omega-3 (%)
Wildtiere	Rotwild	68,1	13,3
	Rehwild	65,4	15,0
	Wildschwein	64,7	7,0
	Feldhase	66,5	22,9
	Steinwild	70,4	19,7
	Muffelwild	67,8	19,6
	Gamswild	62,7	21,6
	Auerwild	56,4	8,1
	Birkwild	42,9	5,4
	Fasan	48,4	9,9
	Wildente	55,3	9,6
	Strauß	51,7	5,6
	Wachtel	45,1	14,8
	Wildtaube	44,5	7,4
Nutztiere	Schaf	31,5	7,6
	Huhn	35,9	3,1
	Hausschwein	48,2	5,6
	Kaninchen	44,6	3,6
Fisch	Wildlachs	33,5	27,8

Nährstofftabelle

(nach Franzke, 1982)

Tierart	Eiweiß %	Fett %	Kohlenhydrate %	Energiewert	
				kj/100 g	kcal/100 g
Kalb	16–21	1–15	0,4–0,5	400–860	95–205
Rind	16–19	10–34	0,3–0,5	840–1.425	200–350
Schwein	10–14	35–55	0,3–0,5	1.675–2.510	400–600
Schaf	14–20	6–33	0,2–0,4	755–1.885	180–450
Ente	16–21	6–29	0,2–0,4	630–1.360	150–325
Gans	14–16	26–32	< 0,1	1.300–1.530	310–365
Huhn	17–21	5–25	< 0,1	610–1.215	145–290
Pute	18–23	5–23	0,1–0,5	630–1.170	150–280
Taube	16–22	1–2	0,2–0,5	400–440	95–105
Feldhase	20–23	0,9–5	0,1–0,5	480–545	115–130
Hirsch	18–22	1–5	0,2–0,5	440–525	105–125
Reh	21–23	0,7–6	0,2–0,5	440–560	105–135
Wildente	19–23	2–3	0,3–0,5	460–500	110–120

Tierart	Thiamin	Riboflavin	Pantothen-säure	Vitamin B6
Rotwild	0,319	0,199	2,860	0,517
Wildschwein	0,355	0,168	0,900	0,602
Feldhase	0,090	0,060	0,800	0,300
Fasan	0,085	0,135	0,930	0,660
Rind	0,058	0,112	0,980	0,520
Hausschwein	0,416	0,100	1,180	0,580

Vitamingehalt im Fleisch von Wild, Rind und Schwein – Angaben in mg/100 g Muskelfleisch

(Uherova et al., 1992, Souci et al., 1989)

Vitamine: Der Vitamingehalt zeigt ausgeprägte tierartliche Unterschiede. Rotwild übertrifft das Rind bei Thiamin-, Riboflavin- und Pantothensäuregehalten, das Wildschwein das Hausschwein bei Vitamin-B6- und Riboflavingehalten, für Thiamin und Pantothensäure weist die Muskulatur von Hausschweinen höhere Werte auf – siehe auch Tabelle oben.
Muskelstruktur: Das Hausschwein und das Wildschwein unterscheiden sich hier deutlich. Beim Hausschwein überwiegen die weißen Fasern im Unterschied zum Wildschwein, das bedeutend mehr rote Fasern aufweist. Der Durchmesser der weißen Fasern des Hausschweines ist zudem noch größer als beim Wildschwein.

Für den Genusswert des Fleisches ist einerseits dessen Anteil an Bindegewebe, der möglichst gering sein sollte, und andererseits der Durchmesser der Muskelfasern ausschlaggebend, der bei Wildtieren deutlich kleiner ist als beim Fleisch landwirtschaftlicher Nutztiere, was die besondere Zartheit ausmacht.
Ein hoher Bindegewebsanteil senkt die Verdaulichkeit des Fleisches und erhöht den Kauwiderstand. Diese Bindegewebszähigkeit kann durch Kochen („Verleimen" des Kollagens) verringert werden, was z. B. bei der Gulaschzubereitung ausgenützt wird; beim Kurzbraten wird solches Fleisch aber nicht weicher.
Die dunkle Farbe des Wildfleisches kommt dadurch zustande, dass Wild einen höheren Anteil an Muskelfarbstoffen als das Fleisch landwirtschaftlicher Nutztiere hat, dazu kommt noch ein höherer Restblutgehalt, der zum Teil durch die Erlegungsart bedingt ist.
Mageres Fleisch (alle sichtbaren Fettauflagerungen entfernt) enthält durchschnittlich etwas über 20 % Eiweiß, bis zu etwa 4 % intramuskuläres (d. h. im Muskel eingelagertes und ev. als „Marmorierung" sichtbares) Fett und etwa 75 % Wasser. Kohlenhydrate sind im gesäuerten Fleisch nur noch in Spuren vorhanden. Als Abbauprodukt von Kohlenhydraten findet sich im Muskelfleisch etwa 1 % Milchsäure, allerdings mit starken tierartlichen Unterschieden.

Besondere Qualität des Wildfleisches

Insbesondere im Zusammenhang mit Lebensmitteln wird sehr häufig der Begriff „Qualität" verwendet. Was ist in diesem speziellen Fall darunter zu verstehen? „Qualität" bedeutet, dass im Voraus gestellte bzw. erwartete Anforderungen auch erfüllt werden. Im engeren Sinn handelt es sich dabei um eindeutig und objektiv messbare Größen (z. B. Fettgehalt, Zartheit, Farbe); es können aber auch „Wertschätzungen" dazugerechnet werden.
Die **ernährungsphysiologisch-hygienische Qualität** ist sicher der wichtigste Faktor. Darunter versteht man z. B. die biologische Wertigkeit des Fleisches, die bei Wild besonders hoch ist, oder den Nährstoffgehalt und natürlich das Freisein von Krankheitserregern bzw. gesundheitsschädigenden Rückständen.
Unter **technologischer Qualität** ist die Eignung eines Lebensmittels im Hinblick auf seine Be- und Verarbeitung gemeint. Dabei geht es bei der Wursterzeugung etwa um die Wasserbindungsfähigkeit des Fleisches oder um die Konsistenz des Fettes.
Für die **psychologische Qualität** eines Lebensmittels sind Faktoren wie Erscheinungsbild, Verpackung, Geruch, Geschmack oder auch die Bequemlichkeit der Zubereitung von Bedeutung.
Zusätzlich gewinnen Qualitätsaspekte wie **„Ethischer Wert"** und **„Ökologischer Wert"** eines Lebensmittels immer größere Bedeutung. Hinsichtlich des **ethischen Wertes** ist Wildbret dem Fleisch landwirtschaftlicher Nutztiere weit überlegen, da Art der Haltung, Fütterung, Transport und Schlachtung bei Wild aus freier Wildbahn keine Kritikpunkte darstellen.
Von **ökologischem Wert** des Fleisches spricht man in Verbindung mit durch die Tierhaltung verursachten Umweltbelastungen, wie z. B. Bodenverluste durch Stallungen und andere für die Tierproduktion erforderlichen Infrastrukturen und Gebäude, Staub, Geruch oder schwer zu entsorgende Mengen an Harn und Kot, die bei Massentierhaltungen auftreten, ebenso von den weiten Transportwegen von Lebensmitteln. Da diese Probleme im Zusammenhang mit heimischen Wildtieren aus freier Wildbahn von völlig untergeordneter Bedeutung sind, kann man von einer **sehr hohen ökologischen Qualität** des Wildbrets sprechen.

Garzeiten von Wild und Wildgeflügel

In früheren Zeiten wurde mangels ausreichender Kühlmöglichkeiten für Fleisch im Allgemeinen und Wildbret im Besonderen aus der Not eine Tugend gemacht, indem man den Geruch und Geschmack von überlagertem Wildbret als typischen „Hautgout" bezeichnete. Aus heutiger Sicht ist das schlichtweg als mehr oder minder beginnende Fäulnis zu bezeichnen. Dieser Hautgout wurde durch diverse Beizen und überhöhte Garzeiten zu neutralisieren versucht.
Die moderne Küche trachtet, den jeweils charakteristischen und feinen Eigengeschmack des Wildfleisches so weit als möglich durch schonendes Zubereiten zu

Wildart	Minuten
Hase (ganz) je nach Größe	50–60
Hasenrücken	30
Hasenkeule	40–50
Wildkaninchen (ganz)	40–55
Hirsch- und Wildschweinrücken (mit Knochen)	80–110
Hirsch- und Wildschweinkeule (2–3 kg ohne Knochen)	90–120
Hirsch- und Wildschweinfilet	30–40
Rehrücken (mit Knochen)	50–60
Rebhuhn, Wildtaube	45
Fasan, Wildente	50–70

Durchschnittswerte zur Erzielung der für die Zubereitung von Wild und Wildvögeln von Lebensmittelhygienikern empfohlenen Kerntemperatur von 80 °C bei einer Temperatur von 200 °C im vorgeheizten Backofen

erhalten (Kerntemperatur bis +60 °C). Die Kerntemperatur wird mit dem Fleischthermometer im Kern des Bratenstückes gemessen. Erst wenn eine Kerntemperatur von +80 °C erreicht ist und diese über 10 Minuten konstant gehalten wird, sind die meisten pathogenen Keime abgetötet. Beispiel: Eine „ausgelöste", 2 kg schwere Rehkeule braucht bei +180 °C im Backofen 85 Minuten, um eine Kerntemperatur von +70 °C zu erreichen. Doch erst nach 105 Minuten Bratzeit beträgt die Kerntemperatur +80 °C!
Die heutige Gastronomie kennt auch Zubereitungen aus gänzlich unerhitztem oder „zartrosa" gebratenem Wildfleisch. Diese veränderten Zubereitungsgewohnheiten stellen hohe Ansprüche an die hygienische Beschaffenheit der Ausgangsmaterialien, zumal durch die geringe und kurzzeitige Erhitzung mit dem Überleben von etwa vorhandenen Krankheitserregern in nicht ausreichend hygienisch gewonnenem Wildbret zu rechnen wäre. Gerade die Spitzengastronomie ist ein bedeutender Abnehmer für Wildfleisch und fördert das Ansehen von heimischem Wildbret – es liegt somit in der Verantwortung des Jägers vor und beim Schuss, bei der weiteren Behandlung des erlegten Stückes sowie bei der Lagerung den hohen Wert des Wildbrets zu erhalten. Die Folgen von hinsichtlich Auffälligkeiten mangelhaftem Ansprechen, schlecht platzierten Schüssen, langen Nachsuchen, verspätetem/unsauberem Aufbrechen, nachlässiger Erstuntersuchung des Wildes und mangelhafter Kühlung können später nie mehr beseitigt werden.

Aufbau des Wildfleisches

Im gesetzlichen Sinn werden unter „Wildfleisch" alle zum Verzehr geeigneten Teile von Wild verstanden. Dies beinhaltet neben dem eigentlichen Muskelfleisch auch die zum Verzehr geeigneten Innereien und Organe, wie Lunge, Herz, Leber, Nieren, Milz und Zunge, weiters das Gehirn, im weiteren Sinne auch Knochen als Grundlage für Saucen und Suppen, Blut in seiner traditionellen Verwendung,

Fleischverbrauch jährlich pro Kopf in Österreich – netto, ohne Knochen (Quelle: Statistik Austria 2018)

aber auch unter Umständen Därme und Magen (Gescheide und Weidsack), so diese als Hülle für spezielle Zubereitungen (z. B. Wurst) Verwendung finden.
Folgend soll unter Fleisch im engeren Sinn nur das Muskelfleisch verstanden werden, und zwar Fleisch wie gewachsen, d. h. mit den anhaftenden Faszien (Muskelbinden), den sehnigen Bestandteilen in der Muskulatur sowie der Fettabdeckung und dem im Muskel befindlichen Fettgewebe. Grundbestandteil der Skelettmuskeln ist die Muskelfaser. Sie kann mehrere Zentimeter lang sein und enthält Myofibrillen, und die enthalten wiederum die kontraktilen Elemente, das sind jene Bestandteile, die dem Muskel die Fähigkeit verleihen, sich zusammenzuziehen. Jede Muskelfaser ist von einer Hülle umgeben. Das Zusammenziehen der Muskeln erfolgt auf Nervenreiz. Die eigentliche Muskelarbeit wird von den sogenannten kontraktilen Elementen bewerkstelligt. Diese sind zwei verschiedene Arten von „Eiweißstäbchen“, die ähnlich den Borsten zweier zusammengesteckter Bürsten ineinanderragen. Die mit den Borsten der Bürsten vergleichbaren Eiweißkörper treten als dicke (Myosin) und dünne (Aktin) Stäbchen auf. Bei der lichtmikroskopischen Betrachtung brechen sie das durchtretende Licht in unterschiedlicher Weise, sodass dem Betrachter der Eindruck einer Querstreifung vermittelt wird. Diese Art von Muskulatur wird als „quergestreifte Muskulatur“ bezeichnet – im Gegensatz zur „glatten Muskulatur“, wie sie zum Beispiel in der Darmwand auftritt. Die glatte Muskulatur verfügt nicht über einen streng geordneten Aufbau, sodass die Streifung nicht beobachtet werden kann. Die Bewegungen der glatten Muskulatur sind langsamer, Spannungszustände können aber auch über längere Zeiträume durchgehalten werden. Sie ist somit ihrer Funktion, nämlich der Bewegung der Eingeweide, optimal angepasst.

Wildfleisch zeichnet sich durch zarte Faserung und durch einen niedrigen Bindegewebsanteil aus, zudem ist es fettarm (Teile eines Rehschlögels)

Durch das Ineinanderschieben der beiden Arten von Stäbchen kommt es zur Längenveränderung der Muskelfaser. Grundlage dieser Vorgänge sind komplizierte biochemische Reaktionen. Bedingt durch die Funktion der Skelettmuskeln sind die Muskelfasern parallel zu Bündeln angeordnet und von lockeren Bindegewebshüllen umgeben. Diese Hüllen werden als Endomysium zwischen den Muskelfasern eines Bündels (enthält kleinste Blutgefäße, sogenannte Kapillaren), Perimysium, das die einzelnen Bündel umgibt, und Epimysium, das Muskelteile oder ganze Muskeln gegenüber anderen Muskeln abgrenzt, bezeichnet. Diese äußerste Hülle steht in Kontakt zu den Muskelbinden (Faszien), welche aus straffem Bindegewebe bestehen und im Allgemeinen bläulich schimmernd in Erscheinung treten. Aus den die einzelnen Fasern bzw. Muskelbündel umgebenden Bindegewebshüllen gehen an den Enden der Muskeln die Sehnen hervor, welche an den Knochen ansetzen. Sie übertragen den durch die Verkürzung der Muskeln entstehenden Zug auf die Knochen und ermöglichen so die Bewegung. Das die Muskeln umhüllende Bindegewebe besitzt einen netzartigen Aufbau, sodass es in der Lage ist, sich den dauernden Längen- bzw. Dickenänderungen des Muskels anzupassen.
Von der Dicke bzw. Zartheit der Muskelfasern bzw. der Muskelfaserbündel, der Kontraktion (d. h. ob der Muskel verkürzt ist oder nicht) und von der Beschaffenheit und der Menge des umhüllenden Bindegewebes hängen ganz wesentlich die Schmackhaftigkeit und der Genusswert des Fleisches ab. Hohe Bindegewebsanteile erhöhen den Kauwiderstand und machen das betreffende Fleisch außerdem schwerer verdaulich. Bei gemästeten Haustieren kommt es zwischen den Muskelfasern zur Ablagerung unterschiedlicher Mengen von Fett, das die Marmorierung des Fleisches bewirkt und sich vorteilhaft auf Saftigkeit und Geschmack auswirken kann, aber den Kaloriengehalt erhöht.
Das Fleisch heimischer Wildtiere dagegen zeichnet sich durch zarte Faserung und durch einen niedrigen Bindegewebsanteil aus. Fett tritt nur in geringem

Maße in Erscheinung. Da Wildtiere nicht geschlachtet, sondern erlegt werden, kann der Grad der Ausblutung geringer sein als bei landwirtschaftlichen Nutztieren. Zusammen mit dem höheren Gehalt an Muskelfarbstoffen wird dadurch eine im Vergleich zum Fleisch der landwirtschaftlichen Nutztiere intensivere bzw. dunklere Farbe bedingt.

Vorgänge nach der Erlegung – Fleischreifung

Für die Muskelarbeit ist Energie erforderlich. Diese wird im Allgemeinen durch die „Verbrennung“ von Kohlenhydraten unter der Beteiligung von energiereichen Phosphaten in komplizierten Stoffwechselschritten bereitgestellt.
Eine Bevorratung mit Brennstoff erfolgt im Muskel in Form des Glykogens. Die energiereichen Phosphate werden beim Zusammenziehen des Muskels verbraucht und müssen durch den Abbau von Glykogen immer wieder frisch „aufgeladen“ werden. Wenn Sauerstoff vorhanden ist, erfolgt der Abbau von Glykogen vollständig bis zu Kohlendioxid, das über den Blutstrom zur Lunge transportiert und dort abgeatmet wird. Über den Blutstrom werden dem Muskel auch neuer Sauerstoff und Glykogen zugeführt. Bei Sauerstoffmangel (z. B. zu starke/zu lang dauernde Muskelbeanspruchung oder Stillstand des Blutstroms bei Todeseintritt) erfolgt der Abbau von Glykogen nur bis zur Milchsäure, die im Muskel liegen bleibt.
Nach Eintritt des Todes läuft dieser Prozess in der Muskulatur noch einige Zeit weiter, wenn ausreichend Vorräte an Glykogen und energiereichen Phosphaten vorhanden sind. Da durch den fehlenden Kreislauf kein Sauerstoff und kein Glykogen mehr in den Muskel gebracht, andererseits die Milchsäure nicht abtransportiert werden kann, werden die energiereichen Phosphate nicht mehr erneuert und der Muskel erstarrt. Dieser Zustand des dauernden Sichzusammenziehens, der Dauerkontraktion, ist die Totenstarre („rigor mortis“). Gleichzeitig kommt es zu einer Säuerung des Muskels durch die liegen gebliebene Milchsäure.
Als Maß für die Säure wird der pH-Wert herangezogen. Ein pH-Wert von 7 wird als neutral bezeichnet, unter 7 spricht man vom sauren (Säure), über 7 vom basischen oder alkalischen Bereich (Lauge). Demzufolge sinkt, ausreichende Vorräte an Glykogen und energiereichen Phosphaten vorausgesetzt, nach dem Eintritt des Todes der pH-Wert vom ursprünglich neutralen Bereich infolge der Milchsäureanreicherung beständig ab – günstigenfalls auf etwa 5,4.
Viele Mikroorganismen können bei niedrigem pH-Wert nicht überleben oder werden zumindest in ihrem Wachstum gehemmt, sodass eine gute Säuerung dem Fleisch einen gewissen Schutz vor bakterieller Besiedelung bzw. vor Vermehrung der Bakterien bietet. Zusätzlich trägt der säuerliche Geschmack der Milchsäure zusammen mit den Abbauprodukten der energiereichen Phosphate zum typischen Aroma bei.

Die Totenstarre stellt eine vorübergehende Starre der Muskulatur dar, die – je nach Allgemeinzustand und Umgebungstemperatur – ungefähr 4 bis 12 Stunden nach Eintritt des Todes in Erscheinung tritt. Sie beginnt an Zwerchfell und Brustmuskulatur, setzt sich über Kopf und Hals fort und ergreift letztlich Vorder- und Hinterextremitäten. Durch muskeleigene Substanzen, sogenannte Enzyme, wird die Muskelstruktur aufgelöst und die Totenstarre löst sich in der gleichen Reihenfolge, im Allgemeinen 24 bis 48 Stunden danach.
Durch die Wirkung der Enzyme reichern sich Eiweißabbauprodukte an, die einen weiteren Beitrag zur Geschmacksbildung leisten. „Rotes Fleisch" sollte daher bei Kühlraumtemperatur einige Tage (mind. 3 Tage bei Jungtieren, 5 bis 7 Tage bei mehrjährigen Tieren) abhängen, um seine volle Zartheit und seinen vollen Geschmack zu erreichen. Der Tierkörper kann auch unmittelbar nachdem sich die Totenstarre gelöst hat zerlegt werden. Die vakuumverpackten Teilstücke können dann bei 0–2 °C „nachgereift" werden. Wird das derart gelagerte Fleisch anschließend sachgerecht tiefgefroren, hält es monatelang seine Qualität.
Ein weiterer Reifungsprozess erfolgt bei Tiefkühltemperaturen nicht, lediglich Fett beginnt allmählich ranzig zu werden (zu oxidieren). Wildschweinfleisch mit deutlichem Fettanteil sollte daher nicht länger als 6 Monate tiefgefroren aufbewahrt werden. Dabei ist aber auch die Qualität der Vakuumierfolie und die Stärke des Vakuums zu berücksichtigen.
Dauer und Eintritt der Totenstarre sind von einer Reihe von Einflüssen abhängig. Starke körperliche Belastung, Stress und Fieber bedingen einen schnellen Eintritt der Totenstarre, die dann von kurzer Dauer ist. Bei hochgradiger Erschöpfung kann die Totenstarre sogar ausbleiben. Die Ursache liegt in einem Mangel an Glykogen und Phosphaten.

Verderbserscheinungen

Aus praktischer Sicht kann man zwischen schnell (innerhalb von 24 Stunden) bzw. innerhalb einiger Tage und erst nach Monaten auftretenden Verderbserscheinungen unterscheiden. Es kann der gesamte Tierkörper betroffen sein oder es geht nur um einzelne Teile. Die nachfolgende Darstellung orientiert sich an dem „Leitfaden für die sensorische Untersuchung und Beurteilung von Wild" des deutschen Bundesinstituts für Risikobewertung (BfR, 2006).
Innerhalb eines oder mehrerer Tage auftretende Verderbsformen sind:

Stickige Reifung

Hohe Außentemperaturen, verspätetes Ausweiden und mangelnde Möglichkeit der Abkühlung der Muskulatur (z. B. durch zu dichte Lagerung warmer Tierkörper) können beim Wild zu einer überschießenden Enzymtätigkeit führen. Diese als „stickige Reifung" bezeichneten Erscheinungen äußern sich in einer kupferroten bis schmutzig gelbbräunlichen Färbung des Fleisches, was insbesondere beim frischen Anschnitt tiefer, dicker Muskelpartien sichtbar wird. Das

Wildbret nimmt einen widerlich-süßlichen Geruch an, es wird weich und mürbe. Dieser Fleischfehler lässt sich durch Kühlung oder Gefrieren nicht beheben. Aus praktischer Sicht sollte bei verspätetem Ausweiden immer an stickige Reifung gedacht werden; gerade beim Wildschwein findet man am ausgeweideten Tierkörper nicht immer deutliche Geruchs- oder Farbabweichungen, sondern erst bei der Zerlegung und Entbeinung der Teilstücke.
Eine zu hohe Innentemperatur nach dem Erlegen kann auch zu einer überstürzten Säuerung führen, dabei wird das Fleisch eher hell und gibt leicht Wasser ab. Diese Konstellation könnte insbesondere bei Drückjagden auf Wildschweine auftreten, wenn die Tiere feist sind und das Ausweiden nicht rasch genug erfolgt. Auch dieser Fleischfehler lässt sich durch spätere Kühlung oder Gefrieren nicht beheben.

Fäulnis

Fäulnis ist das Ergebnis bakteriellen Abbaus von Eiweiß. An der Fleischoberfläche geschieht dies durch aerobe (d. h. sauerstoffverbrauchende) Bakterien, man spricht von Oberflächenfäulnis. Die Oberfläche des Fleisches wird von einem glänzenden, schmierig-klebrigen Belag überzogen. Die Farbe des Muskelfleisches wird blasser und schließlich grün, und es ändert sich auch der Geruch (käsig bis faulig). Bakterieller Eiweißabbau in der Tiefe wird als Tiefenfäulnis bezeichnet. Mögliche Ursachen sind das Einwandern von Bakterien über die Oberfläche (fortgeschrittenes Stadium der Oberflächenfäulnis), aber auch das verspätete Ausweiden und dadurch das Einwandern von Darmbakterien in die Muskulatur. Tiefenfäulnis äußert sich durch Gasblasenbildung, Grünverfärbung und weiche Konsistenz dicker Gewebspartien (z. B. des Schlögels, des Bereichs um das Hüftgelenk, der Achselgegend, der Nierenumgebung).

Bereifen und Beschlagen

Es handelt sich um einen weißlichen Überzug (Wachstum von Hefen) oder Schimmelrasen (Schimmelpilzbefall). Ursache ist im Allgemeinen zu hohe Temperatur im Kühlraum und/oder zu hohe Feuchtigkeit.

Geruchsabweichungen

Geruchsabweichungen können im Wesentlichen folgende Ursachen haben:

- Verderb von Fleisch (stickige Reifung, Fäulnis),
- bestimmte Krankheiten, wie Gelbsucht (Lebererkrankung) oder Urämie (Nierenerkrankung),
- Geschlechtsgeruch und schließlich
- Annahme von Fremdgerüchen während Transport und Lagerung (Benzin ...)

Fremdgerüche können vom Fleisch und auch vom Fettwebe leicht angenommen werden. Dies gilt etwa beim Rotwild (Brunfthirsch, hauptsächlich ausgehend vom Brunftfleck) oder beim Schwarzwild für das Aufbrechen (besonders in der Rauschzeit, Präputialbeutel = Vorhautbeutel) genauso wie für das Enthäuten des Wildschweines und schließlich besonders für die Lagerung der Tierkörper im Kühlraum – hier sollen keine anderen Lebensmittel gelagert werden.

Geschlechtsgeruch – Ursachen und Maßnahmen

Den typischen Geschlechtsgeruch – vor allem der Keiler und der Rothirsche – der in deren Fortpflanzungszeit mitunter sehr ausgeprägt ist, nehmen wir Menschen meist als unangenehm wahr. Für weibliches Wild in der Brunft bzw. Rausche ist er dagegen äußerst verlockend, denn dieser Geschlechtsgeruch ist den Sexualpheromonen zuzuordnen. Das sind Botenstoffe, die der biochemischen Kommunikation zwischen den Mitgliedern einer Tierart dienen und im Paarungsverhalten eine bedeutende Rolle spielen.

Die dem Geschlechtsgeruch zugeordneten Geruchs- und Geschmacksabweichungen treten nicht nur am Wildkörper, sondern vor allem beim Erhitzen des Fleisches von brunftigen männlichen Tieren auf. Da dies bei Hausschweinen international ein großes Problem darstellt, gibt es diesbezüglich auch viele Untersuchungen, die analog auch für Wildtiere (insbesondere Wildschweine) gelten. Angaben zur Häufigkeit dieser Qualitätsabweichung im Fleisch z. B. von unkastrierten Ebern (Hausschweinen) schwanken von 3% bis 75%. Eine international verbindliche Definition von Brunftgeruch (bzw. Ebergeruch) gibt es nicht. Für den Keilergeruch (Ebergeruch) hauptverantwortlich sind Androstenon und Skatol. Androstenon ist ein Pheromon mit urinartigem Geruch. Nicht ausgeschiedenes Androstenon wird hauptsächlich im Fettgewebe eingelagert. Skatol, die zweite Leitsubstanz für Ebergeruch, wird in den hinteren Darmabschnitten durch mikrobiellen Tryptophanabbau gebildet. Es wird entweder ausgeschieden oder in Leber, Niere und Fettgewebe eingelagert. Skatol trägt stärker als Androstenon zur Geruchsabweichung bei. Bezüglich des Geschmacks haben Skatol

Das, was wir Menschen als stechenden Geruch – oder Gestank – wahrnehmen, empfinden Wildschweinbachen in der Rauschzeit als äußerst verlockend!

und Androstenon einen ähnlichen Einfluss, der additiv ist. Der stärkere Effekt von Skatol auf den Geruch kann damit zusammenhängen, dass ein hoher Bevölkerungsanteil (15–30 %) nicht fähig ist, Androstenon geruchlich wahrzunehmen. Auch gibt es international erhebliche Unterschiede in den Verzehrgewohnheiten: Eberfleisch wird in Großbritannien deutlich besser akzeptiert als in Frankreich, Spanien, Schweden und Deutschland.
Ähnlich verhält es sich mit dem Brunftgeruch des Rothirsches. Er ist allerdings hauptsächlich auf das Geschlechtshormon Androstendion zurückzuführen, das ein Zwischenprodukt bei der Testosteron- und Estradiolbiosynthese darstellt. Mit dem Harn ausgeschieden ist es maßgeblich auch für den Geruch zuständig, der sich am sogenannten Brunftfleck (am Bauch vor dem Penis) durch das Verspritzen von Harn bildet.

Das Geschlechtshormon Androstendion wird mit dem Harn ausgeschieden und ist maßgeblich für den Brunftgeruch des Rothirsches zuständig, der sich am Brunftfleck durch das Verspritzen von Harn bildet.

Ähnliches erfolgt auch beim Gamsbock, der aber zusätzlich noch über „Brunftfeigen“ am Kopf (hinter den Kruken) verfügt. Dagegen haben die Sexualpheromone und deren Abbauprodukte beim brunftigen Rehbock nahezu keine Wahrnehmungsschwelle für menschliche Nasen!

Maßnahmen, die den Brunftgeruch des Fleisches reduzieren, werden im Kapitel „Aufbrechen – Ausweiden“ behandelt (siehe Seite 111).

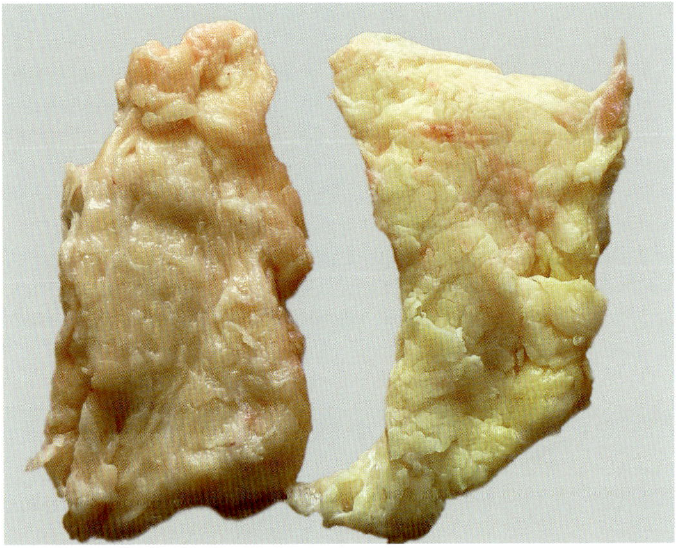

Gelbfärbung kann durch Einlagerung von Futterfarbstoffen (Carotinoide aus der Grünäsung) oder bei Gelbsucht auftreten.

Im Bild links: Futtergelbfärbung

Zum Vergleich rechts: zitronengelbe Verfärbung bei Gelbsucht

Farbabweichungen

Farbabweichungen können Teil anderer Verderbserscheinungen sein, aber auch durch Lebererkrankungen (Gelbfärbung sämtlicher Gewebe bei Gelbsucht) oder durch frische Grünäsung (Betakarotin) verursacht werden.

Schädlingsbefall

Fliegenarten können Eier oder Larven auf das Fleisch ablegen und können auch Krankheitserreger übertragen. Je nach Gegebenheit kann es nötig und sinnvoll

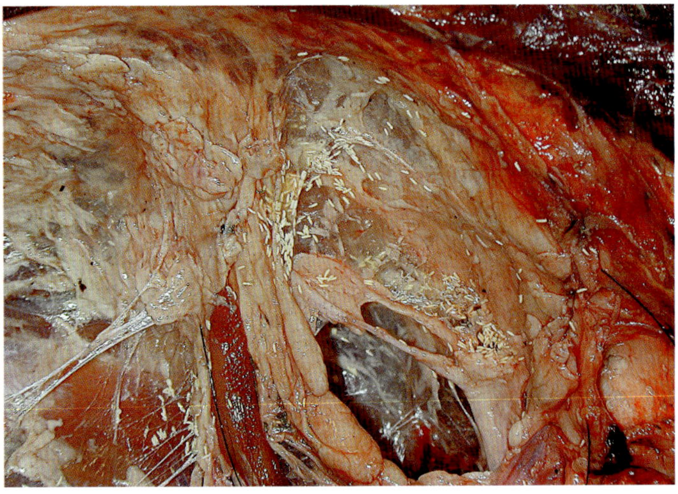

Massenhafte Ablagerung von Fliegeneiern

sein, Insektennetze zu verwenden oder den Tierkörper so aufzuhängen, dass durch den Luftzug Insekten ferngehalten werden.

Fettverderb

Nach längerer Lagerungszeit kann eventuell Fettverderb beobachtet werden. Dabei kommt es, gefördert durch Luftsauerstoff und Licht, zu einem Abbau der Fette. Dieser Abbau wird durch gewebseigene Enzyme, aber auch durch bakterielle Enzyme bewirkt. Er äußert sich in einer bräunlichen Verfärbung des Fettes sowie typisch ranzigem Geruch und bei der Verkostung durch kratzigen Geschmack.
Fettverderb findet auch bei Gefrierlagerung statt. Für die Praxis ist von Bedeutung, dass dadurch die Haltbarkeit von Gefrierfleisch begrenzt wird. Manchmal tritt die Ranzigkeit erst nach dem Erhitzen und anschließenden Kühllagern auf. Der „Aufwärmungsgeschmack“ beruht auf denselben Grundlagen. Da Wildschweinspeck zur Ranzigkeit neigt, sind Schmalz, Speck sowie Wurstwaren mit Wildschweinspeck nur begrenzt haltbar bzw. sollte man bei der Herstellung von Dauerwürsten oder lang gereiften Rohwürsten, wie etwa Wild-Salami, Bio-Hausschweinspeck statt Wildschweinspeck verwenden.

Kälteschock (Muskelverkürzung durch Kälte)

Zu rasches Kühlen kann auch negative Folgen haben. Da in der Praxis bei der Wildbretversorgung vorwiegend nur das Problem besteht, rasch genug den Wildkühlraum zu erreichen, ist den Jägern diese qualitätsbeeinträchtigende Komplikation, der sogenannte Kälteschock („cold shortening“), kaum bekannt.
Chemische Reaktionen sind temperaturabhängig – das heißt, bei tiefen Temperaturen laufen sie langsamer ab als bei hohen. Verhindert man nun die erste Phase der Fleischreifung durch sehr rasches Abkühlen der Muskulatur auf eine Temperatur von unter +12 °C, so kommt es zu einer starken Muskelkontraktion, zu Schädigungen der Muskelzellen und dadurch zu einer Zähigkeit des Fleisches, die auch während der weiteren Lagerung nicht mehr rückgängig zu machen ist.
In der warmen Jahreszeit ist es bei erlegtem Wild nach wie vor oberstes Gebot, so schnell wie möglich zu kühlen und die Kühlkette nicht mehr zu unterbrechen. Die Gefahr, dass dabei durch zu schnelles Kühlen ein Kälteschock des Fleisches auftreten würde, ist unter Praxisbedingungen zu vernachlässigen. Die Kühlkapazität der üblichen kleinen Wildkühlräume ist nicht so groß, dass nicht die Restwärme des frischen Wildes einer zu raschen Abkühlung entgegenwirken würde. Als Faustregel kann dabei gelten: bei Kühlung ohne Luftumwälzung kühlt ein nicht enthäuteter Tierkörper in 24 Stunden auf die Kühlraumtemperatur ab (Hadlok, 1984) – dies gilt natürlich erst ab dem Zeitpunkt, zu dem der Tierkörper in den Kühlraum gebracht wurde.

Unerwünschtes Durchfrieren

Ganz anders sieht die Situation aber im Winter aus. Wird Wild bei tiefen Temperaturen und im Freien aufgebrochen, so baut sich die Körperwärme sehr rasch ab. Besonders betroffen sind natürlich die dünnen Schichten, wie etwa der Rippenbereich oder die Bauchlappen. Aber auch die frei liegenden Oberflächen der Filets (Lungenbraten) können rasch Schaden nehmen. Hängt man unter diesen Bedingungen das Wild über Nacht im Freien auf, kann es „anfrieren" und dadurch die Qualität enorm leiden.
Wild ist selbstverständlich auch im Winter am besten im Kühlraum untergebracht, nachdem man es optimalerweise zunächst einige Stunden lang in einem Temperaturbereich von etwa +12 °C zwischengelagert hat. Auf keinen Fall darf man einen Raum, in dem es eventuell friert, für die Aufbewahrung benutzen!

Kühlung – Qualitätskriterien

Fleisch weist unmittelbar nach dem Erlegen einen fast faden, wenig typischen Geschmack auf. Die Muskulatur erscheint von gummiartiger Konsistenz, hell, glasig-durchsichtig. Darüber hinaus besteht infolge des neutralen pH-Wertes bei frischem Fleisch ein hohes Wasserbindungsvermögen, sodass es zunächst ausgesprochen trocken wirkt. Mit sinkendem pH-Wert verliert das Eiweiß das Wasserbindungsvermögen, es tritt vermehrt freies Wasser auf.
Die Muskulatur gesunder Tiere ist normalerweise frei von Mikroorganismen. Eventuell eindringende Mikroben werden von der körpereigenen Abwehr erkannt und beseitigt. Mit dem Eintritt des Todes erlöschen diese Schutzmechanismen innerhalb weniger Stunden. Bakterien beginnen vom Darm auszuwandern und die umgebenden Gewebe zu besiedeln. Viele Keime sind in der Lage, sich mithilfe von Geißeln und ähnlichen Strukturen fortzubewegen. Entlang von Blutgefäßen, Nervenbahnen und Bindegewebszügen gelangen sie bis in die Tiefe der Muskulatur. Keime können durch die Bildung von Eiweiß spaltenden Substanzen (Enzymen) Fäulnis und Verderb des Fleisches bewirken.

Rot-, Reh-, Gams-, Muffel-, Stein-, Dam-, Sikawild	7 Tage
Schwarzwild	5 Tage
Feldhase, Wildkaninchen	7 Tage
Wildvögel	4 Tage

Diese Werte können im Einzelfall stark variieren. Vakuumverpackung kann die Lagerfähigkeit beträchtlich erhöhen – auf die 2- bis 3-fache Zeitspanne.

Empfohlene Lagerfristen für zerlegtes Wildfleisch bei einer Lagertemperatur zwischen –1 °C und 0 °C (Fleisch friert erst bei etwa –2 °C!), relative Luftfeuchtigkeit ca. 85 %

Eine hochwertige Kühlzelle zählt heute zur Grundausstattung, sie muss angepasst sein an die durchschnittliche Menge und Stärke der angelieferten Wildstücke.

Um eine massive Besiedelung des Wildbrets mit Mikroorganismen zu verhindern, sind folgende Maßnahmen zu treffen:

- Die extrem bakterienhaltigen Organe, wie Verdauungsorgane und Atmungsorgane, sind dem Tierkörper so bald wie möglich zu entnehmen! ***Unverzügliches Aufbrechen bzw. Ausweiden!***
- Sichtbar verschmutzte Leibeshöhlen sind unverzüglich mit Trinkwasser (unter leichtem Wasserfluss, keinesfalls jedoch unter starkem Wasserstrahl) gründlich zu reinigen, grobe Verunreinigungen mit dem Messer abzutragen bzw. ist das Bauchfell samt anhängendem Fett herauszureißen (Schwarzwild).
  Das erlegte Stück ist unverzüglich zu kühlen!

Da im Gegensatz zur Schlachtung der landwirtschaftlichen Nutztiere

- die (gelegentlich erheblich verschmutzte) Haut nicht sofort entfernt wird,
- durch das Eindringen des Geschosses Mikroorganismen ins Innere des Wildkörpers gebracht werden,
- insbesondere bei Weichschüssen Magen-/Darminhalt in der Leibeshöhle freigesetzt wird,
- bei der Versorgung Möglichkeiten zum Reinigen der Hände und der Geräte selten zur Verfügung stehen,
- das Aufbrechen meist im Freien und gelegentlich auch bei mäßigem Licht stattfindet und
- die nächstgelegene Kühlmöglichkeit oft und insbesondere im Gebirge weit entfernt ist,

ist überlegtes, sachkundiges und verantwortungsbewusstes Handeln unerlässlich, um die hygienisch einwandfreie Beschaffenheit des Wildfleisches zu gewährleisten und seinen hohen Wert zu erhalten.

Hochwertiges, schmackhaftes Wildbret kann nur „erzeugt“ werden, wenn:

- das Stück gesund ist
- das Stück nicht gehetzt wurde
- das Stück im Feuer bleibt oder nach kurzer Fluchtstrecke verendet
- die Versorgung baldmöglichst sachgerecht und hygienisch einwandfrei erfolgt
- das Stück so schnell wie möglich gekühlt wird und die Kühlkette nicht mehr unterbrochen wird,

weil nur so

- ein ausreichender Vorrat an Glykogen und energiereichen Phosphaten in der Muskulatur vorhanden ist
- eine ausreichende Bildung von Milchsäure in der Muskulatur stattfinden kann
- die Milchsäure und die Abbauprodukte der Phosphate als wesentliche Geschmacksstoffe im Fleisch auftreten
- eine Senkung des pH-Wertes erfolgt und das Fleisch vor schneller bakterieller Besiedelung geschützt wird
- die muskeleigenen Enzyme wirksam werden können, sodass durch den Eiweißabbau eine Auflockerung des Bindegewebes stattfinden kann und die Zartheit zunimmt
- gewisse Eiweißabbauprodukte zusätzliche Aromastoffe darstellen
- eine starke Belastung des Fleisches mit Mikroorganismen möglichst vermieden bzw. deren Vermehrung gehemmt werden kann
- dadurch eine Vermehrung von krankmachenden Mikroorganismen bzw. die Bildung ihrer giftigen Stoffwechselprodukte gehemmt wird
- dadurch möglichst lange Haltbarkeit und erstklassige Schmackhaftigkeit gewährleistet sind.

Mikrobiologie und Hygiene

Kapitelinhalt:

Mikroorganismen – Bakterien und Pilze

Unsere Umgebung ist mit Tausenden von Mikroorganismen (wichtig sind in diesem Zusammenhang Bakterien und Pilze; im englischen Sprachraum zählen auch Parasiten dazu) besiedelt, die in äußerst vielfältiger Weise auf uns und unsere Umwelt Einfluss nehmen. Manche Bakterien treten bei Mensch, Tier oder Pflanze obligat als Krankheitserreger in Erscheinung, andere nur dann, wenn sie entweder in besonders großer Zahl auftreten oder einen Organismus vorfinden, der bereits aus anderen Gründen geschwächt ist (z. B. Alter, Nahrungsmangel, Parasiten). Andere treten als Verderbserreger in Erscheinung.
Beim Umgang mit Lebensmitteln ist mit größter Sorgfalt vorzugehen, um jedwede hygienisch nachteilige Beeinflussung zu vermeiden, ist nicht nur rechtliche Pflicht mit allen Konsequenzen (LMSVG – Lebensmittelsicherheits- und Verbraucherschutzgesetz), sondern sollte eine Selbstverständlichkeit sein! Dies bezieht sich nicht nur auf Einflüsse, die von Mikroorganismen ausgehen, sondern auch auf andere Faktoren, die Lebensmittel nachteilig beeinflussen können (z. B. Licht, Fremdgerüche etc.).

Wachstum und Ernährung

Bakterien

Bakterien sind mikroskopisch kleine, einzellige Lebewesen, welche über einen eigenen Stoffwechsel verfügen. Es gibt bisher Tausende bekannte Bakterienarten. Ihre Einteilung erfolgt in Gruppen, zum Teil nach dem Aussehen unter dem Mikroskop (stäbchen- oder kugelförmige Bakterien usw.), nach Stoffwechseleigenschaften und der genetischen Verwandtschaft. Bakterien finden sich nahezu überall: in der Luft, in der Erde, im Wasser, in Menschen, Tieren und Pflanzen. Dabei unterscheidet man zwischen nützlichen, neutralen (kommensalen) und

schädlichen Bakterien: Nützlich sind solche, die biologischen Abbau betreiben und für Kreisläufe innerhalb der Natur wichtig sind, oder Darmbakterien, die Nahrungsmittel abbauen, schädlich sind im Gegensatz dazu die pathogenen Bakterien als Erreger von Infektionskrankheiten, wie z. B. Diphtherie, Typhus, Cholera und Tuberkulose. Damit Bakterien ihre Stoffwechselleistungen vollbringen können, entnehmen sie ihrer Umgebung Nährstoffe, die sie mithilfe von Enzymen zerlegen, um sie für ihren Stoffwechsel brauchbar zu machen. Diese Tätigkeit der Bakterien kann sogar erwünscht sein (z. B. Milchsäurebakterien für die Herstellung von Joghurt, Sauermilchprodukten, Käse, Rohwurst) – häufig führt sie jedoch zu nachteiliger Beeinflussung des Lebensmittels. Im Zuge ihrer Stoffwechseltätigkeit sondern Bakterien auch Produkte (Ausscheidungsprodukte), die sie selbst nicht mehr benötigen, an ihre Umgebung ab. Darunter sind auch Giftstoffe. Diese sind in der Lage, so sie in genügender Menge in Lebens- oder Futtermitteln vorkommen, höhere Organismen, Menschen oder Tiere zu schädigen (zum Beispiel Staphylokokkentoxine).
Bakterien vermehren sich durch Zweiteilung. Am Beginn der Vermehrung stehen Anpassungsprozesse an die neue Umgebung, die Zelle selbst vergrößert sich und bereitet sich auf die kommende Spaltung vor. In der folgenden Phase des exponentiellen Wachstums vermehren sich die Bakterien explosionsartig. Es teilt sich eine Zelle in zwei weitere, diese jeweils wieder in zwei, diese wieder in zwei, sodass nach 3 Teilungsschritten aus einem Bakterium 2×2×2 = 8 Bakterienzellen bzw. bei 10 Teilungsschritten schon 1.024 Bakterien entstehen. Dieser Vermehrungsprozess setzt sich so lange fort, bis z. B. die zur Verfügung stehenden Nährstoffe aufgebraucht sind. Zu diesem Zeitpunkt können die Bakterien noch

25	100	200	500
50	200	400	1000
100	400	800	2000
200	800	1600	4000
400	1600	3200	8000
800	3200	6400	16000
1600	6400	12800	32000
3200	12800	25600	64000
6400	25600	51200	128000
12800	51200	102400	256000

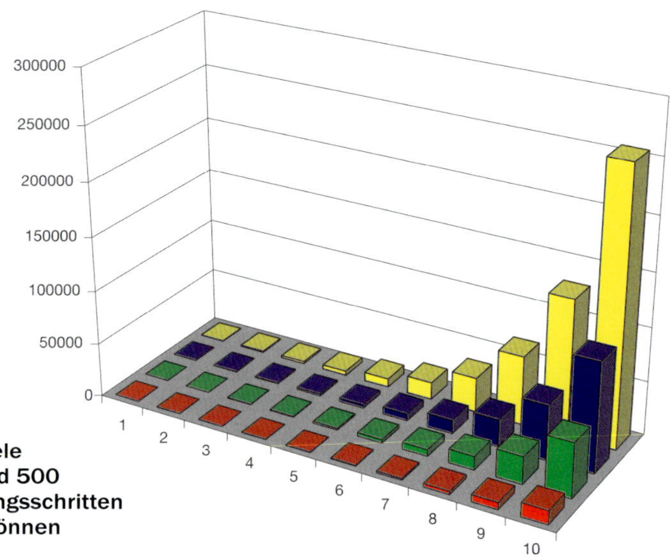

Explosionsartige Vermehrung der Keime: das Diagramm zeigt, wie viele Keime aus 25, 100, 200 und 500 Mikroorganismen in 9 Teilungsschritten (Generationen) entstehen können

eine gewisse Zeit überleben, sodass ihre Zahl vorerst gleich bleibt. Dieser stationären Phase folgt die Absterbephase.
Das Wachstum der Mikroorganismen hängt von einer Reihe von Umständen ab, die das Medium, in dem sie wachsen (in unserem Fall das Wildfleisch), bzw. seine Umgebung bieten:

- **Nährstoffe**
- **pH-Wert:** Die meisten Bakterien bevorzugen neutrale bis leicht alkalische Bereiche für ihr Wachstum, wie sie beispielsweise im Blut und in der Muskulatur von lebenden Wirbeltieren gegeben sind (7,0–7,4). Dies bedeutet, dass die bei der Fleischreifung entstehende Milchsäure dem Fleisch einen gewissen Schutz gegen bakterielles Wachstum bietet.
- **Temperatur:** Bei den meisten Bakterien liegt die optimale Temperatur für Wachstum, Vermehrung und Stoffwechseltätigkeit bei 20–45 °C. Einige Arten zeigen jedoch auch bei Kühllagerung und sogar bei Lagerungstemperaturen unter 0 °C Aktivitäten.
- **Sauerstoff:** Bakterien werden in sauerstoffbedürftige (obligat aerob) und -empfindliche (anaerob) sowie Zwischenformen geteilt, je nachdem, ob ihr Wachstum unter Sauerstoffanwesenheit erfolgen kann oder nicht. Vakuumverpackung schützt vor aeroben Bakterien, begünstigt aber die anaeroben.
- **Anwesenheit von Salzen:** Die meisten Bakterien können Salzkonzentrationen nur in einem bestimmten Ausmaß ertragen. Wird dieses überschritten, wird die Bakterienzelle geschädigt. Gewisse Arten jedoch wachsen sogar in hochkonzentrierten Lösungen (Laken, Suren), wie sie zum Pökeln verwendet werden.
- **Wasser:** Für alle Lebensvorgänge ist Wasser erforderlich. Durch Wasserentzug (Trocknen) kann Fleisch haltbar gemacht werden (Bündnerfleisch, Biltong).

Gewinnung von Trockenfleisch (Biltong) in Afrika

In manchen Gebieten wurde bzw. wird Fleisch mangels Kühlmöglichkeiten eingesalzen, gepökelt bzw. geräuchert, in Marinaden eingelegt oder getrocknet, um die Vermehrung von Mikroorganismen möglichst zu hemmen. In unseren Breiten tut man dies eher aus geschmacklichen und technologischen Gründen. Jede dieser Bemühungen wird aber letztlich von gewissen „Spezialisten", die unter widrigsten Umständen zur Vermehrung fähig sind, untergraben. Der berühmte „Rote Hund" etwa gedeiht unter höchsten Salzkonzentrationen auf Heringen und führt deren Verderb herbei.
Eine besondere Überlebenstaktik, die Sporenbildung, ist für die Lebensmittelhygiene von effizienter Bedeutung. Gewisse Arten können unter bestimmten Umständen in Dauerformen, sogenannte „Sporen", übergehen. Werden die Bedingungen günstiger, keimen sie aus. In dieser Form sind sie gegenüber Hitze außerordentlich widerstandsfähig und jahrelang keimfähig.

Viren

Viren sind in Proteinhüllen verpackte Stücke genetischen Materials, die lebende Wirtszellen befallen (Zellen von Pflanzen, Tieren, Menschen; auch Bakterienzellen) und deren Stoffwechsel auf die Produktion neuer Viren derselben Art umprogrammieren können. Viren haben keinen eigenen Stoffwechsel.

Schimmelpilze und Hefen

Schimmelpilze sind vielzellig, während Hefen in der Regel einzellig sind. Die Schimmelpilze sind leicht an ihrer schimmeligen oder watteähnlichen Erscheinung zu erkennen. Sie bilden mitunter eine Unzahl von Sporen, die über die Luft verbreitet werden können. Bezüglich pH-Wert und Temperatur sind sie deutlich widerstandsfähiger als Bakterien, sie benötigen jedoch ausreichende Feuchtigkeit für ihr Wachstum.
Hefen erscheinen im Allgemeinen schleimig, feucht und cremig-weiß. Meist verströmen sie einen leicht fruchtigen Geruch. Sie können ebenfalls durch die Luft verbreitet werden. Hefen wachsen am besten im mittleren sauren Bereich (pH-Wert von rund 4,0).
Bei bestimmten Lebensmitteln sind Edelschimmelüberzüge arttypisch (einige Käsesorten, Salami), nie aber bei frischem Fleisch!

Woher kommen die Mikroorganismen?

Mikroorganismen gelangen insbesondere auf folgende Arten auf das Fleisch bzw. in dessen Inneres:

- als Folge einer Krankheit des Tieres gelangen sie bereits zu Lebzeiten in die inneren Organe und in die Muskulatur (z. B. Septikämie/Blutvergiftung);
- infolge verspäteten Ausweidens wandern sie aus den extrem keimhaltigen Organen, wie Magen-Darm-Trakt und Atmungstrakt, aus;

- durch unsaubere Hände, Geräte sowie durch nicht sachgerechten Umgang bei der Versorgung und beim Zerwirken;
- durch Umwelteinflüsse, wie z. B. Staub, Pflanzenteile u. ä.;
- durch tierische Schädlinge, wie zum Beispiel Fliegen, Käfer und Nagetiere;
- durch Hunde, Katzen oder andere Haustiere, die Kontaktmöglichkeit mit dem Fleisch haben.

Bedeutung für die Fleischqualität

Es ist unmöglich, Fleisch bei der Be- und Verarbeitung völlig frei von Mikroorganismen zu halten. Die dabei aufgebrachte Mischung an Bakterien und Pilzen ist von höchst unterschiedlicher Bedeutung für die weitere Eignung des Fleisches als Lebensmittel.

(+) Mikroorganismen entfalten eine erwünschte Wirkung (bei frischem Fleisch hat dies – z. B. im Gegensatz zur Käseherstellung – kaum Bedeutung) oder

(–) sie besitzen nicht unmittelbar krankmachende Eigenschaften, tragen aber durch ihre rege Stoffwechseltätigkeit dazu bei, dass das Lebensmittel derart verändert wird, dass es für den Genuss nicht mehr infrage kommt. Diese Mikroorganismen spalten u. a. Eiweiße und Fette, deren Abbauprodukte dem Fleisch einen widerlichen Geruch und Geschmack verleihen, sie bilden sichtbare Kolonien oder Schimmelrasen an den Oberflächen, oder sie erzeugen Verfärbungen. Sie bilden die Verderbsflora, oder sie bilden im betreffenden Lebensmittel Gifte, die beim Verzehr durch den Menschen Erkrankungen hervorrufen (z. B. Botulinumtoxin, Staphylokokkentoxine). Diese Gifte können unter Umständen im Lebensmittel erhalten bleiben, obwohl die Keime z. B. durch Erhitzen abgetötet wurden. Bestimmte Arten bilden bakterielle Gifte im Verdauungstrakt, wodurch sie Erkrankungen, insbesondere heftige Brechdurchfälle, hervorrufen, oder sie sind in der Lage, die Darmschleimhaut zu durchdringen und den Gesamtorganismus zu erfassen.

Hygiene

Das Wort „Hygiene“ leitet sich ursprünglich vom Namen der griechischen Göttin für Gesundheit Hygieia ab. Die Welt-Gesundheits-Organisation (WHO) definiert „Lebensmittelhygiene“ folgendermaßen:
Unter Lebensmittelhygiene versteht man alle Bedingungen und Maßnahmen, die notwendig sind, um die Lebensmittelsicherheit und Verzehrseignung an allen Stufen der Produktionskette zu sichern.

Lebensmittelhygiene ist somit mehr als nur Sauberkeit! Sie muss auch durch Anwendung verschiedener Maßnahmen sicherstellen, dass Lebensmittel nicht gesundheitsschädlich und für den Verzehr geeignet sind. Die Hygiene der Umgebung, in der Lebensmittel hergestellt, gelagert und zubereitet werden, gehört da ebenso dazu wie die persönliche Hygiene jener Personen, die mit dem Lebensmittel bei dessen Herstellung, Zubereitung und Weitergabe zu tun haben.

Persönliche Hygiene

Der Mensch, der mit Fleisch oder anderen Lebensmitteln hantiert, ist eine nicht zu unterschätzende Verunreinigungsquelle. Da der menschliche Körper warm ist, finden Mikroorganismen, die auf Händen, Haaren, in Nase und Mund vorkommen, ideale Lebensbedingungen vor. Durch Husten oder Niesen, durch Berühren oder über die Atemluft gelangen Mikroben sehr leicht auf das Fleisch.

Die wichtigsten Hygiene-Regeln

Hygiene-Regeln zu Kleidung und Verhalten

- Saubere Kleidung ist unbedingt erforderlich, da es sonst zu Verschmutzung und bakterieller Verunreinigung von Fleisch kommen kann! Da saubere Kleidung bei der Jagd selten gewährleistet ist, wäre wohl in vielen Fällen eine Einwegschürze beim Aufbrechen von Wild zweckmäßig.
- Vor Arbeitsbeginn sind Schmuckstücke, wie Uhren und Ringe, unbedingt abzulegen, da diese ein hygienisches Reinigen der Hände verhindern. Unter Praxisbedingungen sind Einweghandschuhe ideal! Werden diese im Zuge der Arbeit erheblich verschmutzt, sind sie zu wechseln!
- Während der Arbeit mit Fleisch (auch beim Aufbrechen) ist das Haar zu bedecken! Ein Hut (eine geeignete Haube oder Mütze) verhindert, dass Haare auf das Lebensmittel gelangen.
- Das Rauchen ist beim Aufbrechen (sowie beim sonstigen Hantieren mit Wildbret) und in Wildsammelstellen bzw. Kühlräumen verboten, da es unappetitlich wäre, wenn Asche auf das Fleisch gelangen würde.

Hygiene-Regeln bei Verletzungen an den Händen

- Verletzungen an Händen und Armen sind zu versorgen und mit wasserundurchlässigem Material abzudecken, denn Wunden können Eiter oder lebensmittelvergiftende Krankheitserreger beherbergen. Auch umgekehrt ist man so vor Übertragung von Krankheitserregern geschützt.

Hygiene-Regeln bei Krankheiten

- Beim Niesen oder Husten hat man sich vom Lebensmittel abzuwenden und ein Papiertaschentuch vor die Nase bzw. den Mund zu halten! Auch ein gesunder Mensch hat eine Reihe von Mikroorganismen im Nasen- und Rachenraum.
- Kranke Personen dürfen nicht mit Wildkörpern (Fleisch) hantieren und sich nicht in jenen Räumen aufhalten, wo Wild be- oder verarbeitet oder gelagert wird! Speziell bei Erbrechen, Fieber, Halsentzündung, Hautausschlag, eitrigen Entzündungen usw. wäre die Gefahr viel zu groß, dass Krankheitserreger auf das Lebensmittel gelangen könnten.

Bei folgenden Zuständen darf mit Fleisch nicht hantiert werden

(siehe dazu auch die „Leitlinie zur Sicherung der gesundheitlichen Anforderungen an Personen beim Umgang mit Lebensmitteln" des BMG auf der folgenden Seite):

- Durchfall mit mehr als zwei dünnflüssigen Stühlen pro Tag, gegebenenfalls mit Übelkeit, Erbrechen, Fieber oder Bauchkrämpfen (Verdacht auf bakterielle Ruhr, Salmonelleninfektion oder andere bakterielle Erkrankungen);
- blutig-schleimige Durchfälle, Bauchkrämpfe, gewöhnlich ohne Fieber (Amöbenruhr)
- schweres Fieber mit starken Bauch- oder Gelenksschmerzen, wobei nach mehreren Tagen Verstopfung und später erbsbreiartige Durchfälle auftreten (Verdacht auf Typhus);
- „reiswasserartige" Durchfälle (leicht getrübte, nahezu farblose Flüssigkeit mit kleinen Schleimflocken) mit hohem Flüssigkeitsverlust (Verdacht auf Cholera);
- Gelbfärbung der Haut und der Augäpfel mit Schwäche und Appetitlosigkeit (Verdacht auf Hepatitis A oder E);
- infizierte Wunden oder offene Stellen von Hauterkrankungen (gerötet, schmierig belegt, nässend oder geschwollen), sofern keine wasserundurchlässige Abdeckung aufgebracht ist;
- lang anhaltender chronischer Husten mit Auswurf und Gewichtsverlust, Nachtschweiß usw. (Verdacht auf Tuberkulose).

Fleisch ist ein sehr wertvoller und wichtiger Bestandteil unserer Ernährung. Es ist allerdings ein sensibles Lebensmittel, das bei unsachgemäßer Vorgangsweise leicht verderben kann. Fachkundiges und verantwortungsbewusstes Handeln ist daher oberstes Gebot!

Leitlinie zur Sicherung der gesundheitlichen Anforderungen an Personen beim Umgang mit Lebensmitteln des BMG *(Originaltext)*

Diese Leitlinie ist an Personen gerichtet, die im Lebensmittelbereich tätig sind und dient als Empfehlung für die praktische Umsetzung der personalhygienischen Anforderungen des Anhanges II Kapitel VIII der Verordnung (EG) Nr. 852/2004 i. d. g. F.

1. Tätigkeitshindernisse

1.1. Personen, die

1.1.1. an durch Lebensmittel übertragbaren Krankheiten leiden oder bei denen ein diesbezüglicher Verdacht besteht [1]) (das gilt jedenfalls beim Auftreten von Durchfall und/oder Erbrechen),

1.1.2. infizierte Wunden aufweisen oder an Hautkrankheiten leiden, bei denen die Möglichkeit besteht, dass Krankheitserreger auf oder in Lebensmittel übertragen werden können, sofern eine sichere Abdeckung der Wunde nicht möglich ist,

1.1.3. bestimmte Krankheitserreger [1]) ausscheiden, ist der Umgang mit Lebensmitteln und das Betreten von Bereichen, in denen mit Lebensmitteln umgegangen wird, generell verboten, wenn die Möglichkeit einer direkten oder indirekten Kontamination, verbunden mit einem Risiko für Verbraucher/innen, besteht.

[1]) Typhus (Abdominaltyphus), Paratyphus, Cholera, sonstige bakterielle Lebensmittelvergiftungen (z. B. Infektionen durch Salmonellen, Shigellen, Campylobacter, Yersinien, toxinproduzierende Escherichia coli), virale Lebensmittelvergiftungen (z. B. Noroviren, Enteroviren oder Rotaviren), bertragbare Ruhr (Amöbenruhr), infektiöse Hepatitis A und E bzw. die Ausscheidung der entsprechenden Krankheitserreger.

1.2. Die Tätigkeitshindernisse gelten auch für den Bereich der Direktvermarktung.

2. Belehrung, Dokumentation, Mitteilungspflicht, Prüfung und Maßnahmen durch den Arbeitgeber

2.1. Belehrung und Dokumentation

Personen, die mit Lebensmitteln umgehen, müssen am Beginn ihrer Tätigkeit und während ihrer Tätigkeit einmal jährlich mit beiliegendem Formular mündlich und schriftlich belehrt werden. Das unterfertigte Formular wird von den Arbeitgeber/innen aufbewahrt, eine Kopie den Arbeitnehmer/innen ausgehändigt. Diese Belehrung ersetzt nicht die regelmäßige Hygieneschulung des Personals, die in den für Lebensmittelteilbereiche geltenden Hygieneverordnungen gefordert wird. Der Tätigkeit darf kein Hindernis im Sinne der Leitlinie entgegenstehen.

2.2. Mitteilungspflicht des Arbeitsnehmers

Arbeitnehmer/innen sind verpflichtet, Arbeitgeber/innen oder Vorgesetzten Hinweise auf Tätigkeitshindernisse unverzüglich mitzuteilen.

2.3. Prüfung und Maßnahmen durch den Arbeitgeber

Werden dem Arbeitgeber/innen oder Vorgesetzten Hinweise oder Tatsachen bekannt, die ein Tätigkeitshindernis im Sinne dieser Leitlinie begründen können,

- so prüfen sie unverzüglich ob Lebensmittel mit Krankheitserregern direkt oder indirekt verunreinigt werden können und dadurch ein gesundheitliches Risiko für Verbraucher/innen entstehen kann. Bei ausschließlicher Bürotätigkeit oder bei einer Tätigkeit im Lager mit verpackten Lebensmitteln besteht kein Tätigkeitshindernis.
- Besteht ein Risiko für den/die Verbraucher/in, leiten Arbeitgeber/innen (Vorgesetzte) unverzüglich Maßnahmen zur Verhinderung der Weiterverbreitung der Krankheitserreger ein. Das kann beispielsweise durch eine Änderung der Tätigkeit (Büro, Versand, ...), durch besondere Schutzmaßnahmen (z. B. besondere Hygienemaßnahmen) oder durch eine vorübergehende Einstellung der Tätigkeiten erfolgen. Diese Maßnahmen sind im Fall von Erbrechen oder Durchfall sofort nach dem Bekanntwerden einzuleiten und jedenfalls bis mindestens 48 Stunden nach dem Ende der festgestellten Symptome durchzuführen, sofern eine Infektionskrankheit nicht mit hinreichender Sicherheit ausgeschlossen werden kann. Eine Händedesinfektion mit adäquatem Händedesinfektionsmittel ist vom betroffenen Personal noch bis 3 Wochen nach Krankheitsende nach jedem Toilettengang durchzuführen. Sanitäre Einrichtungen sind ebenfalls entsprechend gründlich zu reinigen und zu desinfizieren. Liegen bei einer Person Symptome im Sinne der Belehrung vor, ist auf der Grundlage medizinisch-mikrobiologischer Untersuchungen zu beurteilen, ob eine infektiöse Ursache vorliegt.

3. Anhang „Schriftliche Belehrung“

Fa.

____

______________________________ (Firmenwortlaut, Adresse)

Die belehrte Person

____

______________________________ (Name, Geburtsdatum)

1. Meldung an die vorgesetzte Person
Sie müssen dem/der Unternehmer/in oder seiner/seinem Beauftragten unverzüglich melden, falls:
1a Sie folgende Anzeichen einer Krankheit an sich bemerken oder bemerkt haben:

- Durchfall (gegebenenfalls mit Übelkeit, Erbrechen, Fieber oder Bauchkrämpfen
- Verdacht auf bakterielle oder virale Lebensmittelvergiftung);
- Erbrechen und/oder Durchfall (Hinweis auf Noroviren – Gastroenteritis);
- hohes Fieber mit starken Bauch- oder Gelenksschmerzen, wobei nach mehreren Tagen Verstopfung „erbsbreiartige“ Durchfälle auftreten (Verdacht auf Typhus oder Paratyphus);
- „reiswasserartige“ Durchfälle (leicht getrübte, nahezu farblose Flüssigkeit mit kleinen Schleimflocken) mit hohem Flüssigkeitsverlust (Verdacht auf Cholera);
- Gelbfärbung der Augen und/oder der Haut mit Schwäche und Appetitlosigkeit (Verdacht auf Hepatitis A oder E);
- infizierte Wunden oder offene Stellen bei Hauterkrankungen (gerötet, schmierig belegt, nässend oder geschwollen);

1b eine ärztliche Diagnose oder ein Laborergebnis über die Ausscheidung folgender Krankheitserreger vorliegt, auch wenn Krankheitssymptome fehlen:

- Campylobacter
- Enteroviren
- Erreger der Amöbenruhr
- Escherichia coli, toxinbildend
- Hepatitis A oder E Viren
- Listeria monocytogenes
- Noroviren
- Rotaviren
- Salmonellen
- Shigellen
- Staphylococcus aureus, toxinbildend
- Vibrio cholerae oder parahaemolyticus
- Yersinien, pathogene

Hinweis: auch nach Abklingen der Krankheitserscheinungen können bestimmte Krankheitserreger ausgeschieden werden.
Die Meldung ist erforderlich, da die oben angeführten Krankheitserreger auf Lebensmittel übertragen werden können und in weiterer Folge Erkrankungen bei Verbraucher/innen verursachen können.
2. Erklärung der belehrten Person
Ich erkläre, dass ich im Falle einer Erkrankung mit Symptomen wie in Punkt 1a beschrieben oder bei ärztlicher Diagnosestellung gemäß Punkt 1b meine/n Vorgesetze/n, meinen/meiner Dienstgeber/in hierüber unverzüglich informiere.

______________________________ ______________________________

Datum Unterschrift

Eine Kopie dieser Belehrung inklusive der Leitlinie zur Sicherung der gesundheitlichen Anforderung an Personen im Umgang mit Lebensmittel ergeht an die Arbeitnehmerin/ den Arbeitnehmer.

4. Spezieller Teil
Erläuterungen zu wichtigen und häufigen Erkrankungen, die durch Lebensmittel übertragen werden können:

Typhus abdominalis, Paratyphus
Die Erkrankung beginnt mit hohem Fieber, das über mehrere Tage ansteigt und unbehandelt wochenlang anhalten kann. Weitere typische Krankheitszeichen sind Kopf-, Bauch- und Gliederschmerzen. Es kann zusätzlich Verstopfung auftreten, später bestehen häufig „erbsbreiartige" Durchfälle. Die Erreger sind Salmonella Typhi und S. Paratyphi. Ihre Aufnahme erfolgt vorwiegend durch Wasser und Lebensmittel. Aufgrund der guten Wasser- und Lebensmittelhygiene sind die beiden genannten Erreger in Österreich nicht verbreitet. Typhus und Paratyphus verlaufen ähnlich, sehr schwere Krankheitsverläufe sind wesentlich häufiger als bei anderen Salmonellenerkrankungen. Beide Erkrankungen werden in der Regel aus endemischen Gebieten (Afrika, Südamerika, Südostasien) als Reiseerkrankung importiert. Gegen Typhus steht eine Schutzimpfung zur Verfügung. Bei Reisen in betroffene Länder sollte der Rat einer Ärztin/eines Arztes oder einer einschlägigen medizinischen Beratungsstelle hinsichtlich der Notwendigkeit einer Impfung eingeholt werden. Manche Personen scheiden den Krankheitserreger nach Genesung noch wochen- bis monatelang aus. Dies stellt ein Tätigkeitshindernis im Lebensmittelbereich dar.

Andere Salmonellen-Infektionen
Die häufigste Erkrankung durch Salmonellen ist der akute Brech-Durchfall mit Bauchschmerzen und mäßigem Fieber. Allerdings können die Krankheitszeichen unterschiedlich stark auftreten, Krankheitsverläufe können unauffällig/sehr mild bis sehr schwerwiegend (Intensivstation) sein. Erreger sind verschiedene Salmonellen-Typen, die meist durch Lebensmittel (z. B. Eier, Fleisch, Rohmilch, Gewürze) aufgenommen werden. Diese Krankheitserreger sind weltweit verbreitet. Häufig sind Erkrankungen in den Sommermonaten. Salmonellen zählen zu den am häufigsten gemeldeten Erregern von Brech-Durchfällen.

Shigellose (Bakterielle Ruhr)
Die Erkrankung beginnt plötzlich mit hohem Fieber, Kopfschmerzen und krampfartigen Bauchschmerzen. Die anfänglich wässrigen Durchfälle können bei schweren Verlaufsformen auch blutig sein. Die Ansteckung erfolgt meist von Mensch zu Mensch (bei mangelhafter Händehygiene), aber auch durch verunreinigte Lebensmittel und Trinkwasser. Häufig handelt es sich um Reiseerkrankungen. Shigellen sind hochinfektiös, d. h. um krank zu werden, genügt die Aufnahme von nur wenigen Bakterien.

Cholera
Die Infektion verläuft in der Regel als Durchfallerkrankung mit Erbrechen und Bauchschmerzen. Der Stuhl wird „reiswasserartig" ohne Blutbeimengungen. Fieber ist nicht typisch. Bei schwerem Verlauf ist der Flüssigkeitsverlust hoch und der Körper trocknet aus (tiefliegende Augen, stehende Hautfalten). Die Erreger sind Cholerabakterien. Ihre Aufnahme erfolgt durch verunreinigtes Wasser oder Lebensmittel; auch eine direkte Übertragung von Mensch zu Mensch ist möglich. Die Erkrankung kommt in Gegenden mit schlechten hygienischen Voraussetzungen und mangelhafter Trinkwasserversorgung vor (Teile von Ostasien, Südamerika, Afrika) und ist in Europa sehr selten (Reiseerkrankung). Bei Reisen in ein Risikogebiet sollte der Rat einer Ärztin/eines Arztes oder einer einschlägigen medizinischen Beratungsstelle eingeholt werden.

Magen-Darm-Erkrankungen durch andere Krankheitserreger, die im Zusammenhang mit Lebensmitteln eine Rolle spielen können
Durchfall, Erbrechen oder Bauchschmerzen können auch durch andere Bakterienarten (z. B. Campylobacter, Staphylokokken, bestimmte Colibakterien, Yersinien) oder Viren (z. B. Noro-, Rota-, Adenoviren) verursacht werden. Erkrankungen durch Noroviren zählen zu den häufigsten Durchfallerkrankungen. Die Ansteckung kann direkt von Mensch zu Mensch oder über Lebensmittel erfolgen. Die Erkrankung verläuft meist sehr kurz, typisch ist heftiges Erbrechen, auch ohne Durchfall.

Hepatitis A oder E
Hauptsächlich Erwachsene erkranken an einer durch Hepatitis A oder E Viren verursachten Gelbsucht mit Leberschwellung, Appetitlosigkeit und Abgeschlagenheit. Die Aufnahme dieser Viren erfolgt durch Wasser oder Lebensmittel, die mit Hepatitis A oder E Viren verunreinigt sind. Auch Übertragungen von Mensch zu Mensch sind möglich, da die Viren mit dem Stuhl ausgeschieden werden. Diese Viren können in der Umwelt besonders gut überleben und weisen eine hohe Widerstandsfähigkeit gegenüber chemischen und thermischen Desinfektionsverfahren auf. Vor Hepatitis A kann man sich durch Impfung schützen. *(Originaltext der Leitlinie)*

Grundlagen der Küchenhygiene

Ein wesentlicher Aspekt der Jagd war schon immer, hochwertige Lebensmittel für sich, seine Familie und seine Gäste (für den eigenen häuslichen und gesellschaftlichen Bedarf) zu gewinnen. Die Beachtung der Grundlagen der Küchenhygiene spielen im privaten Umfeld eine bedeutende Rolle bei der Vermeidung von Lebensmittelinfektionen bzw. Lebensmittelvergiftungen – natürlich nicht nur in Bezug auf die Verwendung von Wildbret, sondern so gut wie aller Lebensmittel. In Anlehnung an die Angaben des Bundesinstitutes für Risikobewertung, Berlin, hinsichtlich des Schutzes vor Lebensmittelinfektionen im Privathaushalt wird daher Folgendes empfohlen:

Jedes Jahr werden in Österreich Tausende Erkrankungen (in Deutschland mehr als 100.000) gemeldet, die durch das Vorkommen von Mikroorganismen (insbesondere Bakterien, Viren oder Parasiten) in Lebensmitteln verursacht worden sein können. Meistens gehen Lebensmittelinfektionen mit Magenkrämpfen, Durchfall und Erbrechen einher und heilen von selbst wieder aus. Für Menschen mit geschwächtem Immunsystem (kleine Kinder, Schwangere, ältere Menschen oder Personen mit Vorerkrankungen) können sie im Extremfall aber auch lebensbedrohlich sein.

Es sollte daher
- die Verunreinigung von Lebensmitteln mit Krankheitserregern vermieden,
- die Vermehrung von Krankheitserregern in Lebensmitteln reduziert und
- das Überleben von Krankheitserregern in Lebensmitteln verhindert werden.

Wie lässt sich die Verunreinigung von Lebensmitteln mit Krankheitserregern vermeiden?

Um die Verunreinigung von Lebensmitteln mit Krankheitserregern zu vermeiden, muss verhindert werden, dass Mikroorganismen von (meist rohen) Lebensmitteln auf andere Lebensmittel übertragen werden – was leicht erfolgen kann, wenn diese unverpackt nebeneinander liegen. Möglich ist aber auch die indirekte Übertragung über Hände, Geräte, Arbeitsflächen, Messer oder andere Küchenutensilien.
Ein weiterer wichtiger Auslöser für Lebensmittel bedingte Erkrankungen sind Temperaturfehler, welche das Überleben bzw. die Vermehrung von Krankheitserregern in Lebensmitteln ermöglichen. Neben der mangelhaften Kühlung bei der Lagerung ist die ungenügende Erhitzung bei der Speisenzubereitung oder beim Wiederaufwärmen von zubereiteten Speisen von Bedeutung. Weitere Fehler sind das lange Warmhalten von Speisen bei zu niedrigen Temperaturen und die zu langsame Abkühlung von erhitzten Speisen.

Rohe vom Tier stammende Lebensmittel sind vergleichsweise häufig mit Krankheitserregern belastet. Wer Lebensmittel für Menschen mit geschwächtem Immunsystem zubereitet, sollte berücksichtigen, dass insbesondere der Verzehr der folgenden Lebensmittel für diese Personengruppe eine Gesundheitsgefahr darstellen kann:

- rohes Faschiertes
- Rohwurst, insbesondere streichfähige, kurz gereifte Sorten (z. B. Mettwurst)
- Rohmilch und Rohmilchkäse
- roher Fisch (z. B. Sushi) und rohe Meerestiere (z. B. rohe Austern)
- bestimmte Fischereierzeugnisse (Räucherlachs und Graved Lachs)

Auch der Verzehr von rohen pflanzlichen Lebensmitteln, wie z. B. Soja-Sprossen bzw. Keimlinge, wurde bereits als Ursache von Erkrankungen identifiziert.

Was ist beim Transport von Lebensmitteln zu beachten?

Um zu vermeiden, dass sich Keime in Lebensmitteln vermehren, wenn die Kühlkette unterbrochen wird, sollten kühlpflichtige und gefrorene Lebensmittel so schnell wie möglich nach Hause bzw. von Haus zu Haus gebracht und in die Kühl- bzw. Tiefkühlschränke gelegt werden. Bei größeren Einkäufen sollten diese Lebensmittel zuletzt eingekauft werden. Im Sommer ist es zudem bei längeren Transportwegen ratsam, empfindliche Lebensmittel in Kühlboxen zu transportieren. Lebensmitteleinkäufe bzw. -transporte können auch in die frühen Morgen- bzw. späten Abendstunden verlegt werden. Gleiche Vorsichtsmaßnahmen gelten auch, wenn zubereitete leicht verderbliche Speisen zu Feiern oder Festen (Mittagessen im Revier, Schüsseltrieb) mitgenommen werden. Warme Speisen, die zum Verzehr an einem anderen Ort (im Revier) bestimmt sind, sollten schnell transportiert und danach sofort verzehrt werden, weil sich vorhandene Krankheitserreger bei Temperaturen unterhalb von 60 °C sehr schnell vermehren können.

Was ist bei der Lagerung von Lebensmitteln zu beachten?

Um eine Verunreinigung von Lebensmitteln während der Lagerung zu vermeiden, sollten sie in geschlossenen Behältnissen oder vollständig abgedeckt aufbewahrt werden. Damit wird auch gewährleistet, dass weder Haustiere noch Insekten an die Lebensmittel gelangen. Langfristig gelagerte Lebensmittel sollten regelmäßig auf Schädlingsbefall kontrolliert werden. Lebensmittel mit Schädlingsbefall müssen entsorgt werden. Weil die Vermehrung der meisten Bakterien durch das Kühlen verlangsamt oder sogar gestoppt wird, sollten leicht verderbliche Lebensmittel bis zum Verzehr oder zur Verarbeitung im Kühlschrank aufbewahrt werden.

Dabei ist Folgendes zu beachten:

- Lebensmittel auch im Kühlschrank in geschlossenen Behältern oder vollständig abgedeckt lagern
- Fleisch, Geflügel und Fisch im untersten Fach des Kühlschranks (oberhalb des Gemüsefachs) lagern, damit Fleischsaft nicht auf andere Lebensmittel tropfen kann
- Kühlempfehlungen auf den Packungen beachten (Die Lebensmittel am Einkaufstag verbrauchen, wenn die Kühltemperaturen nicht eingehalten werden können, z. B. +2 °C bei Faschiertem)
- Kühlschranktemperatur auf unter +5 °C einstellen
- Kühlschrank nicht zu voll packen, damit die kühle Luft zwischen den Lebensmitteln ausreichend zirkulieren kann
- Kühlschrank ohne Abtauautomatik von Zeit zu Zeit entsprechend den Herstellerangaben abtauen
- leicht verderbliche Lebensmittel nach Öffnen der Verpackungen zügig verbrauchen, ebenso Reste aus geöffneten Konserven und in Flüssigkeiten gelöste Trockenprodukte, wie Soßen- und Milchpulver
- Kühlschrank regelmäßig innen reinigen (etwa einmal pro Monat)

Werden beim Grillen im Freien (z. B. im Revier) oder bei Gartenfesten über einen längeren Zeitraum auch leicht verderbliche Lebensmittel angeboten, müssen diese ebenfalls ausreichend gekühlt werden.

Was ist bei der Speisenzubereitung zu beachten?

Verunreinigungen von Speisen bei der Zubereitung lassen sich wie folgt vermeiden:

- Haustiere von Lebensmitteln fernhalten, während der Speisenzubereitung nicht streicheln
- vor Arbeitsbeginn auf persönliche Hygiene achten (saubere Kleidung, saubere Hände und Fingernägel, ggf. Kopfhaar zusammenbinden, ggf. Kopfbedeckung tragen und Handschmuck ablegen)
- das Berühren von Mund, Nase und Haaren vermeiden
- falls möglich, Lebensmittel besser mit sauberem Besteck als mit den Händen zubereiten

Sofern ausreichend Kühlkapazitäten vorhanden sind, wird folgende Reihenfolge der Speisenzubereitung empfohlen:

- zuerst Speisen zubereiten, die vor dem Verzehr nicht erhitzt werden (z. B. Dessert oder angemachte Salate)

- danach roh zu verzehrende pflanzliche Lebensmittel, wie Salat oder geschnittenes Gemüse,
- zuletzt rohe vom Tier stammende Lebensmittel (z. B. Fleisch, Geflügel).

Sollte diese Reihenfolge aus organisatorischen Gründen nicht eingehalten werden können, ist eine gründliche Zwischenreinigung der Arbeitsflächen und Geräte sowie der Hände zwischen den einzelnen Arbeitsschritten erforderlich.

Kontaminationen lassen sich durch folgende Maßnahmen vermeiden:

- Beim Umgang mit rohen und gegarten Lebensmitteln nie dieselben Küchenutensilien verwenden
- Für das Schneiden von Fleisch und Geflügel ein (z. B. rotes) Schneidbrett verwenden und ein anderes (z. B. grün) für Obst und Gemüse
- Gekochte oder anderweitig erhitzte Speisen nicht auf Brettern schneiden, auf denen vorher rohe Lebensmittel geschnitten wurden, wenn die Schneidbretter anschließend nicht ausreichend gereinigt wurden
- Die Hände nach Kontakt mit rohen Lebensmitteln sofort gründlich waschen

Schneidbretter aus Kunststoff lassen sich in der Regel in Geschirrspülmaschinen bei hohen Temperaturen (über +60 °C) reinigen und sind deshalb für das Schneiden von rohen Lebensmitteln besser geeignet als Holzbretter. Grundsätzlich sollten Schneidbretter aus Holz oder Kunststoff eine glatte Oberfläche haben, damit sie sich gut reinigen lassen. Schneidbretter mit Einschnitten und Furchen, in denen sich Bakterien halten und vermehren können, sollten deshalb durch neue Bretter ersetzt werden.
Sofern Hände mit rohen Lebensmitteln in Berührung gekommen sind, besteht die Gefahr, dass Krankheitserreger auf Griffflächen (z. B. Spülbecken-Armatur, Kühlschrankgriff, Temperaturregler am Herd, Gewürzdose) übertragen werden. Von hier können sie über die Hände in andere Speisen gelangen, deren Verzehr dann krank machen kann. Es ist ratsam, am Spülbecken eine Einhebelmischbatterie anzubringen, damit eine Betätigung des Wasserhahns ohne direkten Handkontakt möglich ist.
Auch Obst, Gemüse und Blattsalate können mit Krankheitserregern verunreinigt sein. Deshalb sollten diese Lebensmittel bei der Zubereitung oder vor dem Verzehr sorgfältig gewaschen werden, am besten unter fließendem Wasser. Sofern die pflanzlichen Lebensmittel im Spülbecken gewaschen werden, sollte dieses vorher gründlich gereinigt und mit ausreichend klarem Wasser gespült werden.

Was ist beim Erhitzen, Warmhalten und Abkühlen von Speisen zu beachten?

Zur Verhütung von Lebensmittel bedingten Erkrankungen ist Folgendes zu beachten:

- Speisen bei der Zubereitung und beim Aufwärmen ausreichend erhitzen (mindestens +70 °C für zwei Minuten im Inneren des Lebensmittels; im Zweifelsfall die Temperatur mit einem Fleischthermometer überprüfen)
- Bei der Zubereitung in der Mikrowelle auf gleichmäßiges Erwärmen achten, Speisen zwischendurch umrühren
- Warme Speisen bei Temperaturen von über +65 °C heiß halten bzw. innerhalb von wenigen Stunden auf unter +7 °C abkühlen (größere Speisemengen dafür in mehrere flache Schalen füllen)
- Bei Speisen, die rohe und gekochte Zutaten enthalten, die gekochten Zutaten zunächst ausreichend kühlen, bevor die anderen Zutaten hinzugefügt werden
- Reste gegarter Speisen im Kühlschrank aufbewahren und innerhalb von zwei bis drei Tagen verbrauchen

Das Erhitzen von Speisen auf +70 °C bis +100 °C tötet die meisten vorhandenen Bakterien ab. Bei bestimmten Bakterienarten werden Dauerformen (so genannte Sporen) durch das Kochen nicht abgetötet, sondern zum Auskeimen gebracht. Überlebende Keime und Bakterien, die nach der Erhitzung in die Speisen gelangt sind (z. B. beim Abschmecken), können sich in einem Temperaturbereich zwischen +10 °C und +60 °C vermehren. Einige Bakterienarten bilden bei ihrer Vermehrung hitzestabile Giftstoffe. Diese Giftstoffe können auch dann Erkrankungen auslösen, wenn die Lebensmittel nach dem Befall noch ausreichend durchgegart werden. Deshalb muss der Temperaturbereich, bei dem sich Bakterien vermehren, beim Heißhalten vermieden und beim Abkühlen von Speisen möglichst schnell durchlaufen werden.

Was ist bei der Verarbeitung von Eiern zu beachten?

Rohe Eier können im Inneren oder auf ihrer Schale Salmonellen enthalten. Da Salmonellen zu den Hauptverursachern von Lebensmittelinfektionen gehören, ist eine besondere hygienische Sorgfalt beim Umgang mit rohen Eiern erforderlich:

- Rohe Eier bei maximal +5 °C im Kühlschrank aufbewahren, um eine Vermehrung von Salmonellen zu reduzieren
- Eier möglichst frisch nach dem Legen verarbeiten und Angaben zur Mindesthaltbarkeit beachten

- Eier mit stark verschmutzten oder defekten Schalen möglichst nicht für die Speisenzubereitung verwenden
- Bei der Herstellung von Speisen, die ohne weitere Erhitzung verzehrt werden (z. B. Desserts, Backwaren mit nicht durcherhitzten Füllungen und Auflagen, Mayonnaise), auf Rohei verzichten
- Empfindliche Personen (Kleinkinder, Kranke und Senioren) sollten Eier nur nach vollständiger Durcherhitzung verzehren, d. h. wenn Eiweiß und Eigelb fest sind
- Eierspeisen unverzüglich verzehren oder bei maximal +5 °C im Kühlschrank aufbewahren
- Eierschalen oder rohes Ei dürfen nicht mit anderen Lebensmitteln in Berührung kommen
- Beim Aufschlagen von Eiern verspritztes Eiweiß oder Eigelb sofort mit einem Küchenpapier entfernen
- Nach dem Aufschlagen von Eiern Arbeitsflächen gründlich reinigen
- Küchengeräte, die mit rohem Ei in Berührung gekommen sind, sofort gründlich mit heißem Wasser und Spülmittel bzw. in der Spülmaschine reinigen
- Nach der Verarbeitung von rohen Eiern Hände gründlich mit warmem Wasser und Seife waschen sowie sorgfältig abtrocknen

Was ist bei der Zubereitung von Fleisch und Geflügel sowie Fisch und Meerestieren zu beachten?

Rohes Fleisch und Geflügel sowie roher Fisch und rohe Meerestiere können mit Krankheitserregern belastet sein. Deshalb ist beim Umgang mit diesen Lebensmitteln eine besondere hygienische Sorgfalt erforderlich. Folgende Regeln sollten beachtet werden:

- Gefrorenes Fleisch und Geflügel sowie gefrorenen Fisch vor der Zubereitung auftauen, damit auch in dicken Stücken bzw. am Knochen die zur Abtötung von Krankheitserregern notwendige Temperatur erreicht wird
- Gefrorene Lebensmittel im Kühlschrank auftauen, um die Keimvermehrung auf den Lebensmitteloberflächen zu reduzieren
- Zum Auftauen Verpackung entfernen – Gefriergut in eine Schüssel legen
- Tauwasser und Verpackung sorgfältig entsorgen
- Flächen und Gegenstände sowie die Hände nach Kontakt mit Tauwasser gründlich reinigen
- Rohes Fleisch und Geflügel sowie rohen Fisch unter fließendem kalten Wasser waschen (Spülbecken und Umgebung anschließend gründlich reinigen)
- Überschüssige Flüssigkeit auf rohem Fleisch, Fisch und Geflügel ggf. mit Einmal-Küchentüchern aufsaugen, Papiertücher anschließend entsorgen

- Fleisch und Geflügel vor dem Verzehr ausreichend und gleichmäßig garen bis austretender Fleischsaft klar ist und das Fleisch eine weißliche (Geflügel), graurosafarbene (Wildschwein) oder graubraune Farbe (Wildwiederkäuer) angenommen hat
- Innentemperatur im Zweifelsfall mittels eines Fleischthermometers überprüfen (mindestens +70°C für 2 Minuten)
- Fisch so lange erhitzen, bis das Fischfleisch sein glasiges Aussehen verloren hat und sich leicht mit der Gabel zerteilen lässt
- Für die Zubereitung verwendete Küchengeräte sofort gründlich mit heißem Wasser und Spülmittel bzw. in der Spülmaschine reinigen
- Nach der Berührung von rohem Fleisch, Geflügel und Fisch sowie rohen Meerestieren Hände gründlich mit warmem Wasser und Seife waschen sowie sorgfältig abtrocknen

Was ist beim Händewaschen zu beachten?

Über unzureichend gereinigte Hände können Krankheitserreger auf Lebensmittel übertragen werden. Hände sollten deshalb:

- nach jedem Toilettenbesuch
- nach dem Wechseln von Windeln
- nach Kontakt mit Haustieren bzw. deren Utensilien
- nach dem Niesen oder Nase putzen
- nach Kontakt mit Abfällen
- vor der Zubereitung von Speisen
- sofort nach Umgang mit rohem Fleisch, Geflügel und Ei
- nach dem Putzen von Gemüse
- vor dem Essen

gründlich gewaschen und sorgfältig abgetrocknet werden.

Eine sorgfältige Händereinigung sollte mit Seife unter fließendem Wasser (+45 °C) erfolgen. Für Hände und Geschirr sollten getrennte Handtücher verwendet werden. Diese sollten regelmäßig gewechselt und bei mindestens +60 °C gewaschen werden. Wenn für das Händewaschen kein fließendes sauberes Wasser zur Verfügung steht (z. B. im Revier), stellen mit Reinigungsmitteln getränkte feuchte Tücher eine Alternative dar.

Die Technik einer sorgfältigen Händereinigung wird unterschiedlich dargestellt. Auf den folgenden Seiten wird eine hygienische, praktikable Art in einer Bilderserie ❶ – ❼ gezeigt:

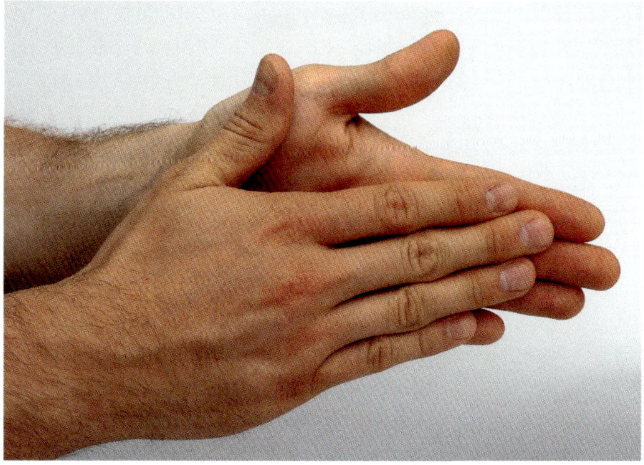

❶
Handfläche auf Handfläche gegeneinander reiben

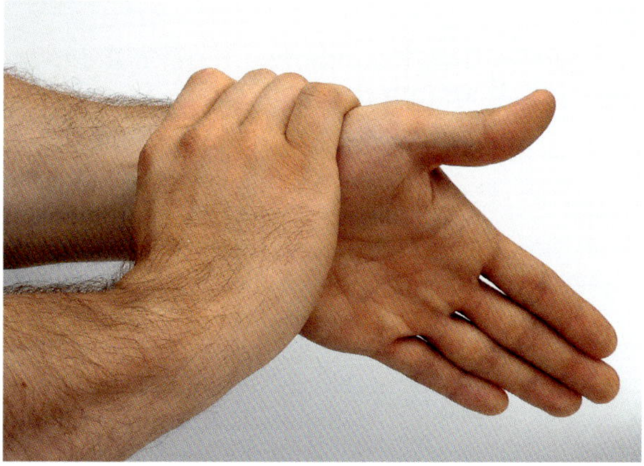

❷
Rechte Handfläche über linkem Handrücken und linke Handfläche über rechtem Handrücken mit drehenden Bewegungen reiben

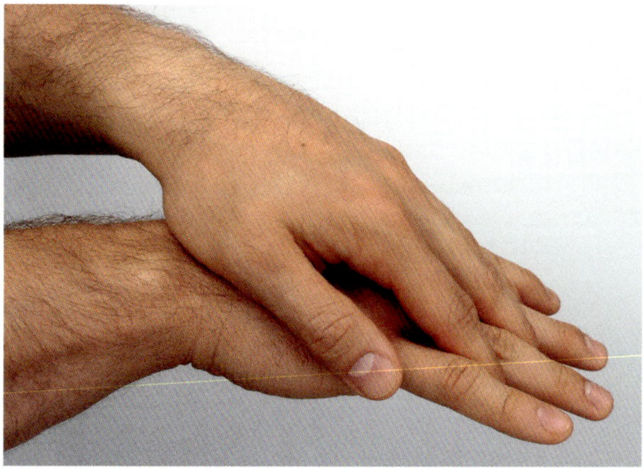

❸
Mit linker Handinnenfläche den rechten Handrücken – und umgekehrt – reiben, die gespreizten Finger ineinander verschränken

❹
Mit ineinander verschränkten Fingern die Handinnenflächen gegeneinander reiben.

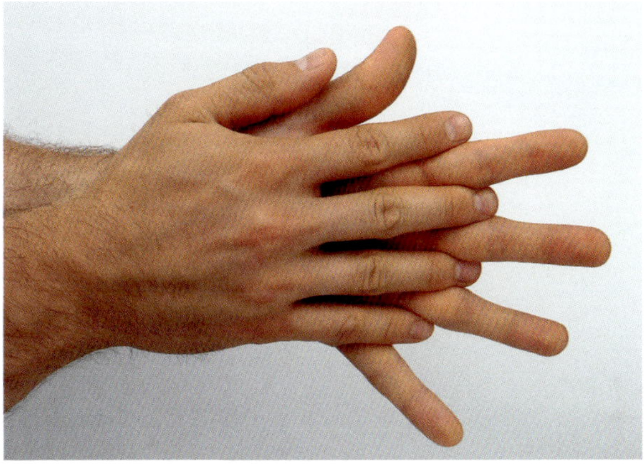

❺
Hände ineinander verhaken und die Finger gegeneinander bewegen.

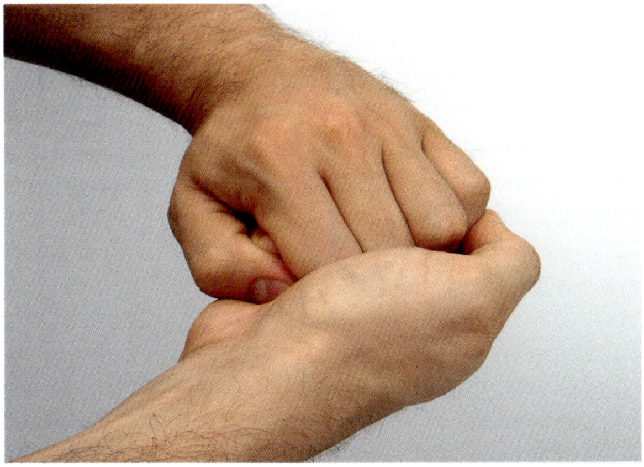

❻
Rotierendes Reiben des rechten Daumens in der geschlossenen linken Handfläche und umgekehrt – Daumenkuppe nicht vergessen

➡ ❼

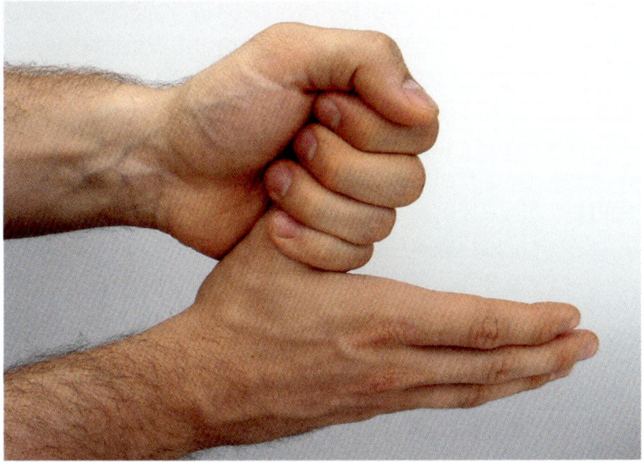

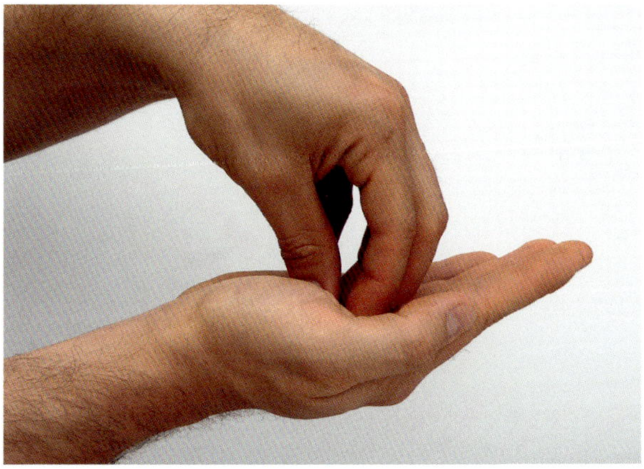

❼
Fingerkuppen in den Handflächen kreisförmig reiben

Was ist bei Reinigungsarbeiten in der Küche zu beachten?

Reinigungsarbeiten in der Küche zielen darauf ab, das Vorkommen von Mikroorganismen auf Küchenoberflächen und -geräten zu reduzieren und damit das Auftreten von lebensmittelbedingten Erkrankungen zu verhindern. In der Regel ist die Anwendung einfacher Haushaltsreiniger ausreichend. Die Verwendung spezieller Desinfektionsmittel ist nur erforderlich, wenn dies bei Erkrankungen vom Arzt oder Gesundheitsamt empfohlen wurde.
Putzlappen bzw. -schwämme und Handtücher können Krankheitserreger in der Küche verbreiten und damit eine Gefahr darstellen. Insbesondere in feuchten Lappen und Schwämmen können sich Bakterien bei Raumtemperatur sehr schnell vermehren. Einmalhandtücher bzw. Küchenrollen (Zellstoff) sind praktischer und hygienischer. Putzschwämme sind aus den oben genannten Gründen für Reinigungsarbeiten in der Küche weniger gut geeignet, weil sie in der Regel nicht oft genug ausgetauscht werden.
Schmutziges Geschirr und Besteck sollten umgehend gereinigt werden. Bei starken Verschmutzungen sollten Geschirr und Besteck vorgespült werden.
Abfallbehälter sollten regelmäßig geleert und nach Verschmutzung mit warmem Wasser und Reinigungsmittel gesäubert werden. Nach dem Berühren von Abfall sollten die Hände mit warmem Wasser und Seife gewaschen sowie sorgfältig abgetrocknet werden.

Anatomie und Physiologie

Kapitelinhalt:

- Innere Organe der Säugetiere
- Innere Organe des Geflügels

Innere Organe der Säugetiere

Der Tierkörper besteht aus räumlich begrenzten Teilstücken von charakteristischem Bau und bestimmten Leistungen, den sogenannten Organen. Sie haben gewisse Teilarbeiten für den Gesamtorganismus zu erfüllen. Aus den Einzelfunktionen zueinander gehörender Organe ergeben sich die Hauptfunktionen (z. B. Verdauung, Atmung, Fortpflanzung usw.) des Körpers. Wenn sich Organe zur Erledigung von Hauptfunktionen gruppenweise verbinden, wobei die Einzelteile nach Form und Funktion sehr verschieden sein können, entstehen Organsysteme, wie etwa das Verdauungssystem.
Die **Anatomie** beschreibt die einzelnen Organe z. B. nach deren Form, Lage, Größe, Bau und Farbe, die **Physiologie** deren Funktionsweise.

Die Kenntnis des Aussehens, der Lage, Beschaffenheit und Funktion der Organe (insbesondere Magen und Gedärme, Herz, Lunge, Leber, Nieren und Milz) ist die Grundvoraussetzung für die Beurteilung eines Tierkörpers in Hinblick auf seine Eignung als Lebensmittel!
Die Körperhöhle wird durch eine nach der Brusthöhle kuppelartig vorgewölbte Scheidewand, das Zwerchfell, in die Brust- bzw. Bauchhöhle unterteilt. Das Zwerchfell besteht aus einem fleischigen und einem sehnigen Anteil. Im Bereich der Brusthöhle ist es vom Brustfell, in der Bauchhöhle vom Bauchfell überzogen. Das Zwerchfell hat eine wesentliche Funktion für die Atmung, denn es ermöglicht einerseits den für das Einatmen erforderlichen Unterdruck im Brustraum, andererseits schafft es durch seine Erschlaffung die Voraussetzung für die passive Ausatmung. Durch das Zwerchfell hindurch ziehen – von der Brust- in Richtung Bauchhöhle – zwei große Blutgefäße und die Speiseröhre (Schlund), die unmittelbar dahinter in den Magen mündet.

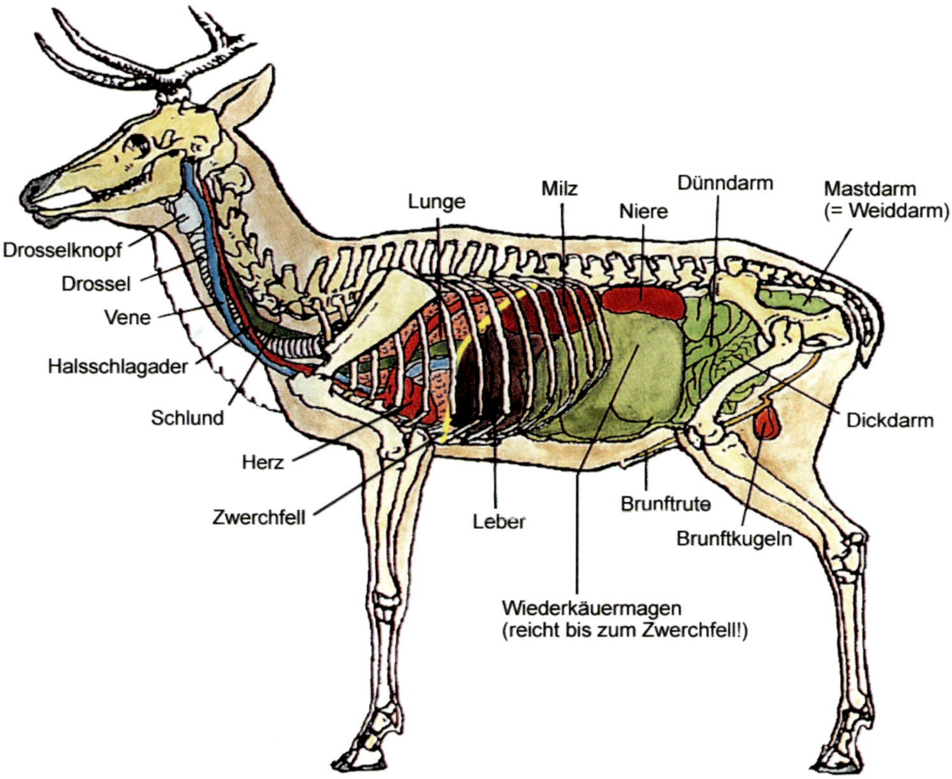

Rothirsch in der Durchsicht

Organe der Brusthöhle

Von der Maulhöhle ausgehend, ziehen Speise- und Luftröhre in den Brustraum. Im Halsbereich liegen Speise- und Luftröhre, große Blutgefäße, Nerven und schließlich Wirbelsäule mit Rückenmark eng nebeneinander. Während die Speiseröhre, wie vorhin erwähnt, durch das Zwerchfell in die Bauchhöhle führt und dort in den Magen mündet, teilt sich die Luftröhre unmittelbar nach dem Eintritt in die Brusthöhle in zwei Äste auf, die ihrerseits die beiden Lungen versorgen und sich dort weiter aufteilen. Die Lungen umschließen in dem Bereich der Brusthöhle, der zwischen den Schulterblättern liegt, das Herz.

Lunge

Die gesunde Lunge präsentiert sich als ein elastisches, hellrosa gefärbtes, mit einer glänzenden Schleimhaut überzogenes Organ, das bei Säugetieren an keiner Stelle mit der Brustwand verwachsen oder verklebt ist (bei Vögeln ist die

Lunge jedoch fest in den Zwischenrippenräumen verwachsen). Die Lunge dient dem Gasaustausch, wobei durch die Einatmungsluft das Blut mit Sauerstoff angereichert und mit der Ausatmungsluft der Körper von Kohlendioxid und anderen gasförmigen Stoffen befreit wird. In sie mündet die Luftröhre, die deutlich an den aneinandergereihten Knorpelringen erkennbar ist. Die Innenseiten der Luftröhre und ihrer Aufzweigungen sind von einer weißlichen, glatten und glänzenden Schleimhaut überzogen.

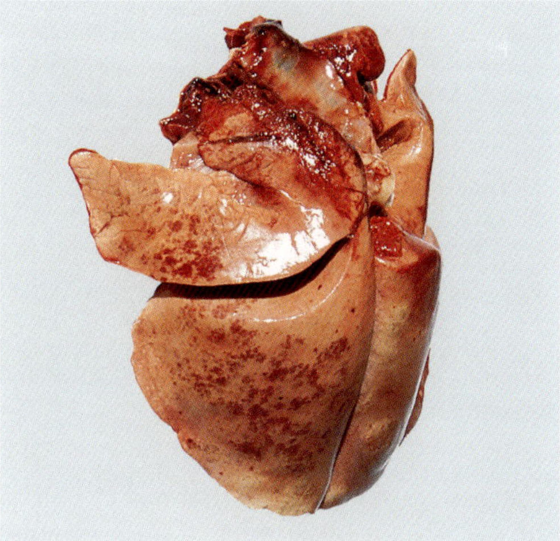

Lunge (Rehkitz)

Herz

Das Herz ist ein derb-elastischer, dunkelrot gefärbter Hohlmuskel, der von einer sehnigen Kapsel, dem sogenannten Herzbeutel, umschlossen ist. Das Innere ist in die rechte Vor- und Hauptkammer und in die linke Vor- und Hauptkammer unterteilt. Es ist die zentrale Pumpstation, von der aus durch die rechte Hauptkammer das Blut zur Sauerstoffanreicherung durch den Lungenkreislauf geleitet wird. Das jetzt sauerstoffreiche (hellrote) Blut gelangt nun über die linke Vorkammer durch die linke Hauptkammer zur Versorgung in den Körperkreislauf, bevor es wieder sauerstoffarm und mit Kohlendioxid beladen (blaurot) in die rechte Vorkammer zurückkommt.

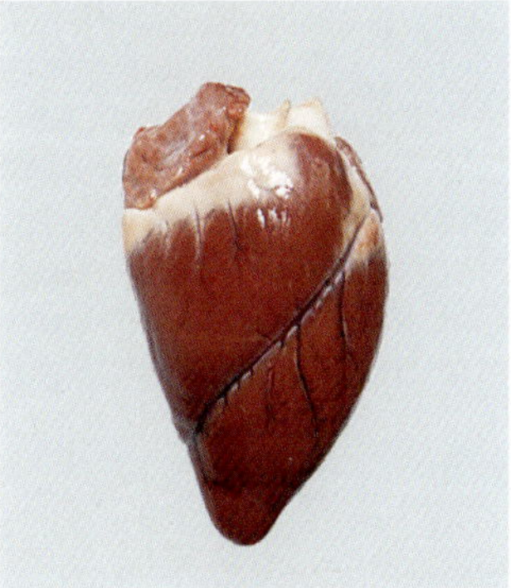

Herz (Rehkitz)

Organe der Bauchhöhle

Magen

Der Magen ist unmittelbar dem Zwerchfell angelagert. Bei den Wiederkäuern, wie z. B. Rotwild, Rehwild, Gamswild, Steinwild und Muffelwild, ist er in vier Abschnitte unterteilt, dabei sind die Vormägen (Pansen, Netzmagen, Blättermagen) vom Labmagen zu unterscheiden. Bei den Allesfressern, wie z. B. Schwarzwild, Dachs oder Bär, aber auch bei den Fleischfressern, wie dem Fuchs, liegt ein einhöhliger Magen vor. Die Funktion des Magens besteht im Wesentlichen darin, die durch das Kauen oder Zerbeißen zerkleinerte Nahrung durch den sauren Magensaft weiter aufzubereiten und dann portionsweise in den Dünndarm abzugeben.

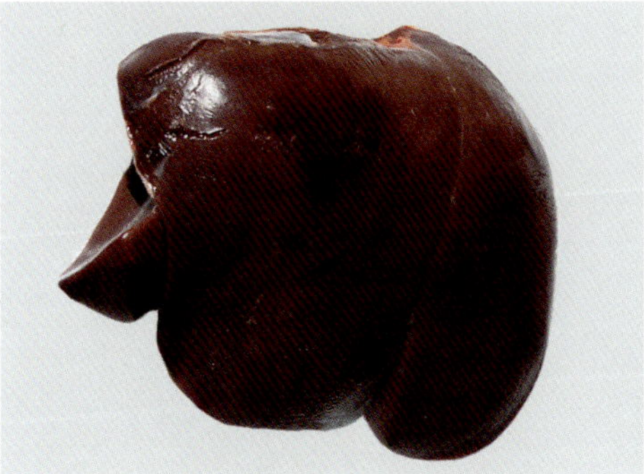

Gesunde, scharfrandige Leber (Reh)

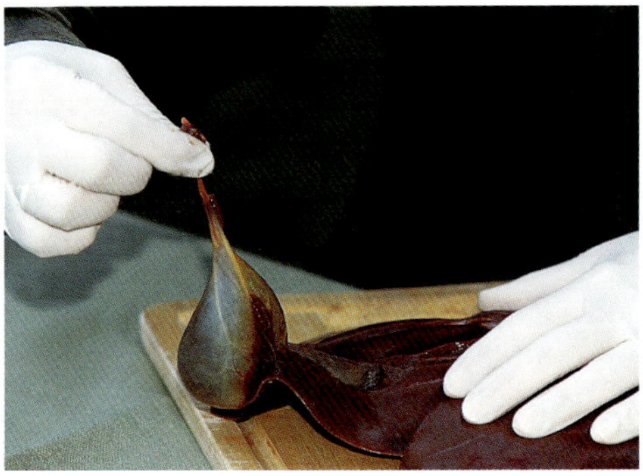

Gallenblase (Wildschwein)

Leber

Die Leber ist neben dem Magen ebenfalls unmittelbar dem Zwerchfell angelagert. Sie ist derb-elastisch, dunkelrot, glänzend und scharfrandig. Bei den horntragenden Wildwiederkäuern, wie Gams-, Stein- und Muffelwild, sowie beim Schwarzwild ist zusätzlich zu den Gallengängen noch eine Gallenblase ausgebildet, während sie bei allen geweihtragenden Wildarten fehlt. Feldhasen und Wildkaninchen haben ebenfalls eine Gallenblase.
Die Leber erfüllt eine Reihe wichtiger Stoffwechselfunktionen. Sie ist unter anderem beteiligt am Eiweiß-, Kohlenhydrate- und Fettumsatz sowie an der Neutralisierung und Ausscheidung von Giftstoffen und Hormonen. Sie sondert Gallenflüssigkeit zur Verdauung von Fettstoffen ab, bildet Blutkomponenten und speichert Nährstoffe, Vitamine, Spurenelemente.

Milz

Von der Farbe her der Leber sehr ähnlich, festweich, relativ scharfrandig, liegt die Milz in unmittelbarer Nachbarschaft des Magens, links vorne unter dem Rippenbogen. Da sie ein Blutspeicherorgan ist, kann sie besonders beim Schocktod (z. B. Schuss durch die Brustwirbelsäule) auf ein Mehrfaches ihrer natürlichen Größe aufgestaut sein. In der Milz werden weiße Blutkörperchen (Leukozyten) gebildet und rote Blutkörperchen (Erythrozyten) abgebaut. Darüber hinaus spielt sie bei der Blutgerinnung und bei den körpereigenen Abwehrfunktionen (Immunabwehr) eine wichtige Rolle. Sie ist in ihrer Form je nach Tierart unterschiedlich – beim Rehwild beispielsweise oval, beim Schwarzwild zungenförmig.

Milz (Reh)

Milz (Wildschwein)

Nieren

Die Nieren sind bohnenförmige Organe, die aus der äußeren Rinde und dem Nierenmark bestehen und unmittelbar der Muskulatur unter der Lendenwirbelsäule anliegen. Die rechte Niere liegt in der Regel etwas weiter brustwärts als die linke. Bei Wiederkäuern können beide Nieren rechts hintereinander liegen, wobei die linke hinter der rechten Niere positioniert ist. Der Grund dafür ist der mächtige, die linke Bauchhöhle weitgehend ausfüllende, mehrhöhlige Magen. Die Farbe ist braunrot und glänzend.

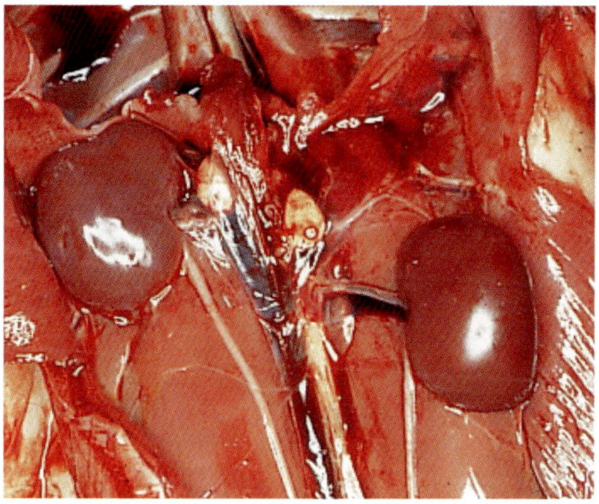

Lage der Nieren (Feldhase)

Die Hauptaufgaben der Nieren bestehen in der Absonderung harnpflichtiger Substanzen, Regelung der Wasser- und Elektrolytausscheidungen, Aufrechterhaltung des Säure-/Basenhaushaltes und Bildung von Gewebshormonen.

Darm

Der Darmkanal stellt einen vielfach gewundenen Schlauch dar, der vom Magen bis zum After reicht. Dabei wird zwischen dem Dünndarm (beginnend beim Magenausgang) und dem Dickdarm (endend beim After) unterschieden. Jeder dieser Darmabschnitte wird in drei weitere Bereiche unterteilt:

Dünndarm:	**Dickdarm:**
Zwölffingerdarm	Blinddarm
Leerdarm	Grimmdarm
Hüftdarm	Mastdarm

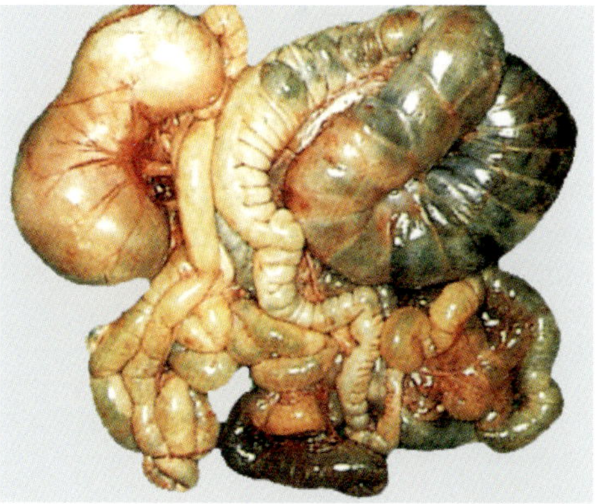

Gesunder Verdauungstrakt (Feldhase)

Die Länge des gesamten Darmes ist von Tier zu Tier sehr unterschiedlich. Den längsten Darm haben die Wiederkäuer, gefolgt von den Allesfressern. Bei den Fleischfressern ist er relativ kurz. So ist der Darm beim Fleischfresser rund 5-mal, beim Schwein rund 15-mal und beim Wiederkäuer rund 25-mal so lang wie die Körperlänge.
Während im Dünndarm der Hauptteil der Nährstoffaufnahme erfolgt, da in diesem Bereich auch wichtige Verdauungssekrete (Galle, Verdauungssaft der Bauchspeicheldrüse) einmünden, wird im Dickdarm vorwiegend Wasser rückresorbiert und somit der Kot eingedickt.

Fortsetzung Seite 88

Aufbau des Verdauungstraktes beim Wildwiederkäuer (z. B. Rehwild, Rotwild, Gamswild)

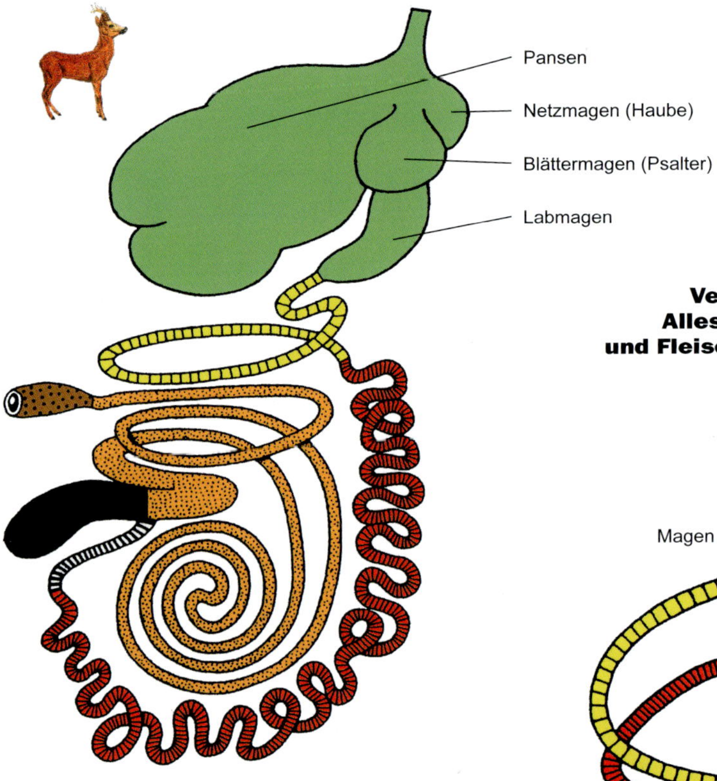

Aufbau des Verdauungstraktes beim Allesfresser (Schwarzwild) und Fleischfresser (z. B. Fuchs)

Der Magen der Wildwiederkäuer besteht aus vier Höhlen (oben), der Magen der Allesfresser (Schwarzwild) und Fleischfresser (z. B. Fuchs) ist einhöhlig (rechts).

Aufbau des Verdauungstraktes beim Feldhasen (Wildkaninchen)

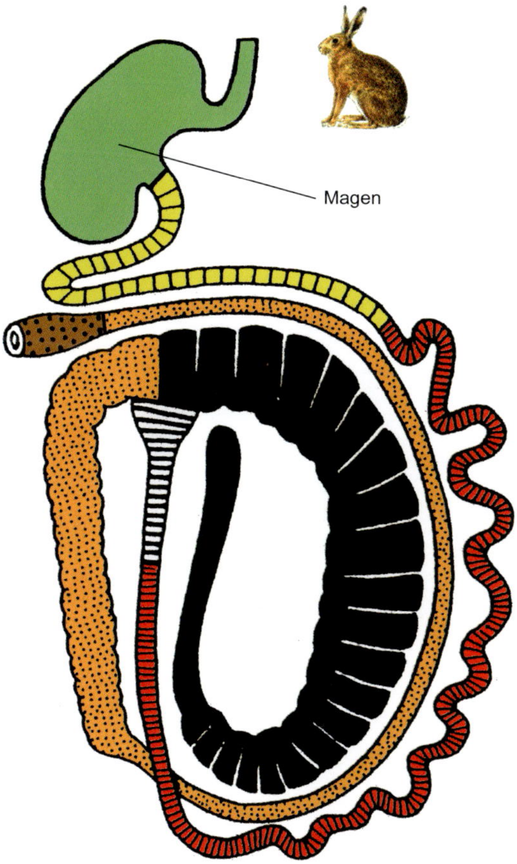

Aufbau des Verdauungstraktes bei Wildvögeln (z. B. Fasan, Ente, Rebhuhn)

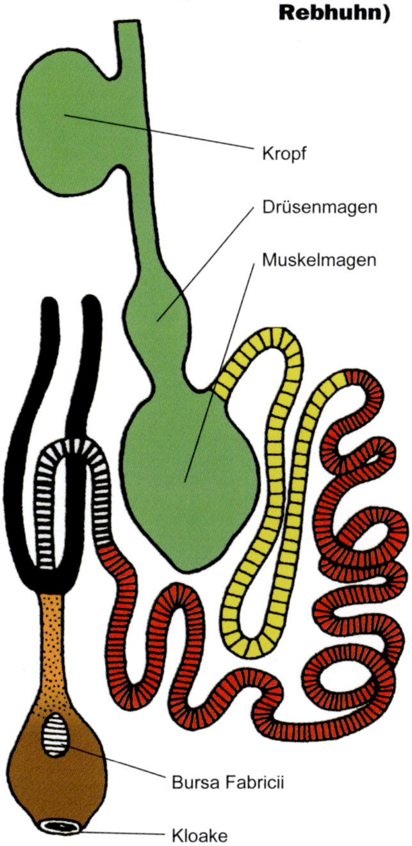

Typisch für den Verdauungstrakt des Feldhasen ist der überaus große Blinddarm (oben), typisch beim Fasan ist der zweiteilige Blinddarm (rechts).

Dünndarm	**Dickdarm**
Zwölffingerdarm	Blinddarm
Leerdarm	Grimmdarm
Hüftdarm	Mastdarm (= Weiddarm)

Die Darmanteile sind gegenüber der Bauchwand frei beweglich und nicht mit dieser verwachsen. Der „Aufhängeapparat“, in dem sich die zur Versorgung notwendigen Blutgefäße und – als Teil des Immunsystems – auch Lymphknoten befinden, wird als Gekröse bzw. beim Magen als „Netz“ bezeichnet.

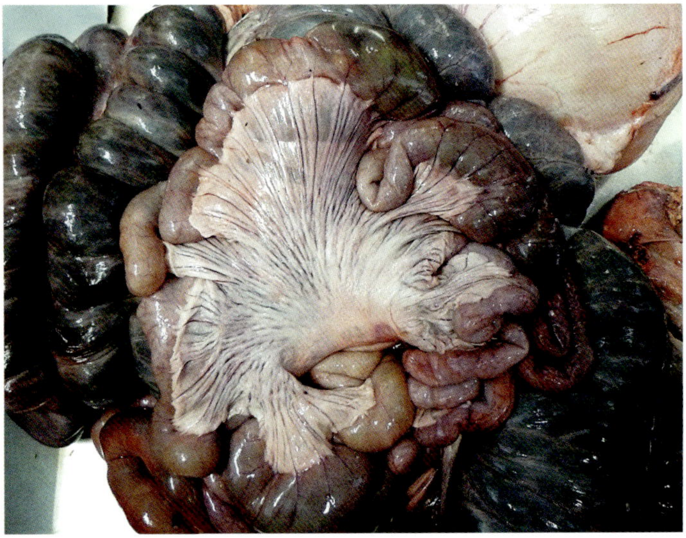

Gekröse bei einem Wildschwein (ohne Auffälligkeiten)

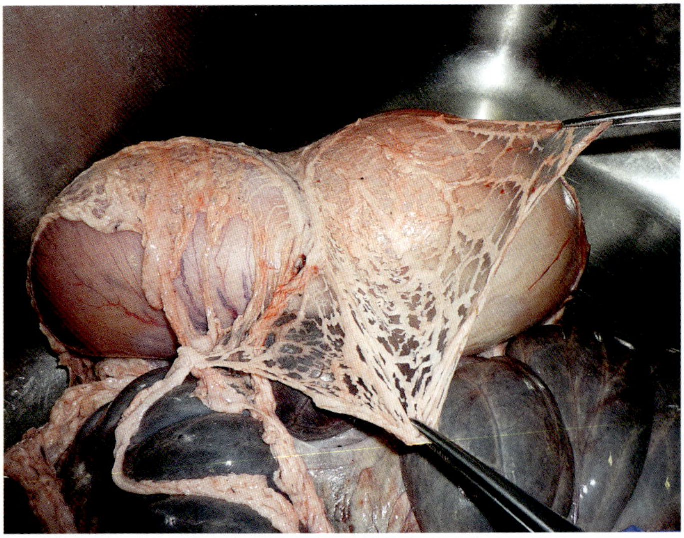

Netz bei einem Wildschwein (ohne Auffälligkeiten)

Harnblase

Im Beckenbereich eingebettet, zwischen Beckenboden und Wirbelsäule, liegt die Harnblase. Je nach Füllungszustand kann sie bis weit in die Bauchhöhle vorreichen. Sie ist ein festes, kugeliges, glattwandiges Organ, das mittels des rechten und des linken Harnleiters mit den Nieren und durch die Harnröhre mit den äußeren Geschlechtsorganen verbunden ist.

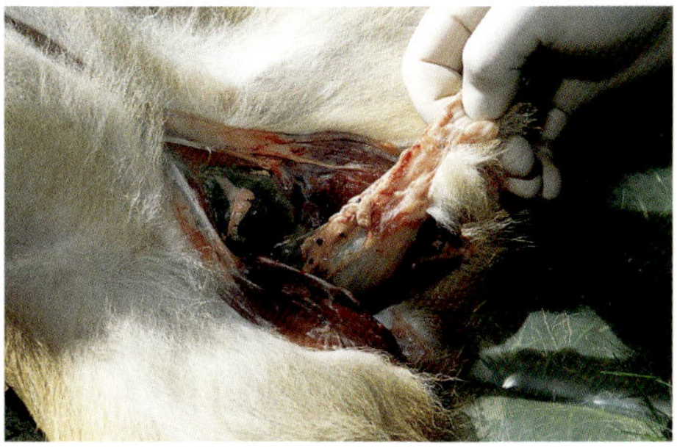

Auslösen der Harnblase (Rehkitz)

Eierstöcke und Gebärmutter

Bei den weiblichen Tieren befinden sich auch noch die beiden Eierstöcke und die Gebärmutter in der Bauchhöhle. Die beiden Eierstöcke sind jeweils hinter den Nieren durch die Eierstockbänder mit der Muskulatur verbunden. Von den Eierstöcken ziehen der rechte und der linke Eileiter zur Gebärmutter, die bei den Wildsäugetieren im Unterschied zum Menschen *(Uterus simplex)* als zweihornige Gebärmutter *(Uterus bicornis)* ausgebildet ist. Sie liegt im Beckenbereich zwischen dem Mastdarm und der Harnblase. Ihre Begrenzung zum Scheidenrohr bildet der Muttermund.

Organsysteme bzw. -apparate

Organe müssen zusammenwirken, um bestimmte Körperfunktionen zu ermöglichen. Während es leicht ersichtlich ist, welche Organe zum Verdauungsapparat (vom Äser zum Weidloch inkl. Leber und Bauchspeicheldrüse) oder Kreislauf- oder Nervensystem gehören, ist das Immunsystem eher unauffällig. Je nach Alter des Tieres sind bestimmte Organe daran mehr oder weniger beteiligt. Neben dem Knochenmark, den Mandeln (Tonsillen), dem im Hals-/Brustbereich liegenden Thymus („Bries") sind insbesondere die Lymphknoten (ocker- bis olivfarbene tropfen-

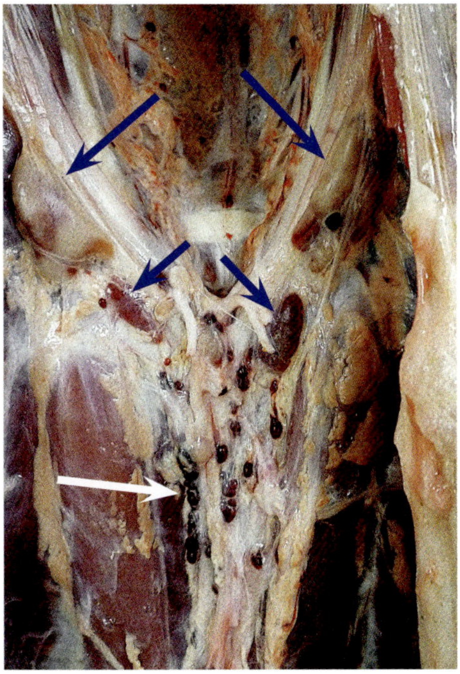

Becken, Reh: Die blauen Pfeile zeigen auf Lymphknoten, der weiße Pfeil auf einen sogenannten Hämallymphknoten (Blutlymphknoten, an das Blutgefäßsystem angebunden)

förmige Gebilde) und deren Gefäßsystem zu nennen. Entlang des gesamten Verdauungstraktes finden sich lymphatische Strukturen, die dem Jäger bei einem gesunden Tier allerdings kaum auffallen.

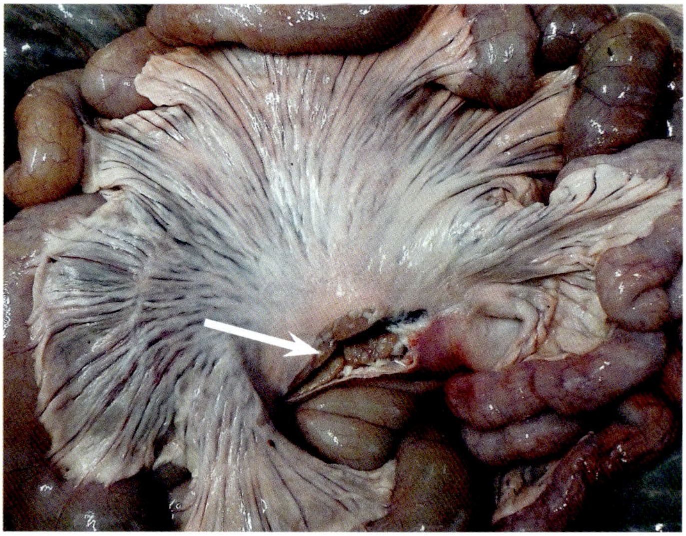

Darmlymphknoten im Gekröse, angeschnitten (Pfeil; ohne Auffälligkeiten)

Innere Organe des Geflügels

Der anatomische Bauplan des Vogelskeletts unterscheidet sich wesentlich von dem der Säugetiere. Die Röhrenknochen sind nicht markhältig, sondern luftgefüllt. Die Schultergliedmaßen sind zu Flügeln umgebildet. Das lange Becken ist mit den Lenden- und Kreuzwirbeln verschmolzen. So werden die Beckengliedmaßen zu den alleinigen Trägern und Bewegern der Körperlast, wenn sich der Vogel am Boden befindet.

Im Gegensatz zur Anatomie unterscheidet sich die Physiologie, also die Funktionsweise der Organe, nicht grundsätzlich von denen der Säugetiere.

Die **Mundhöhle** ist charakterisiert durch die Umwandlung der Kiefer in den Schnabel.

Der **Schlund** ist elastischer und erweiterungsfähiger als bei den Säugetieren und bildet vor dem Brusteingang den als Nahrungsreservoir dienenden Kropf.

Die Lage der **Eingeweide** wird durch vier Bauchfellsäcke bestimmt, welche die gemeinsame Körperhöhle unterteilen. Zwischen diesen Bauchfellsäcken ist eine Scheidewand ausgebildet, die gleichzeitig den Herzbeutel am Brustbein befestigt.

Der größte Bauchfellsack beinhaltet den Darm sowie den Harn- und Geschlechtsapparat.

Der **Magen** liegt völlig außerhalb des Bauchfellraumes. Er ist in den Drüsenmagen und den Muskelmagen unterteilt.

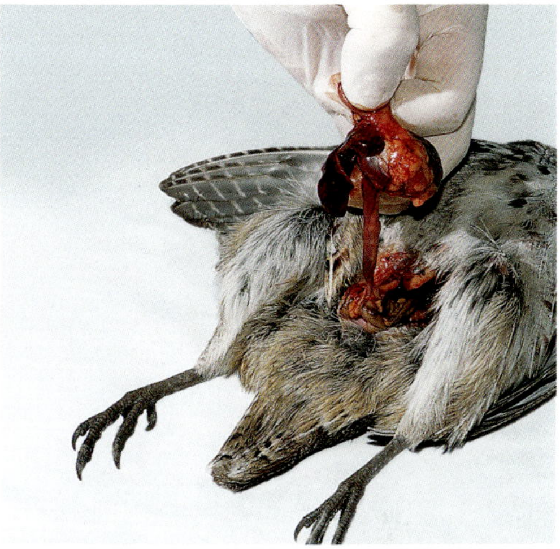

Magen (Rebhuhn)

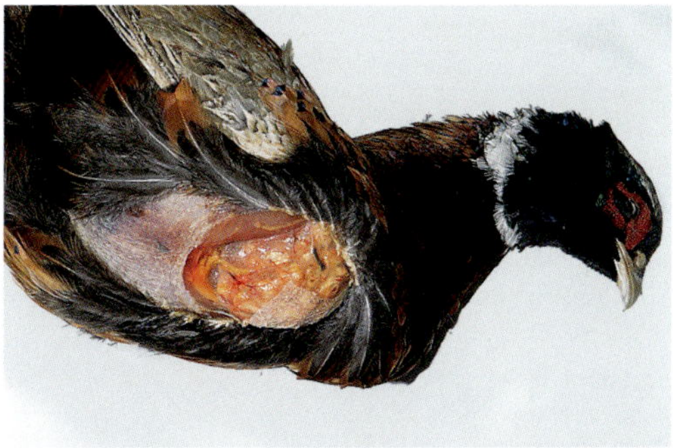

Kropf (Fasan)

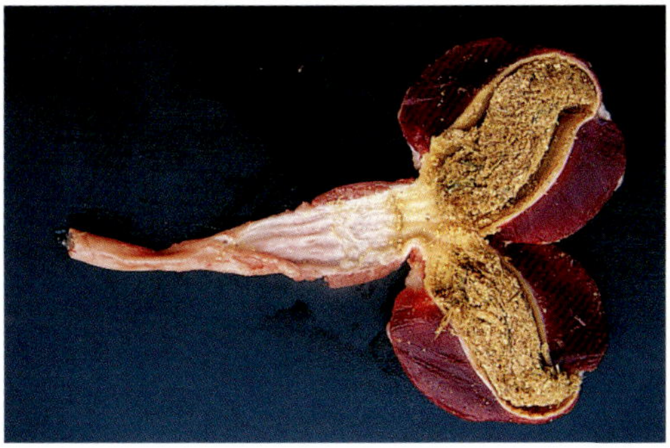

Drüsen- und Muskelmagen (aufgeschnitten)

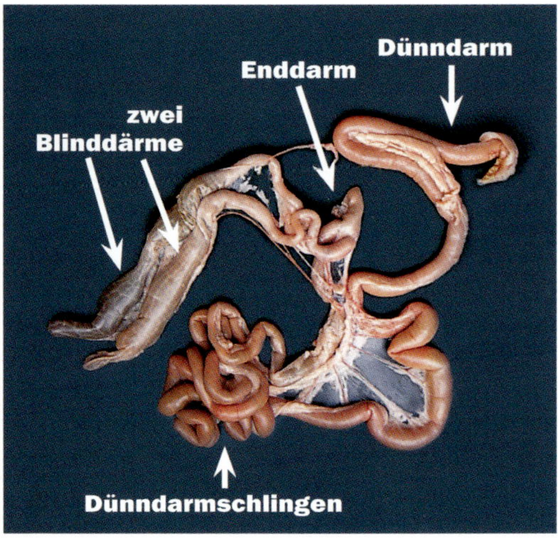

Darmtrakt mit zwei Blinddärmen

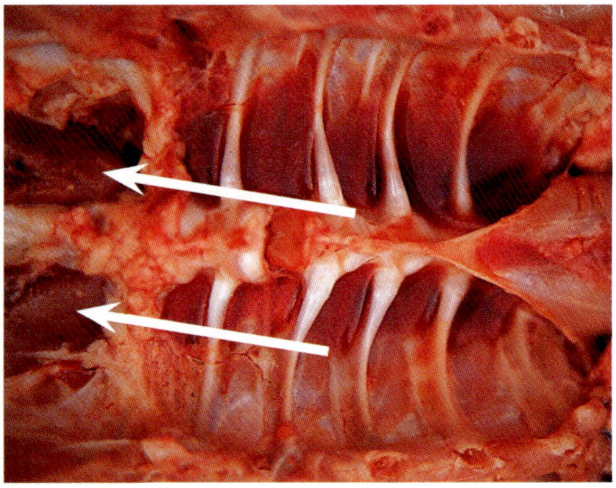

Lage der Nieren (siehe Pfeile), Lunge entnommen

Der **Darm** der Vögel liegt als vielfach gewundenes Schlingenpaket hinter der Leber in der rechten Hälfte der Leibeshöhle.

Der **Dünndarm** besteht wie bei den Säugetieren aus drei Abschnitten.

Der **Dickdarm** ist sehr kurz. Er beginnt mit den bei den Vögeln doppelt ausgebildeten Blinddärmen (ausgenommen Sittiche und Papageien). Darauf folgt der kurze Enddarm, der in die Kloake mündet, in die zusätzlich auch noch der Harn- und Geschlechtsapparat münden.

Die hellrote **Lunge** des Vogels hat eine schwammige Struktur. Sie ist in den nischenförmigen Zwischenrippenräumen fest verwachsen und füllt den Raum zwischen Brustwand und Zwerchfell völlig aus.

Die **Nieren** erstrecken sich als fingerförmige Organe, bestehend aus 3 bzw. 4 dunkelbraunen Lappen, von den Lungen bis zum Enddarm. Sie sind dabei in muldenförmige Vertiefungen des Beckens eingelagert.

Die dunkelbraune, äußerst brüchige **Leber** besteht aus zwei durch eine tiefe Einschnürung getrennte Lappen und liegt in den Leberbauchfellsäcken.

Das **Herz** ist ein schlanker Kegel. Es ist mit dem Brustbein, der Wirbelsäule und der Leber durch ein Septum (häutige Verbindung) verbunden.

Jagdmethode und Trefferlage

Kapitelinhalt:

- Berücksichtigung des Tierschutzes
- Einfluss der Jagdmethode auf das Wildfleisch
- Trefferlage – Blattschuss
- pH-Wert als Beurteilungskriterium
- Nottötung von Wildtieren

Berücksichtigung des Tierschutzes

Von den umfangreichen Untersuchungen über Schlachttiertransporte, Vorbereitung der Tiere auf die Schlachtung und Schlachtmethoden, die an landwirtschaftlichen Nutztieren seit Jahrzehnten durchgeführt werden, lässt sich leicht ableiten, dass der Einfluss der Jagdmethode auf die Wildfleischhygiene, die Fleischreifung und daraus resultierend auf die Qualität des Wildbrets nicht ohne Auswirkung sein kann. Landwirtschaftliche Nutztiere müssen vor der Schlachtung ausgeruht sein, sonst ist die Schlachtung zu verschieben. Die Tötung hat möglichst angst- und schmerzfrei und das Ausweiden unmittelbar nach der Schlachtung zu erfolgen.

Prinzipiell sind diese Maßstäbe auch an das Erlegen von Wild anzulegen, welches dem menschlichen Genuss zugeführt werden soll. Ist das Wild vor dem Schuss ruhig und vertraut und steht es breit, sodass ein sogenannter Blatt- oder Trägerschuss (d. h. ein Schuss auf den Trägeransatz am Rumpf) mit größtmöglicher Treffsicherheit erfolgen kann, und wird das Stück unmittelbar nach dem Schuss gefunden und ausgeweidet, so ist das ideal. Diese Bedingungen findet man zumeist bei der Ansitzjagd. Bei der sehr beliebten Methode der Birschjagd stellt sich die Situation schon etwas anders dar, da das Wild in vielen Fällen den Jäger bereits bemerkt hat, selten ideal breit steht und der Schuss oft rasch und ohne stabile Gewehrauflage abgegeben wird. Am ungünstigsten sind die Rahmenbedingungen bei Drück-, Riegel- oder Treibjagden. Das beschossene Wild ist in Bewegung, der Schusswinkel oft ungünstig, und mit der Nachsuche oder dem Ausweiden kann aus Sicherheitsgründen erst nach Beendigung des Triebes begonnen werden, was mitunter eine Verzögerung von mehreren Stunden bedeutet. Drück-, Riegel- oder Treibjagden erfreuen sich aber nicht nur großer Beliebtheit, sondern werden als sehr effiziente Bejagungsmethoden gesehen, die geeignet sind, deckungsreiche Reviere zu bewirtschaften oder den durch Einzelabschüsse entstehenden langzeitigen Jagddruck zu senken. Die Organisation derartiger Jagden hat jedenfalls sicherzustellen, dass die zeitlichen Abläufe und Treffergebnisse hinsichtlich Wildfleischhygiene und Tierschutz akzeptabel sind. Effiziente Bewegungsjagden sind daher weniger „gesellschaftliche Ereignisse“, sondern professionell organisierte Jagden, die gute und geübte Schützen verlangen.

Einfluss der Jagdmethode auf das Wildfleisch

Die Wildbrethygiene beginnt schon mit der Wahl der Jagdmethode. Von 100 vom Ansitz aus geschossenen Wildschweinen wiesen beispielsweise bei einer Untersuchung in Deutschland 90 einen Blattschuss auf; bei der gleichen Zahl auf der Drückjagd erlegter Wildschweine gab es den Blattschuss nur bei 25 bis 35 Prozent. Der Rest hatte Weidwund-, Keulen- oder Laufschüsse, die in der Folge zu einer hohen bakteriellen Belastung (bis zu 370 Millionen Keime pro Gramm) des Fleisches und somit zur Untauglichkeit des Wildkörpers führten. Wenn man sich vor Augen hält, dass etwa ein Gramm Panseninhalt eines Rehes rund 30 Millionen Keime enthält, die sich bei der Temperatur, die in einem frisch erlegten Stück Wild herrscht, nach kurzer Anpassungszeit durch Zellteilung alle zwanzig bis dreißig Minuten verdoppeln, kann man ermessen, was ein Weidwundschuss für die Wildbrethygiene bedeutet.
Bedenkt man, dass das Wildbret (in der Tiefe der Muskulatur) gesunder, mit gutem Schuss erlegter und sofort aufgebrochener Stücke frei von Mikroorganismen ist, so wird die Tragweite eines schlechten Schusses sehr deutlich. Abgesehen davon wird in diesen Fällen durch die häufig erforderliche Nachsuche das Revier beunruhigt und der Jagdbetrieb gestört, ganz zu schweigen von den unnötigen Qualen, denen das schlecht getroffene Wild ausgesetzt ist. Aus fleischhygienischen und aus tierschutzrelevanten Überlegungen ist es also ganz entscheidend, wie viel Zeit zwischen der Abgabe des Schusses und dem Eintritt des Todes beim beschossenen Tier vergeht. Weiters ist der Zeitabstand zwischen dem Eintritt des Todes und dem Aufbrechen des Wildes von großer Bedeutung. Prinzipiell sollte also ein Schuss auf Wild nur dann abgegeben werden, wenn der Schütze sicher ist, absolut tödlich zu treffen.

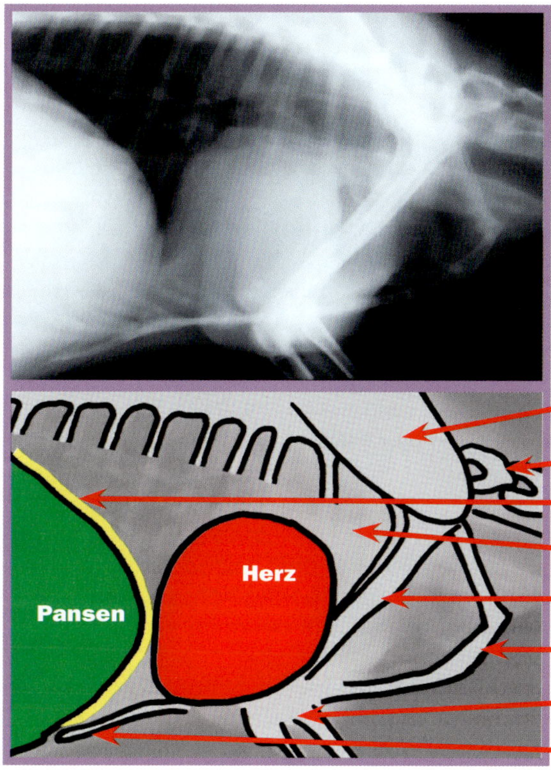

Wichtig zu wissen: Lage der wesentlichen Knochen und Organe; das Zwerchfell liegt in den meisten Stellungen direkt am Herz an (äsendes Reh)

Trefferlage – Blattschuss

In der Jägersprache wird als idealer Zielpunkt für die Erlegung der heimischen Wildwiederkäuer beim Büchsenschuss meist das Blatt genannt. Allerdings gibt es dafür keine exakte Definition im Sinne einer anatomischen Abgrenzung einer Körperregion. Gemeint ist die Schulterregion mit dem darunterliegenden Brustraum. Etwas vage, jedenfalls aber ein Bereich, der – sofern er von einem Projektil aus einer geeigneten Patrone getroffen wird, ein rasches Verenden des Stückes erwarten lässt. Tierschützerische und wildbrethygienische Überlegungen machen es jedoch erforderlich, die exakte Ausdehnung des Brustraumes genau zu kennen.
Es existieren verschiedene Darstellungen des Brustraumes des Schalenwildes, doch sind diese meist durch Rekonstruktion der anatomischen Verhältnisse bei toten Tieren ermittelt worden. Da aber die luftgefüllte Lunge beim lebenden Tier durchaus andere Abmessungen haben kann als nach Eintritt des Todes und dies in ähnlicher Weise für die Stellung des Zwerchfells gilt, welches die Brusthöhle

von der Bauchhöhle trennt, wurde die Röntgenuntersuchung des lebenden, in physiologischer Haltung stehenden Rehes herangezogen. Ziel dieser Untersuchung war es, dem Jäger dadurch eine Hilfestellung für den tierschutzgerechten und wildbrethygienisch einwandfreien Schuss zu geben und die dafür relevante Region des „Blattes“, die es zu treffen gilt, anatomisch exakt zu definieren.
Der Brusthöhlenausgang wird durch das Zwerchfell geschlossen. Die Stellung des Zwerchfells ist je nach Tierart, Haltung des Tieres, Füllungszustand des Magens/Pansens und dem Atmungszustand verschieden. Der Gipfel der Zwerchfellkuppe, die Öffnung für die große Bauchvene (das Foramen venae cavae caudalis), bleibt aber mehr oder weniger konstant im Niveau des 7. Brustwirbels. Beim lebenden Wiederkäuer und beim Schwein liegen somit das Herz und der Herzbeutel im Bereich der 3.–5. Rippe (von 13 Gesamtrippen – d. h. im vorderen Thoraxdrittel) in der unteren Hälfte des Brustkorbes. Der Magen, die Leber und die Milz liegen bauchseits dem Zwerchfell unmittelbar an. Das Lungenfeld dehnt sich seitlich an den Rippen unterschiedlich weit nach hinten aus. Durchschlägt eine Kugel bei einem breit stehenden Stück den Wildkörper im hinteren Lungenbereich (der z. B. beim Reh in der Brustkorbmitte bis etwa zum 9. Zwischenrippenraum reicht), dringt sie zunächst durch die Lunge, dann durch das vorgewölbte Zwerchfell, die Leber oder Milz, den Magen und letztendlich durch die gegenüberliegende Lunge. Obwohl dabei die Lungen beider Körperseiten getroffen wurden und der Schuss absolut tödlich ist, ist dies dennoch als Weidwundschuss zu beurteilen!
Soll der Schuss beim breit stehenden Schalenwild die Bauchhöhle nicht verletzen, sondern ein reiner Brusthöhlenschuss sein, so ist als hinterste Grenze eine senkrechte Linie ausgehend von der hinteren Kontur des oder der Vorderläufe zu ziehen. Nur Treffer vor dieser Linie bringen einigermaßen die Sicherheit, dass dabei der Bauchraum nicht verletzt wird und somit daraus keine negativen Auswirkungen auf die Wildbrethygiene entstehen. Ein Schuss im oberen Teil des Brustkorbes kann weiter hinten (bis etwa zum 11. Zwischenrippenraum) liegen, ohne als Weidwundschuss zu gelten. Das wäre aber der klassische Hohlschuss, der nur mehr, sofern nicht die Wirbelsäule mitgetroffen wird, die Lungenspitzen verletzt. Lange, schwierige Nachsuchen sind die Folge.
Oft wird von Jägern die Ausdehnung des Brustraumes überschätzt, da nicht einkalkuliert wird, dass sich das Zwerchfell kuppelförmig in den Brustraum wölbt. Jeder Schuss aber, der hinter dem Zwerchfell und somit in der Bauchhöhle liegt, ist aus der Sicht der Wildbrethygiene ungünstig, auch wenn das Stück nicht weit flüchtet und sofort ausgeweidet und versorgt (gekühlt) wird. Das Wild steht zum Zeitpunkt des Schusses selten genau breit. Wird daher das Stück schräg von vorne oder von hinten getroffen, so ist die Gefahr sehr groß, dass der Ein- oder Ausschuss hinter dem Zwerchfell liegt und somit neben der Leber und Milz auch den Magen-Darmtrakt verletzt.
Es ist klar, dass man sich im jagdlichen Alltag die jeweilige Situation nicht aussuchen kann. Die Kugel findet leider auch nicht immer auf den Zentimeter genau ihr Ziel. Umso wichtiger ist es daher, exakt zu wissen, wohin man zielen sollte. Dabei

Wird das Wild im Bereich der Herzbasis getroffen, liegt es unmittelbar im Feuer
Herz **Lungenfeld** **Zwerchfell**

darf man sich nicht davon leiten lassen, dass ein Schuss mehr oder weniger weit hinter den Muskeln und Knochen der Schultern nur wenig Wildfleischzerstörung nach sich zieht. In vielen Fällen ist nämlich zumindest das Zwerchfell zerrissen und Leber, Milz etc. getroffen. Man sollte nicht, nur weil man verhindern will, im Schulterbereich Fleisch zu zerstören, vorsätzlich weiter hinten anhalten und damit bei der geringsten Treffpunktabweichung in Richtung Körpermitte einen Eingeweideschuss mit all seinen tierschützerischen und fleischhygienischen Nachteilen riskieren!
Der aus tierschützerischen und wildfleischhygienischen Überlegungen optimale Zielpunkt ist bei breit stehendem Wild folgendermaßen zu finden: Mit dem Zielfernrohrabsehen an den Vorderläufen senkrecht hochfahren und etwas unter der Körpermitte anhalten.

Die Folge ist, dass die Herzbasis und/oder die großen Blutgefäße, die vom Herz weg bzw. zum Herz hinführen, mehr oder weniger zerstört werden und das Wild unmittelbar im Feuer bzw. nach wenigen Schritten liegt. Von Vorteil dabei ist weiters, dass das Stück sehr bald nach dem Schuss ausgeweidet werden kann. Weiters existiert im Brusteingangsbereich beim breitseits stehenden Wild eine relativ große Fläche (beim erwachsenen Reh zumindest handtellergroß), die ebenfalls als sofort tödlicher und hygienisch vertretbarer Treffpunkt empfohlen werden kann. Diese Form des Trägerschusses (am Trägeransatz) sollte jedoch nur bei optimalen Bedingungen und von ausreichend geübten und treffsicheren Schützen angewendet werden.

Die Trefferlage beeinflusst die Haltbarkeit von Wildbret

Bei Weichschüssen besteht immer die Möglichkeit, dass Darminhalt oder Bakterien in beschädigte Blutgefäße eindringen und weiter verschleppt werden und dass bei noch flüchtendem Wild Magen- oder Darminhalt über die Schusswunden in das lockere Bindegewebe zwischen den Muskeln einmassiert wird (insbesondere bei den als „schussweich“ geltenden Rehen). Dazu kommt die Verschmutzung der Bauch- und gegebenenfalls der Brusthöhle. Bei solcherart krankgeschossenem Wild sind auch nachteilige Effekte auf den Muskelstoffwechsel zu erwarten (siehe pH-Wert).

Ehestmögliche Verarbeitung dient der Produktqualität

Selbstverständlich ist nach einem Weichschuss bzw. dann, wenn die Organe der Bauchhöhle durch den Schuss verletzt wurden, das Stück (Großwild) baldmöglichst aufzubrechen. Hochgradig verschmutzte Teile sind mit dem Messer großzügig wegzuschneiden (abzuschärfen). Alle übrigen Verunreinigungen sind durch Abwaschen mit sauberem Wasser (Trinkwasserqualität) zu entfernen. Da von einer höheren Keimbelastung der Fleischoberflächen der gesamten Körperhöhle, aber auch in der Tiefe der Muskulatur auszugehen ist, sollte das sorgfältig ausgeweidete Stück, sofern eine Umgebungstemperatur von über +12 °C herrscht, baldmöglichst (innerhalb von drei Stunden) in einen Kühlraum verbracht werden. Dadurch können die negativen Folgen der Weichschüsse, nämlich der frühzeitige Verderb durch hohe Keimzahlen, einige Tage hinausgezögert werden.

Treten schussbedingte Verletzungen der Bauchhöhle mit den negativen Folgen einer höheren Ausgangskeimbelastung des Wildbrets auf, so bedeutet das für die jagdliche Praxis Folgendes: Solches Wild sollte am besten am 3. Tag nach dem Erlegen zubereitet oder bald tiefgefroren werden, um seinen hohen Wert zu erhalten, auch wenn das hinsichtlich der erwünschten Fleischreifung nur ein Kompromiss ist. Früheres Zubereiten bzw. Tieffrieren wäre aus mikrobiologischer Sicht zwar günstig, seitens der Fleischreifung jedoch nicht zu empfehlen. Die nach der Lebensmittelhygiene-Direktvermarktungsverordnung vorgesehene Lagerdauer von längstens 7 Tagen (bei einer Temperatur bis +7 °C) kann in diesen Fällen keinesfalls ausgenutzt werden. Seriöserweise wäre der Wildbret-Großhändler oder sonstige Abnehmer von diesem Umstand zu informieren, damit er das Wild baldmöglichst verarbeiten oder zerlegen und tieffrieren kann. Gerade bei den Stücken, die bei Riegeljagden (wobei erfahrungsgemäß ein hoher Prozentanteil an schlechten Schüssen vorliegt) erlegt werden, wäre zu veranlassen, dass sie bereits am nächsten oder spätestens übernächsten Tag vom Wildbrethändler oder sonstigen Abnehmer (Gastwirt, Gemeinschaftsküche, Fleischhauer, Letztverbraucher) abgeholt werden.

pH-Wert als Beurteilungskriterium

Zwischen Schalenwild, welches im Ruhezustand erlegt wurde, und solchem, das gehetzt wurde, ergeben sich zum Teil signifikante Unterschiede bei den pH-Werten des Wildbrets. Bei üblichen Bewegungsjagden auf Schalenwild konnte ein etwas niedrigerer pH-Wert in der Muskulatur gemessen werden (nach Untersuchungen von A. Deutz).

Der pH-Wert eines Stückes Fleisch wird mit einem pH-Meter (Gerät im Bild rechts) gemessen. Dadurch kann kontrolliert werden, ob die notwendige Säuerung eingetreten ist.

Mit einem Lebensmittel-Thermometer (Gerät im Bild links) kann die Kerntemperatur gemessen werden – wichtig z. B. für die Lagerung im Kühlraum.

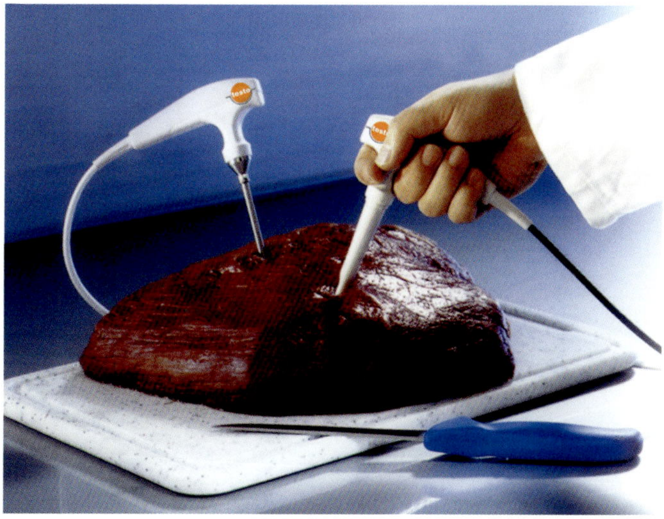

Für gesund erlegtes Haarwild werden für die Zeitspanne von 12–96 Stunden nach dem Erlegen nebenstehende pH-Richtwerte vorgeschlagen

(Tabelle nach Stolle et al., 1995)

Mess-Stelle	Messwert Rehwild	Messwert Rotwild
pH-Wert der Unterarmmuskulatur *(Musculus ext. carpi radialis)*	< 5,9	< 6,0
pH-Wert der Schlögelmuskulatur *(M. semimembranosus)*	< 5,8	< 5,9
pH-Wert der Rückenmuskulatur *(M. longissimus dorsi)*	< 5,9	< 5,9

Todesart, Zeitdauer bis zum Eintritt des Todes sowie Lage der Treffer führen ebenfalls zu signifikant unterschiedlichen pH-Werten der untersuchten Muskeln, wobei als Hauptursache dafür ein (relativ) verlängerter Todeskampf der Tiere anzuführen ist. Nach Eintritt des Todes verursacht das Fehlen oder die nicht rasch genug erfolgte fachgerechte Kühlung die größten Unterschiede in den pH-Werten. Die Bestimmung des pH-Wertes kann anhand der getrennt nach Tierarten und Mess-Stellen ermittelten Richtwerte ein wertvolles Hilfsmittel bei der sachgerechten Beurteilung von Wildbret sein.
Schalenwild, dessen Muskulatur in der Zeitspanne von 24 bis 96 Stunden nach dem Erlegen einen pH-Wert von über 6 aufweist, stellt somit kein erstklassiges Lebensmittel mehr dar. Im Idealfall sollte nach diesem Zeitraum der pH-Wert bei 5,4–5,6 liegen.

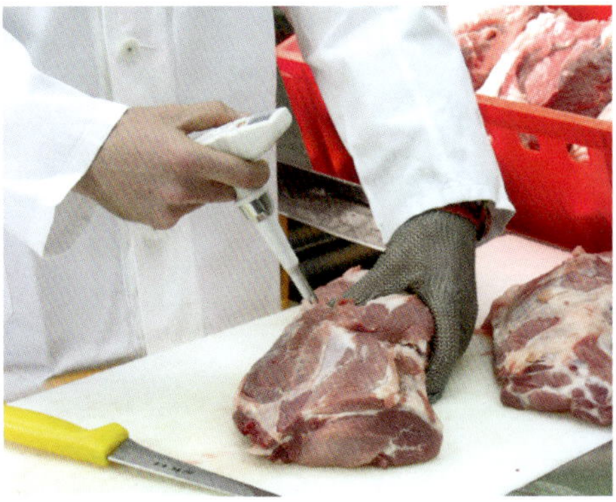

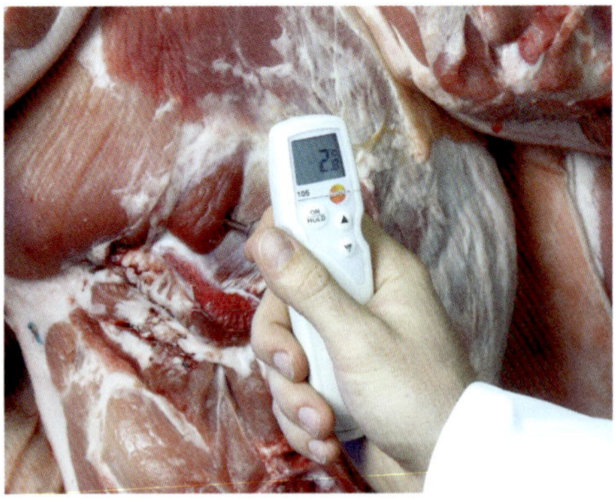

Modernes, robustes pH-Meter/Thermometer für schnelle und komfortable Messung von pH-Wert und Kerntemperatur in einem Arbeitsgang (Kombination aus pH-Einstechspitze und Temperaturfühler)

Die Käufer – Gastwirt, Fleischhauer, Wildbrethändler usw. – wären somit gut beraten, bei der Warenübernahme den pH-Wert des Wildbrets zu überprüfen und aus den Ergebnissen die entsprechenden Konsequenzen zu ziehen.

Nottötung von Wildtieren

Es kommt leider immer wieder vor, dass ein Jäger einem verletzten Tier, sei es infolge eines unzureichenden Schusses oder z. B. nach Kollision mit einem Kfz, durch eine rasche Tötung weiter Schmerzen, Leiden oder schwere Angst zu ersparen hat. Es ist im jeweiligen Einzelfall rasch zu entscheiden, wie vorzugehen ist.
Grundsätzlich ist einem Fangschuss immer dann der Vorzug zu geben, wenn dieser aufgrund der Umgebungssituation möglich ist. Er ist aus kurzer Entfernung tunlichst auf den Kopf (das Gehirn) oder das obere Drittel der Halswirbelsäule zu zielen.
Bei Kfz-Unfallwild ist zuerst auf den Menschenschutz zu achten und die Unfallstelle entsprechend abzusichern. Sollte kein Fangschuss möglich sein, ist, wann immer dies möglich ist, das zu tötende Tier mittels eines kräftigen Schlages mit einem harten und schweren Gegenstand auf den Kopf zu betäuben. Bei Trophäenträgern ist dies allerdings meist nur bedingt möglich, ebenso beim Schwarzwild. Im Notfall ist hier das betäubungslose Entbluten durch großzügige Eröffnung der linken und rechten Halsschlagader (im Kehlkopfbereich) die vernünftigste Option. Bei starkem Schwarzwild kann unter Umständen der Herzstich die günstigste Form der Nottötung sein. Der Stich hat allerdings das Herz schnell und großflächig zu öffnen, sodass ein rascher Blutdruckabfall erfolgt.
Betäubungsloses Entbluten ist analog einer Notschlachtung zu werten und dann zulässig, wenn die mit der Verzögerung verbundenen Schmerzen und Leiden des Tieres schwerer wiegen, als diejenigen, die mit einer betäubungslosen Tötung verbunden gewesen wären.
„Gnicken", also das Durchtrennen des Rückenmarks zwischen Hinterhauptbein und erstem Halswirbel, ist aus Tierschutzgründen in der Regel abzulehnen, da dies ein spezielles Messer und vor allem große Fertigkeit erfordert, in der kaum ein Jäger ausreichend geübt ist.
Bei kleinen Wildtieren – bis etwa Feldhasengröße – ist ein beherzter Kopfschlag mit einem harten Gegenstand bei korrekter Anwendung ohne nachfolgende Entblutung tödlich.
Jäger, die mit der Situation einer Nottötung rechnen müssen, sollten die jeweilige Technik an toten Stücken ausreichend und immer wieder üben!

Die Tierärztliche Vereinigung für Tierschutz e.V. (TVT), Deutschland, hat 2010 zu diesem wichtigen Thema ein Informationsblatt (Merkblatt Nr. 124) herausgegeben, das auf deren Website im Internet abrufbar ist: www.tierschutz-tvt.de

Untersuchungs-Schema

Untersuchungsgang bei Großwild und Kleinwild

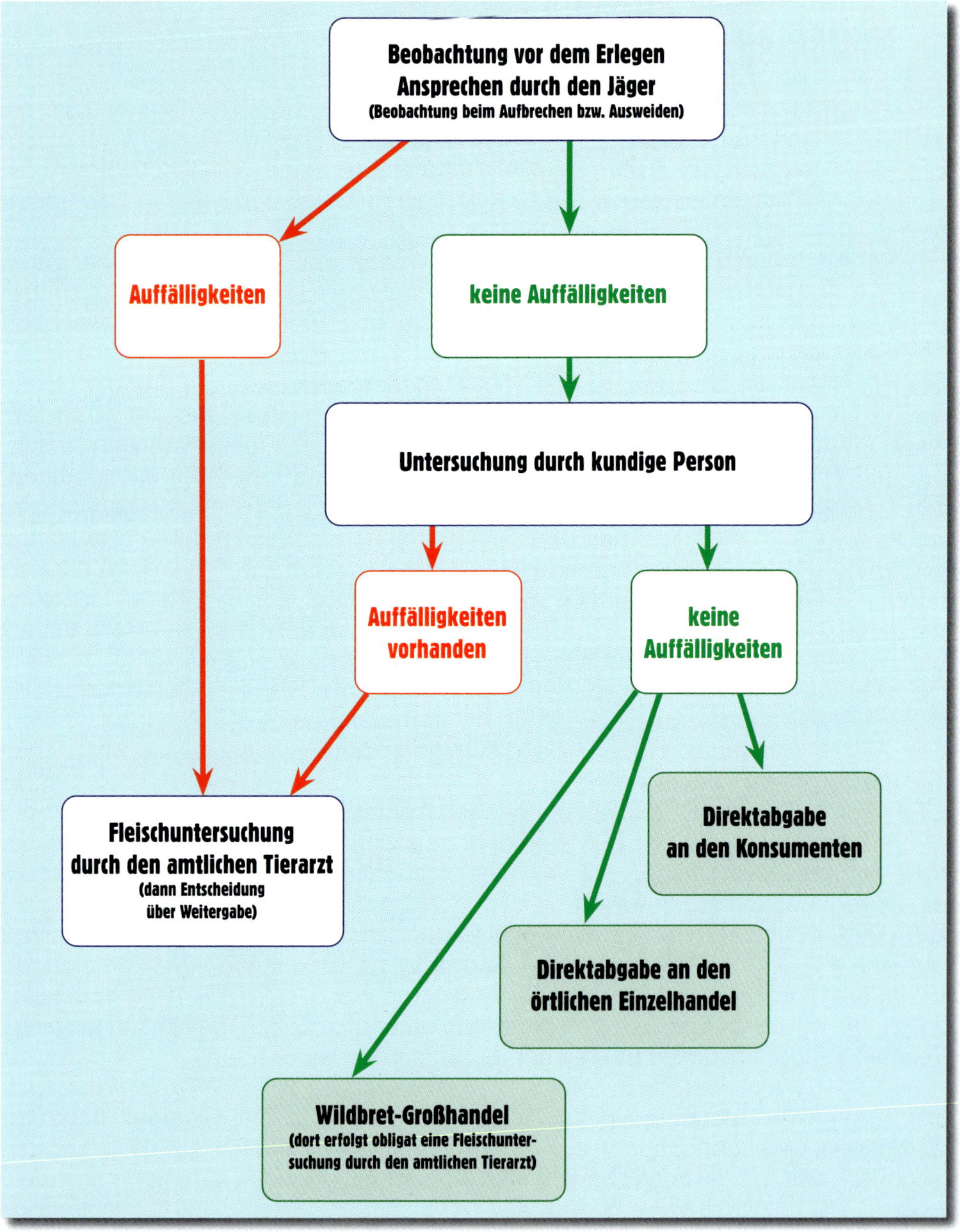

Untersuchung vor dem Erlegen

Kapitelinhalt:

- Ernährungszustand
- Allgemeinverhalten und Allgemeinbefinden
- Körperhaltung, Gang, Knochenbrüche, Aufmerksamkeit, zentralnervale Störungen
- Decke, Haare, Gefieder
- Lautäußerungen
- Körperöffnungen
- Verdacht auf Umweltkontamination

Die Forderung des Lebensmittelrechts nach einer Untersuchung des Wildes vor dem Erlegen entspricht im Wesentlichen dem aus Gründen der Weidgerechtigkeit und jagdrechtlichen Vorschriften ohnehin geforderten Ansprechen des Tieres, insbesondere des Schalenwildes, bei dem eine Reihe von wichtigen Informationen registriert werden bzw. leicht zusätzlich registriert werden können.

Basis aller Untersuchungen ist das genaue Ansprechen durch den Jäger

Untersuchung vor dem Erlegen

Etwas schwierig ist die Situation beim Niederwild (Kleinwild), da die herkömmlichen Jagdmethoden rasches Handeln des Schützen erfordern. Besonderes Augenmerk ist daher auf diejenigen Tiere zu richten, die ein verändertes Fluchtverhalten, geringere Fluchtgeschwindigkeit oder eine auffällige Bewegungsstörung sowie deutliche Fehlfärbung zeigen. Diese Stücke sind nach dem Erlegen von der übrigen Strecke abzusondern und einer genaueren Untersuchung zu unterziehen.
Die gesetzliche Verankerung der Lebenduntersuchung des Wildes ist in Analogie zur Schlachttier- und Fleischuntersuchung landwirtschaftlicher Nutztiere zu sehen. Ohne Lebenduntersuchung dürfen Tierkörper und Organe nicht in Verkehr gebracht werden! Das gilt auch für Wildfleischerzeugnisse (zum Beispiel Schinken, Wurst).
Die Untersuchung vor dem Erlegen wird in der Regel vom Erleger des Wildes durchgeführt, fällt aber bei Großwild bei begleiteten Jagden in die Verantwortung des Birschführers, der dann auch nach dem Aufbrechen die Wildbret-Bescheinigung ausfüllt. Bei Kleinwild ist der Schütze zuständig, in weiterer Folge jedoch der Jagdleiter für Untersuchung und Dokumentation verantwortlich. So hat beispielsweise jedenfalls der Jäger oder Hundeführer dem Jagdleiter zu melden, wenn ein Stück Niederwild nicht durch Schuss erlegt, sondern vom Hund abgefangen wurde. Es könnte sich dabei ja um ein krankes Tier handeln. Der Jagdleiter hat es seinerseits als „auffällig“ zu betrachten und darf es nicht ohne Untersuchung durch einen amtlichen Tierarzt in Verkehr bringen. Es ist daher auch deutlich getrennt von der übrigen Strecke zu transportieren bzw. zu lagern.
Für die rasche und sichere Beurteilung des Gesundheitszustandes des lebenden Wildes ist es zweckmäßig, systematisch vorzugehen. Eine Beurteilung von allen Seiten – auch in der Bewegung – wäre optimal.
Folgender Untersuchungsablauf sollte eingehalten werden:

Ernährungszustand
Allgemeinverhalten und Allgemeinbefinden
Körperhaltung, Gang, Knochenbrüche, Aufmerksamkeit
zentralnervale Störungen (nervös, Gleichgewichtsstörung)
Decke (Haut), Haare, Gefieder
Lautäußerungen
Körperöffnungen
Verdacht auf Umweltkontamination

Ernährungszustand

Wie ist der Gesamteindruck?

- **sehr gut – gut?**
- **„minder“ gut – schlecht?**
- **abgemagert – stark abgemagert?**

Ab einem minder guten bis schlechten Ernährungszustand (Auszehrung/ Kachexie) sind die Knochen der Schulterblätter, des Beckens sowie die Rippen (Federn) deutlich sichtbar. Eine Reihe von Krankheiten, Verletzungen, aber auch Äsungsmängel oder Brunftaktivitäten können die Ursache(n) dafür sein.
Es sind zunächst bei allen Punkten nur die Tatsachen zu registrieren und die Gründe dafür bei der Untersuchung nach dem Erlegen zu suchen.

Allgemeinverhalten und Allgemeinbefinden

Wie ist der Gesamteindruck?

- **Ist das Verhalten arttypisch?**
- **Wirkt das Tier geschwächt oder krank?**

Je nach Alter und Geschlecht zeigen Wildtiere typisches Verhalten. Sie sind aufmerksam, misstrauisch, manchmal auch verspielt oder während der Brunftzeit eher hektisch und überaktiv. Krankheiten wirken sich meist sehr dämpfend auf die Bewegungsaktivität und die Aufmerksamkeit der betroffenen Tiere aus. Die Tiere können jedoch auch je nach Krankheit außergewöhnlich nervös, schreckhaft oder aggressiv sein (z. B. bei TSE, Tollwut, Aujeszky'scher Krankheit bei Fleischfressern).

Körperhaltung, Gang, Knochenbrüche, Aufmerksamkeit, zentralnervale Störungen

Ist die Körperhaltung normal? (physiologisch, d. h. der Norm entsprechend)

- **Verkrümmungen, aufgezogener Ziemer (Rücken)?**
- **Unphysiologische Haltung des Trägers?**
- **Fehlstellung der Läufe?**
- **Schwellungen der Gelenke?**

Auffällige Körperhaltungen resultieren z. B. aus Verletzungen, Krankheiten, Parasitenbefall, schmerzhaften Prozessen, angeborenen Missbildungen, aber auch aus Übermüdung und Erschöpfung.

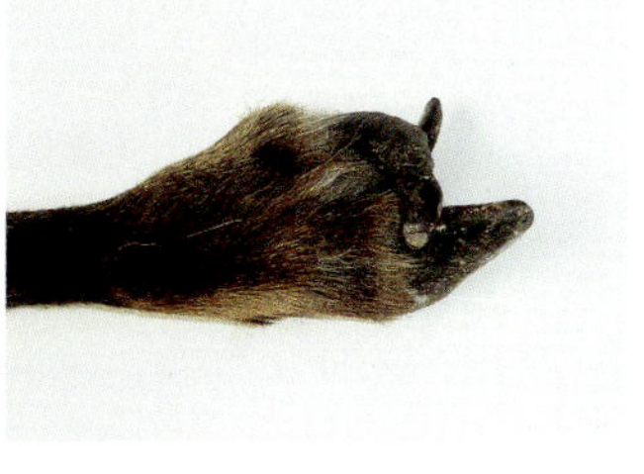

Vom Jäger angesprochen als auffällige Körperhaltung, ließ sich nach der Erlegung eine Schalenmissbildung feststellen – die Ursachen dafür können verschieden sein (links Gams, rechts Reh – bedenkliche Veränderung)

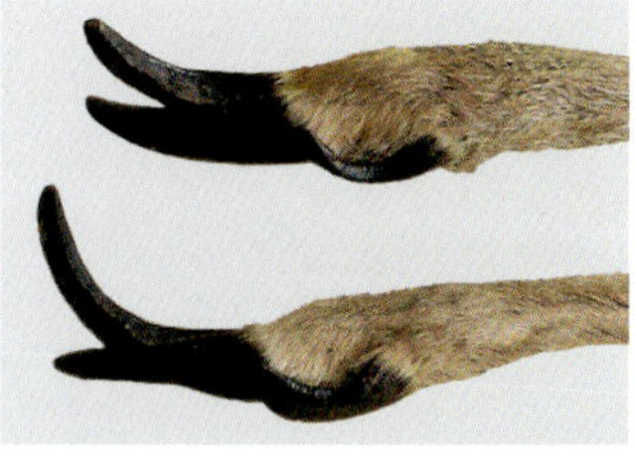

Ist der Gang auffällig?

- **Lahmheit an einzelnen Läufen?**
- **Veränderungen des Bewegungsablaufes?**
- **Schwankender, atacktischer (unsicherer) Gang, Einknicken, Stürzen?**
- **Anstoßen an Hindernisse?**

Verletzungen sind sicher die häufigste Ursache von Bewegungsstörungen. Es muss jedoch auch an Vergiftungen (z. B. Raps) und Erkrankungen (z. B. Tollwut) gedacht werden. Manchmal täuschen Muttertiere Bewegungsstörungen nur vor, um sich als leichte Beute zu präsentieren und damit eine drohende Gefahr von ihren Jungen abzuwenden.

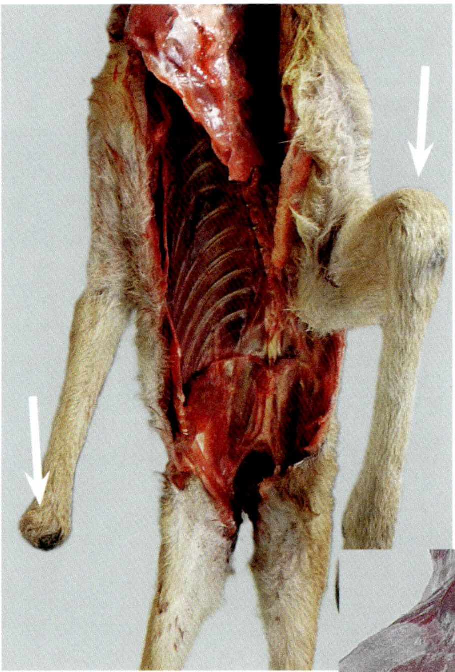

Reh, Jahrling:
Beim Ansprechen fielen die Bewegungsstörungen und die Abmagerung auf, der rechte Vorderlauf war beim Karpalgelenk amputiert (siehe Pfeile – bedenkliche Veränderung)

Bei einem mit Bewegungsstörung des rechten Hinterlaufs erlegten Reh zeigte sich nach dem Enthäuten eine Kniegelenksschwellung (blauer Pfeil). Der Lauf wurde wegen dieser Schwellung geschont, die Oberschenkelmuskulatur verkümmerte (weißer Pfeil – bedenkliche Veränderung)

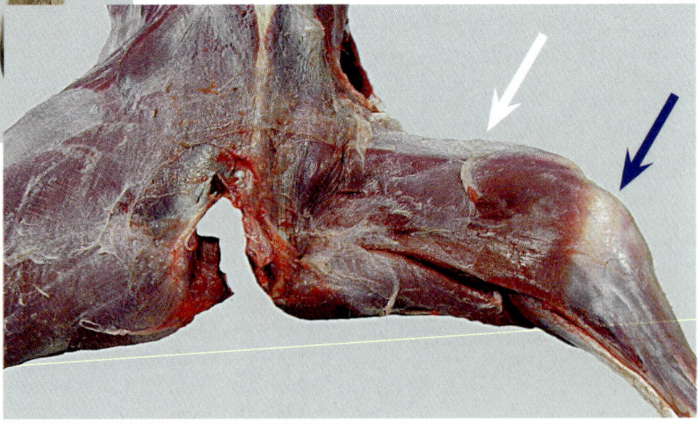

Bereits beim Ansprechen als „Auffälligkeit" erkannt, zeigte sich diese nach der Erlegung als eine starke Auftreibung im Unterlaufbereich.

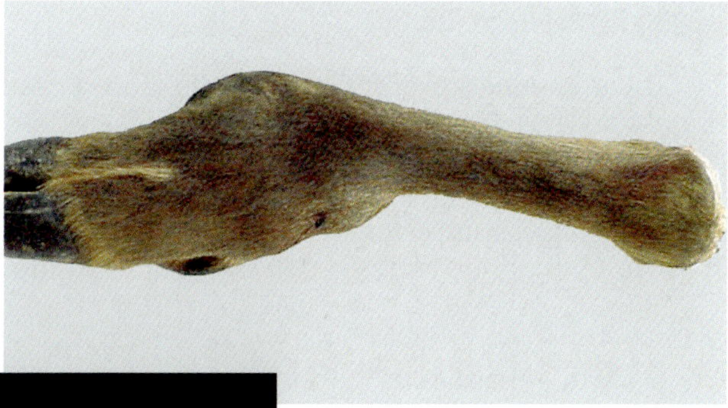

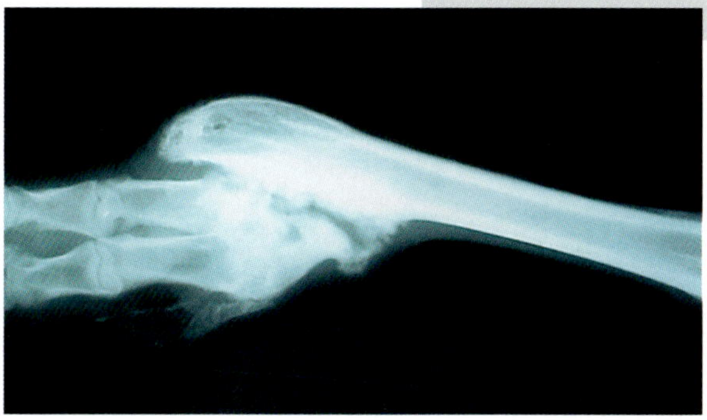

Das Röntgenbild liefert die Diagnose: Knochenbruch in Abheilung – kein offener Bruch (Rotwild).

Sind offene Knochenbrüche feststellbar?

- **Ist zusätzlich zur Lahmheit Schweiß sichtbar?**
- **Ist auffälliges Pendeln eines Laufes feststellbar?**

Offene Knochenbrüche sind, sofern sie nicht unmittelbar vor dem Erlegen durch Jagdeinwirkung verursacht wurden (z. B. frischer Laufschuss), als bedenklich zu werten, da sie immer Wundinfektionen nach sich ziehen. Darunter fallen auch Verletzungen z. B. durch Erntemaschinen oder den Straßenverkehr.

Ist die volle Aufmerksamkeit gegeben?

- **Aufmerksamkeit gegenüber der Umgebung?**
- **Aufmerksamkeit gegenüber anderen Tieren?**
- **Verhalten im Rudel?**
- **Häufigkeit des Sicherns?**

Nicht nur die eingeschränkte Aufmerksamkeit ist zu registrieren, sondern auch eine unnatürlich überhöhte Aufmerksamkeit ist verdächtig, da sie eine Krankheit oder eine Verletzung (besonders Schussverletzung) als Ursache haben kann.

Liegen zentralnervale Störungen vor?

Im Zusammenhang mit Chronic Wasting Disease (siehe Seite 196), der Prionenerkrankung, die vor allem bei Cerviden (Hirschen) in Nordamerika vorkommt, sind auch Verhaltens- und Bewegungsstörungen sowie Zwangsbewegungen, Übererregbarkeit, Zittern usw. gegebenenfalls bei einer Lebenduntersuchung zu registrieren, auch wenn derzeit das Auftreten dieser Krankheit in freier Wildbahn in Mitteleuropa als sehr unwahrscheinlich anzusehen ist.

Decke, Haare, Gefieder

Sind Decke, Haare bzw. Gefieder auffällig?

- **Farbe: der Jahreszeit und dem Haar-/Gefiederwechsel entsprechend?**
- **Glanz: glänzend oder matt?**
- **Glätte: glatt und anliegend oder struppig?**
- **Haar-/Gefiederverluste: Abschürfungen, Verletzungen, kahle Stellen?**
- **Offensichtlicher Parasitenbefall (z. B. Räude)**
- **Verschmutzungen?**

Die individuellen Unterschiede in der Decken- und Haar-/Federkleidbeschaffenheit unseres Wildes sind zumindest bei den Tieren einer Region eher gering. Decke und Haar-/Federkleid sind somit ein Spiegel des Gesundheitszustandes und dementsprechend wichtig für die Untersuchung. So gut wie alle chronischen Krankheiten hinterlassen über kurz oder lang Spuren an Decke und Haar-/Federkleid. Struppiges, glanzloses und missfarbiges Erscheinungsbild ist die Folge.

Gams, bereits beim Ansprechen als auffällig eingestuft (Gamsblindheit)

Eine weitere häufige Ursache für Veränderungen der Decke und des Haar-/Federkleides sind die äußeren Parasiten und Pilze. Diese schädigen nicht nur primär, sondern bewirken meist hochgradigen Juckreiz, der wiederum häufig zu Scheuerstellen führt und damit eventuell eine Infektion mit bakteriellen Krankheitserregern möglich macht. Nach Aussagen erfahrener Berufsjäger ist beispielsweise fortgeschrittene Gamsräude auch auf größere Entfernung dadurch erkennbar, dass sich der Gams – insbesondere nach dem Aufstehen – „schüttelt wie ein nasser Hund".
Bei Scheuerstellen und anderen Verletzungen am Haupt, insbesondere beim (sehr schmerzhaften) zu frühen Abscheuern des Bastes vom noch nicht voll ausgebildeten Geweih sollte an Erkrankungen des Gehirns, insbesondere Tollwut, gedacht werden. Auch die Aujeszky'sche Krankheit (Pseudowut) kann bei einigen Tierarten (z. B. Hunde, Füchse, Katzen) zu hochgradigem Juckreiz führen.

Lautäußerungen

Sind ungewöhnliche, auffällige Laute zu hören?

- **Klagen?**
- **Husten?**
- **Schnauben oder Schniefen, Niesen?**
- **Röcheln?**

Wild klagt bei hochgradigem Schmerz oder Panik. Husten, Schnauben, Schniefen, Röcheln, Niesen oder ähnliche Lautäußerungen ergeben Verdacht auf verschiedene Parasiten in den Luftwegen oder der Lunge (Rachenbremsen, Lungenwürmer usw.) oder andere Erkrankungen (z. B. virale Infekte, Tuberkulose – TBC). Heisere Geräusche können die Folge einer Stimmbandlähmung sein und zum Beispiel auf Tollwut hinweisen.

Körperöffnungen

Gibt es auffällige Veränderungen am Spiegel (Analregion) und/oder am Äser (Maulregion)?

- **Spiegel: Verschmutzungen, Kot**
- **Äser: Speichelfluss, Schaumbildung**
- **Ausflüsse aus Augen (Lichter), Nase, Urogenitaltrakt**

Fehlernährung, ungeeignete Futterpflanzen (z. B. Raps im Frühjahr), verdorbenes Futter (z. B. verschimmeltes Getreide), Magen-Darm-Parasiten und verschiedene Krankheiten ziehen Durchfälle und damit Verschmutzungen des

Verschmutzungen am Spiegel oder an den Hinterläufen zählen zu den Auffälligkeiten

Spiegels und der Hinterläufe nach sich. – Infektionen können auch zu Ausflüssen aus den Augen, aus der Nase und aus dem Urogenitaltrakt führen. Verletzungen am Äser, das Einbeißen von Fremdkörpern und Entzündungen in der Maulhöhle führen zu vermehrtem und daher sichtbarem Speichelfluss, zu berücksichtigen sind aber auch Schluckstörungen, zum Beispiel bei Tollwut.

Verdacht auf Umweltkontamination

Ein Verdacht auf Umweltkontamination liegt vor, wenn der Erlegungsort oder dessen Umgebung mit bestimmten Umweltschadstoffen belastet sein könnte.

Dies kann
1. lang dauernd sein (z. B. Schießstand, Bergbauareale, Müllplätze, Truppenübungsplätze, erhöhte Radioaktivität nach einem Reaktorunfall) oder
2. nur zeitweise (z. B. Einsatz von Pflanzenschutzmitteln in der Landwirtschaft, großflächiger, unfallbedingter Austritt von zur Umweltkontamination geeigneten Stoffen) auftreten.

Im ersten Fall ist es die Verantwortung des Grundbesitzers und unter Umständen auch der Behörde, dass erforderlichenfalls vorsorglich Wasser- und Bodenuntersuchungen durchgeführt werden, um den Verdacht im Voraus ausräumen zu können. Es ist aber auch die Untersuchung von Muskelproben oder von Organproben erlegter Stücke möglich (siehe Kapitel „Spezielle Untersuchung“, Seite 205).

Im zweiten Fall könnte der Jäger früher von diesem Umstand Kenntnis erlangen als der Grundbesitzer oder die Behörde und es wäre somit seine Verantwortung, dies zu melden bzw. am Wildbret-Anhänger/an der Wildbret-Bescheinigung zu vermerken.

Bei systematischer Vorgangsweise und einiger Übung ist eine geschulte Person durchaus in der Lage, in sehr kurzer Zeit den Ernährungszustand, die Körperhaltung, die Deckenbeschaffenheit und die wichtigsten Körperöffnungen zu prüfen, auffällige Lautäußerungen zu registrieren und so eine Vielzahl von Einzelparametern zu speichern.

Aufbrechen – Ausweiden

Kapitelinhalt:

- Ausrüstung und Geräte
- Sachgerechte Behandlung nach dem Erlegen
- Aufbrechen (Ausweiden) von Schalenwild
- Ausweiden von Niederwild
- Freiwillige Untersuchung der Innereien von Niederwild für die Direktvermarktung

Ausrüstung und Geräte

Die Auswahl der Ausrüstung hängt von den Umständen und den Geländeverhältnissen ab. Ob die gesamte Ausrüstung mitgenommen werden muss, hat der Jäger, der das Revier und die Gegebenheiten kennt, selbst zu entscheiden. Im Zweifelsfall tut man gut daran, vollständig ausgerüstet zu sein.

Ideale Ausrüstung und Geräte:
◆ mindestens ein (besser zwei) scharfes, ausreichend großes, gut zu reinigendes, desinfizierbares Messer; ◆ Säge oder Aufbrech-Zange; ◆ Schnur und Strick; ◆ Fleischhaken; ◆ Kunststoffplane; ◆ Wasser in Trinkwasserqualität; ◆ Kunststoffbeutel; ◆ Wildwanne; ◆ Insektenschutznetz; ◆ Taschenlampe, Stirnlampe; ◆ Einweghandschuhe, eventuell Einwegschürze; ◆ Wildbret-Bescheinigung bzw. Wildbret-Anhänger (Gemeinsame Erklärung) ◆ Begleitschein für Kleinwild

Qualitätswerkzeug und optimale Geräte erleichtern das Arbeiten

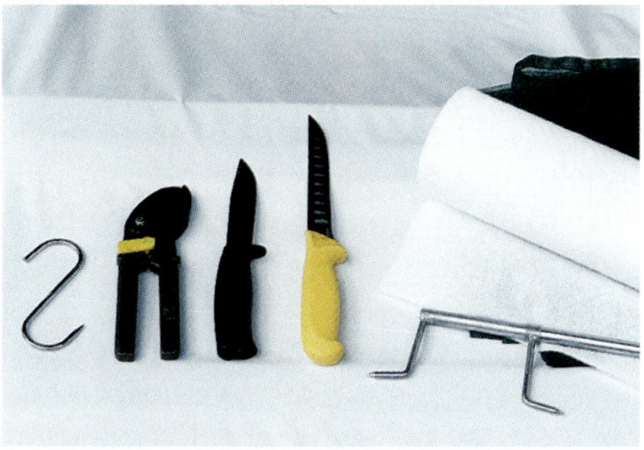

Traditionelle Jagdmesser sind nicht immer leicht zu reinigen. Das gilt nicht nur für Klappmesser. Im Spalt zwischen Griff(-schalen) und Angel und in Poren des Griffmaterials können sich Fett und Blut (Schweiß) festsetzen und Mikroorganismen Nahrung und auch Schutz vor Desinfektionsmitteln bieten. Das gilt nicht nur für Holz, sondern auch für Hirschhorn (das ja in Wirklichkeit ein – poröser – Knochen ist). Lackierte oder kunstharzgetränkte Horngriffschalen werden bei sachgemäßer Reinigung und Desinfektion früher oder später porös.
Angegossene Griffe aus Kunststoff oder verklebte Griffschalen aus Verbundwerkstoffen sind weitaus weniger verschmutzungsanfällig.

Sachgerechte Behandlung nach dem Erlegen

Sauberes Aufhängen erleichtert das Aufbrechen

Eine sachgerechte und hygienisch einwandfreie Versorgung des erlegten Wildes zum baldmöglichsten Zeitpunkt – Verordnung (EG) Nr. 853/2004: „ohne ungerechtfertigte Verzögerung" – ist oberstes Gebot.
Ohne ungerechtfertigte Verzögerung bedeutet zwar im Sinne der Guten Hygienepraxis, dass beim Schalenwild aus Rücksichtnahme auf die Besonderheiten der Jagd ein Zeitraum von längstens 3 Stunden zur Verfügung steht, die volle Ausnützung dieses Zeitraumes kann allerdings je nach Situation bereits den Verderb des Stückes bewirkt haben.
Wenn es die Witterungs- und Lichtverhältnisse erlauben, sollte das erlegte Stück an Ort und Stelle aufgebrochen werden, andernfalls ist ein rasches Verbringen in eine gut beleuchtete Wildkammer anzustreben und das Ausweiden dort – oft unter deutlich günstigeren Umständen – vorzunehmen. Bei besonders starken Stücken oder bei schwieriger Bringung sind immer Kompromisse zu schließen. Dennoch sollte man versuchen, der optimalen Vorgangsweise möglichst nahe zu kommen.
Wenn Schwierigkeiten bezüglich der Wildbretversorgung zu erwarten sind, muss eben durch entsprechende Ausrüstung (Taschen- bzw. Stirnlampen, Fliegennetze, Stricke, Fleischhaken usw.) vorgesorgt werden.
Sollte durch widrige Umstände keine befriedigende Lösung erreicht werden, so muss zur Kenntnis genommen werden, dass das Wildbret keinesfalls

Sauber gestrecktes Stück Rehwild – die Voraussetzung für optimale Wildbretqualität

an andere Personen als Lebensmittel weitergegeben (in Verkehr gebracht) werden darf (weder über Verkauf noch als Geschenk).

Die Versorgung des Niederwildes ist sehr von der Temperatur abhängig. Bei Außentemperaturen von mehr als +12 °C ist bei Feldhasen und Wildkaninchen ein bloßes Ausdrücken der Harnblase zu wenig. Ein rasches Verbringen allen Niederwildes in eine geeignete Kühleinrichtung ist unbedingt erforderlich. Wird das Wild nicht so bald wie möglich an den Wildbrethandel, den Fleischhauer, die Gastronomie usw. abgegeben, sondern direkt an den Letztverbraucher vermarktet oder für den Eigenverzehr verwendet, so ist ein Ausweiden (zum baldmöglichsten Zeitpunkt – am Tag des Erlegens) von Gescheide, Herz, Lunge, Leber, Milz und Nieren, ähnlich dem Aufbrechen (Ausweiden) des Schalenwildes, anzustreben.

Das Aushakeln des Federwildes ist abzulehnen, da es dabei so gut wie immer zum Austreten von Darminhalt in die Leibeshöhle kommt. Das Ausweiden so bald wie möglich nach der Erlegung ist auch hier der einzig richtige Weg, um ein erstklassiges Lebensmittel zu produzieren. Dabei muss auch der Kropf entfernt werden. Das Ausweiden von Niederwild (Kleinwild) hat an einer hygienisch einwandfreien Örtlichkeit (geeigneter Raum), an der neben ausreichendem Licht auch Warm- und Kaltwasser in Trinkwasserqualität zur Verfügung stehen, zu erfolgen.

Grundvoraussetzung für die einwandfreie Versorgung von erlegtem Wild sind neben der Fachkenntnis und dem Willen, eine gute Arbeit zu leisten, das geeignete Werkzeug und entsprechende Hilfsmittel.

In Hinblick auf die Beurteilung des Wildbrets nach den gesetzlichen Bestimmungen (EG-Recht bzw. Lebensmittelhygiene-Direktvermarktungsverordnung) ist es unabdingbar, die beim Aufbrechen oder Ausweiden entfernten Organe sorgfältig zu untersuchen und, soweit erforderlich, in sauberen Behältnissen oder Kunststoffbeuteln so lang sicherzustellen, wie es für eine gesetzeskonforme Untersuchung erforderlich ist.

Aufbrechen (Ausweiden) von Schalenwild

Im Laufe der Geschichte der Jagd haben sich verschiedene Methoden, teils regional stark unterschiedlich, als „Tradition“ ausgebildet. So wichtig das Erhalten von Traditionen in verschiedenen Bereichen ist, so wichtig ist es auch, den aktuellen Erkenntnissen der Lebensmittelhygiene und den neuen gesetzlichen Anforderungen Rechnung zu tragen. Der Grundgedanke dabei ist, die zu entfernenden Organe von der Zunge (Lecker) ausgehend bis zum After (Weidloch) tunlichst in einem zusammenhängenden Stück zu entnehmen.

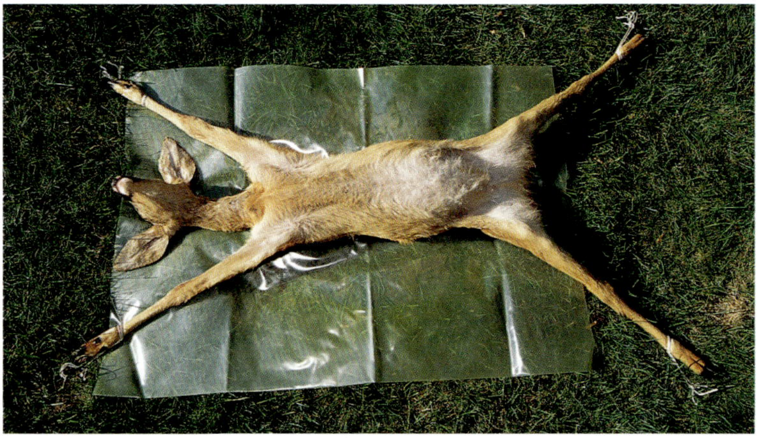

Das Stück wird auf eine saubere Unterlage gelegt

Das Ausweiden kann am liegenden als auch am hängenden Wild erfolgen. In vielen Revieren wird es möglich sein, das Wild vom Boden entfernt auszuweiden, um Verschmutzungen durch Erdreich zu vermeiden. Dazu können die Tiere auf einen Schragen oder auch Kfz-Heckträger gelegt oder an einer Querstange, einer schräggestellten Leiter etc. aufgehängt (an der Trophäe, dem Kiefer, an Vorder- oder Hinterläufen) werden.

Die einfachste und ohne besondere Vorrichtungen anwendbare Variante soll nachfolgend beschrieben werden. Dabei ist das Wild in eine feste, stabile Rückenlage zu bringen. Günstig wäre es, eine saubere Plane als Unterlage zu verwenden. Zumindest muss eine saubere Ablage für Aufbrechwerkzeuge (Messer, Säge etc.) bzw. für die entnommenen Organe zur Verfügung stehen (Kunststoffplane, sauberer Kübel etc.).

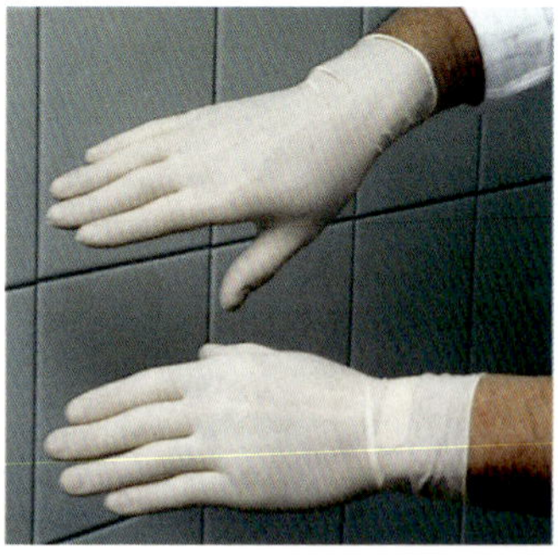

Einweghandschuhe

Während des gesamten Aufbrechvorganges ist darauf zu achten, dass immer die „reine Hand“ das Messer führt und die unreine Hand die zu entfernenden (Eingeweide-) Teile fasst. Wird die „reine Hand“ oder das Messer oder beides verschmutzt, so sind Messer (zu wechseln) und Hände mit Wasser zu waschen. Da unter Praxisbedingungen ein Reinigen der Hände oft nicht möglich ist, sind Einweghandschuhe, die leicht zu wechseln sind, sehr zu empfehlen – dies gilt besonders dann, wenn der Brunftfleck oder Präputialbeutel umschnitten wird!

1. Aufschärfen des Trägers

Man beginnt nach Möglichkeit an der Kinnspitze und schärft die Decke entlang der gedachten Mittellinie an der Körperunterseite auf (Messerrücken zeigt dabei

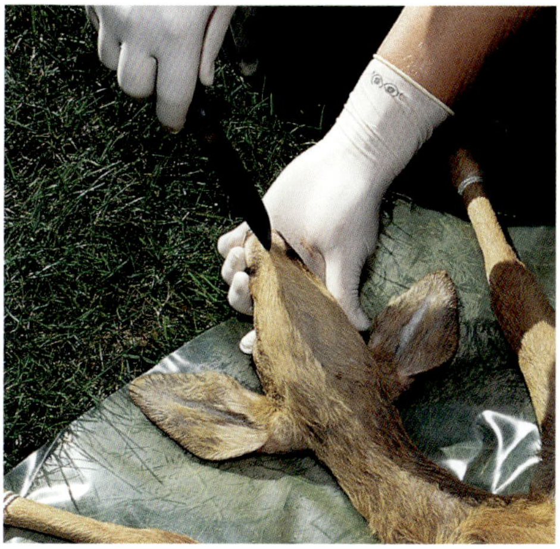

An der Kinnspitze wird mit dem Aufschärfen begonnen

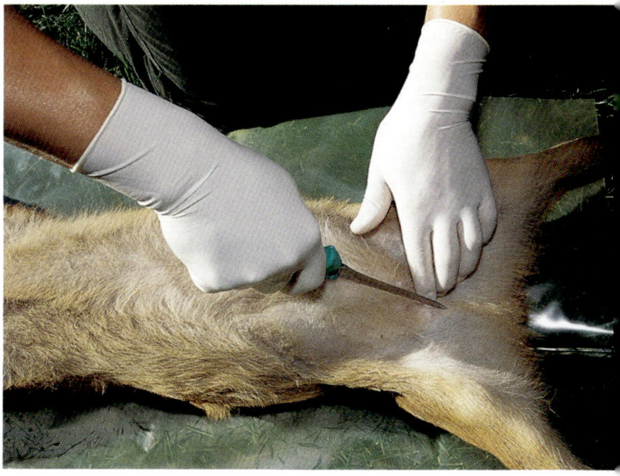

Die Decke wird bis zum Unterhautbindegewebe durchtrennt

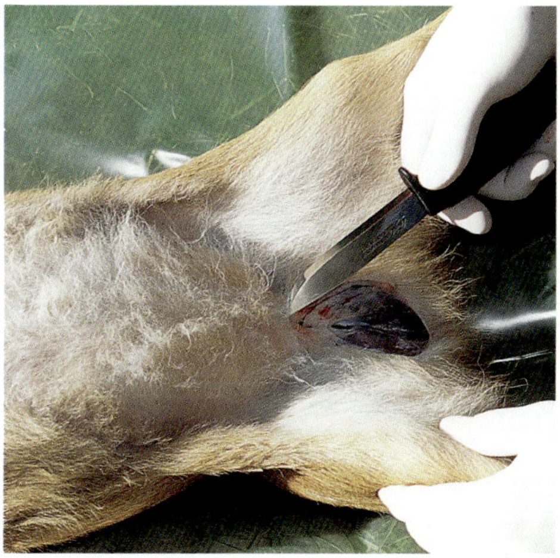

Wichtig ist ein gut geschärftes Messer mit geeigneter Spitze

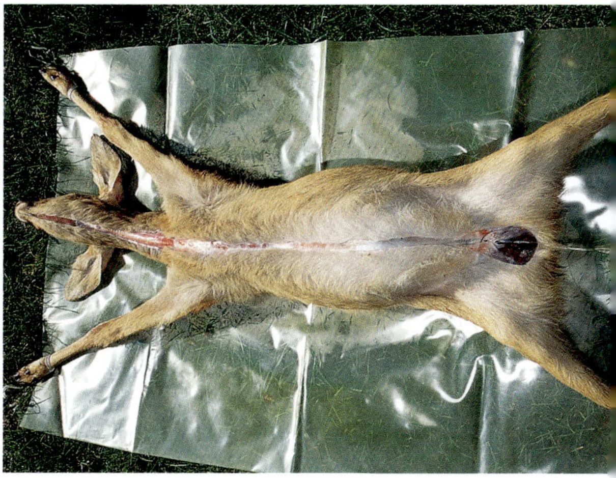

Sauberer Schnitt von der Kinnspitze bis zum Weidloch

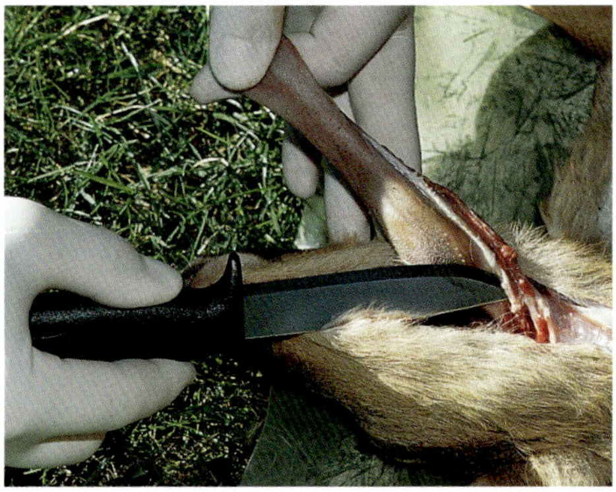
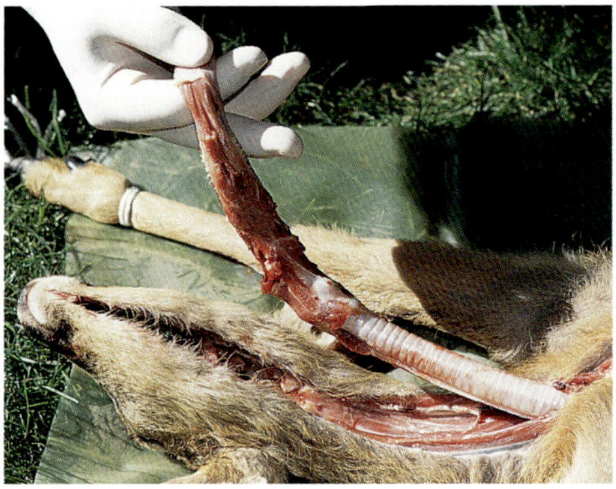

Lecker, Drossel und Schlund werden bis zum Brusteingang freigelegt

zum Tierkörper). Es ist zweckmäßig, den Schnitt gleich bis zum After (Weidloch) fortzuführen, wobei bei männlichen Stücken Brunftrute und Kurzwildbret (Penis und Hodensack) auf einer Seite umschnitten werden. Die Schnitt-Tiefe ist so zu wählen, dass zunächst nur die Haut (Decke) bis zum Unterhautbindegewebe durchtrennt wird und darunter liegende Strukturen noch unverletzt bleiben.
Danach werden Luftröhre (Drossel) und Speiseröhre (Schlund) freipräpariert und die Zunge (Lecker) vom Unterkiefer ausgelöst (Äsungsreste beachten).
Lecker, Drossel und Schlund werden nun unter Zug gehalten und mit dem Messer bis zum Brusteingang freigeschnitten, wobei im Kehlkopfbereich die Zungenbeine ein gewisses Hindernis darstellen können, die aber in der Regel leicht zu durchtrennen sind.

2. Ablösen von Brunftrute und Kurzwildbret

Ausgehend von dem bereits vorgelegten Schnitt in der Mittellinie wird die mit

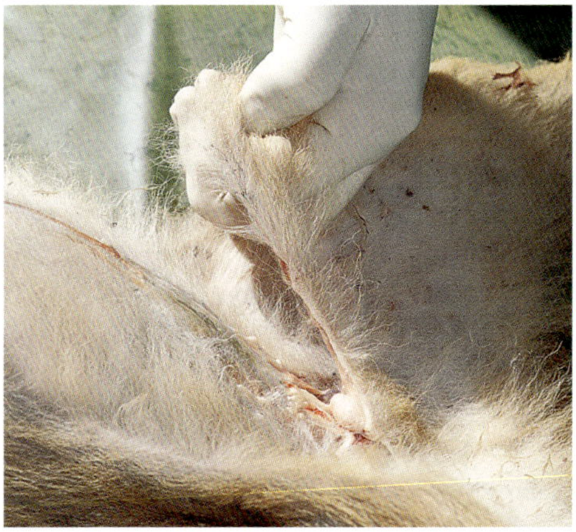
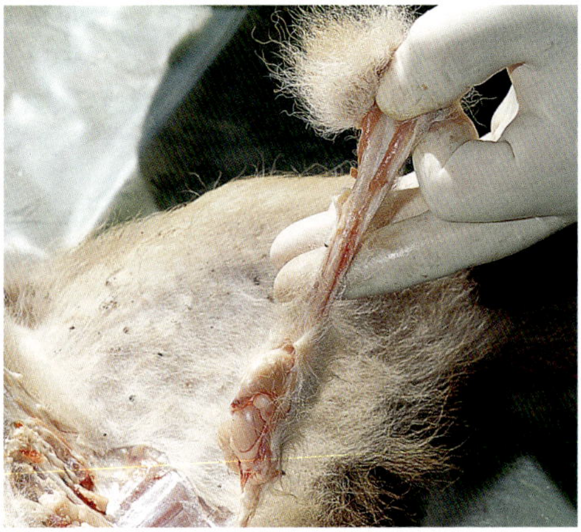

Brunftrute und Kurzwildbret werden ausgelöst und nach hinten gezogen

einer Hand umfasste und abgehobene Brunftrute, sowie in der Folge das Kurzwildbret, durch einen zum ersten Schnitt parallel verlaufenden zweiten Schnitt bis zum Weidloch abgeschärft und nach hinten abgelegt. Die Brunftkugeln (Hoden) sind mit der Hand von der Decke abzutrennen und auf Veränderungen zu untersuchen, nötigenfalls später mit dem Messer anzuschärfen. – Der abgeschärfte Lappen hängt nun nur noch an den in die Bauchhöhle führenden Samensträngen. Unter kräftigem Zug, um sie möglichst weit aus dem Becken herauszuziehen, werden sie abgeschnitten.
Um eine Kontamination des Fleisches mit Geruchsstoffen zu vermeiden, wird der Brunftfleck (ggf. beim Rot- und Damhirsch, beim Widder, Gamsbock und Keiler) mit der Brunftrute schon vor dem Anlegen das Hautschnittes (Punkt 1) großzügig entfernt (siehe unten).
Bei weiblichem Wild sind die Milchdrüsen (Gesäuge), sofern sie Milch enthalten, wegzuschneiden.

3. Öffnen des Schlosses oder Ringeln des Weidlochs

Das sogenannte Schloss, die Beckensymphyse bzw. Schambeinfuge, wird vorgefunden, indem man vorsichtig einen Schnitt genau in der Körperlängsachse

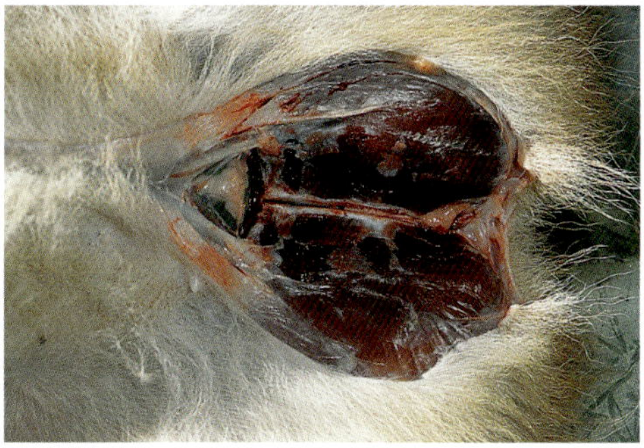

Schnitt genau im Schenkelspalt bis zum Knochen

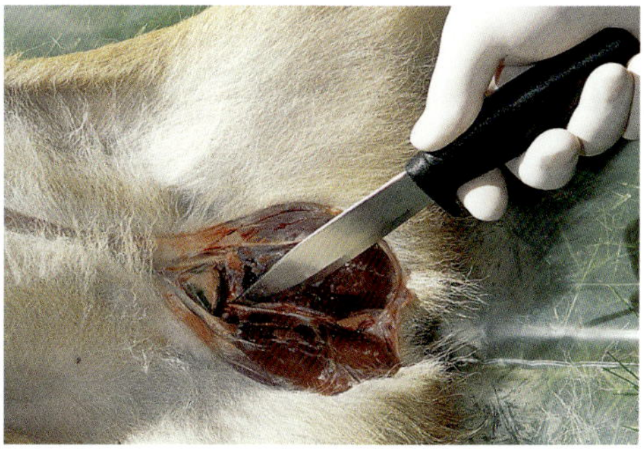

Das Schloss kann bei jungen Stücken mit dem Messer durchtrennt werden

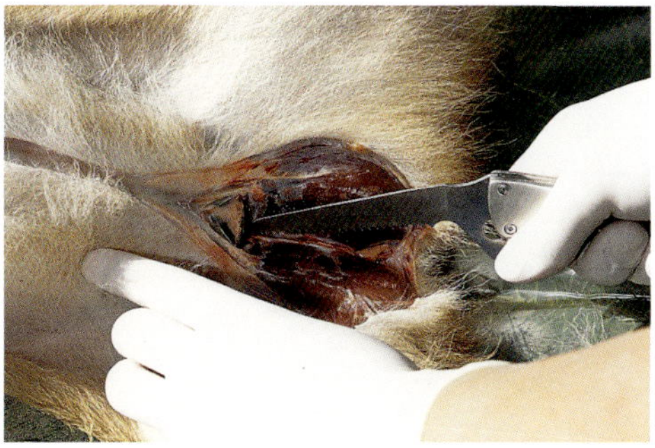

Eine handliche Knochensäge erleichtert das Aufbrechen

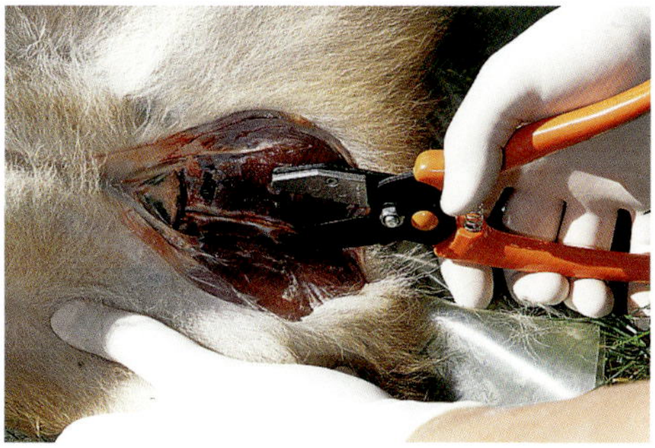

Mit der Aufbrechzange muss man weniger Kraft aufwenden

zwischen die Muskelpartien des Schenkelspaltes setzt, bis man auf den Knochen stößt. Die Beckensymphyse ist dann als mehr oder minder ausgeprägte kammartige Struktur zu erkennen, die bei Jungwild oder bei schwächeren Stücken durchaus mit einem Messer durchtrennt werden kann. Besser ist es, die Beckensymphyse mittels einer Zange oder Säge zu durchtrennen.
Danach – nach entsprechendem Aufspreizen – können Blase, Harnröhre und Enddarm durch vorsichtiges Umschneiden freigelegt werden. Das Öffnen des

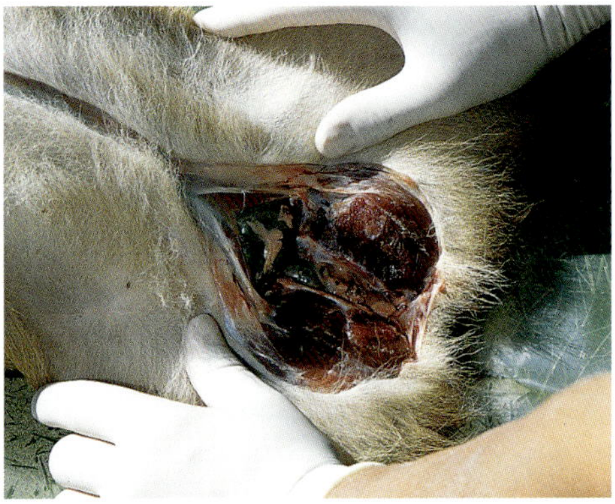

Die Läufe werden unter leichtem Druck aufgespreizt

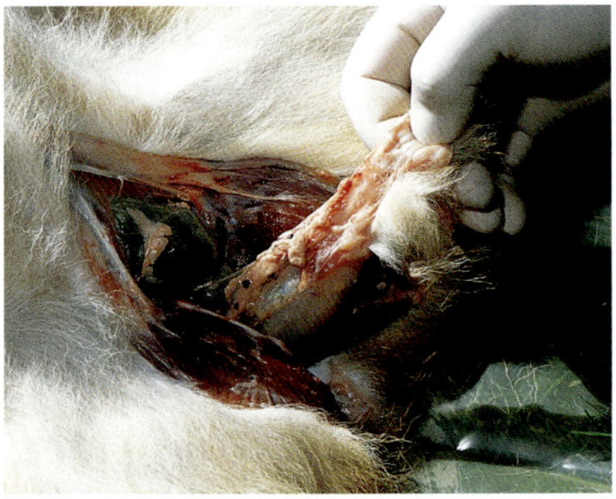

Blase, Harnröhre und Weiddarm werden freigelegt

Schlosses erfordert Geschick, gute Arbeitsverhältnisse und geeignetes Werkzeug. Wird es schlampig bzw. schlecht gemacht, können wertvolle Fleischteile der Schlögel in Mitleidenschaft gezogen werden.
Im Zweifelsfall sollte daher das Öffnen des Schlosses erst unter den guten Bedingungen einer Wildkammer, Wildsammelstelle bzw. Kühleinrichtung erfolgen und zunächst dem Ringeln des Weidlochs der Vorzug gegeben werden.

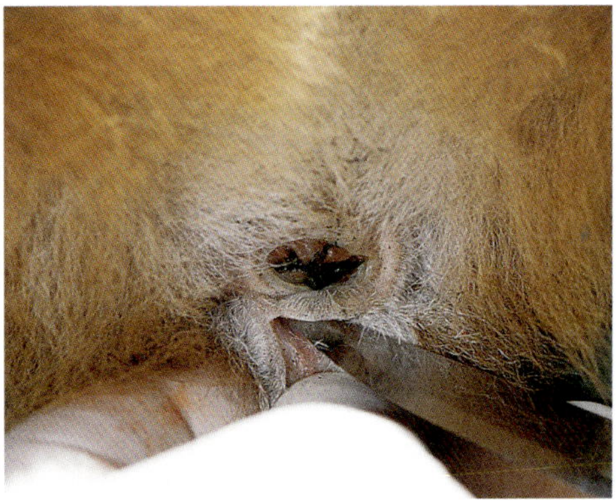

Oberhalb des Weidloches erfolgt ein Schnitt quer

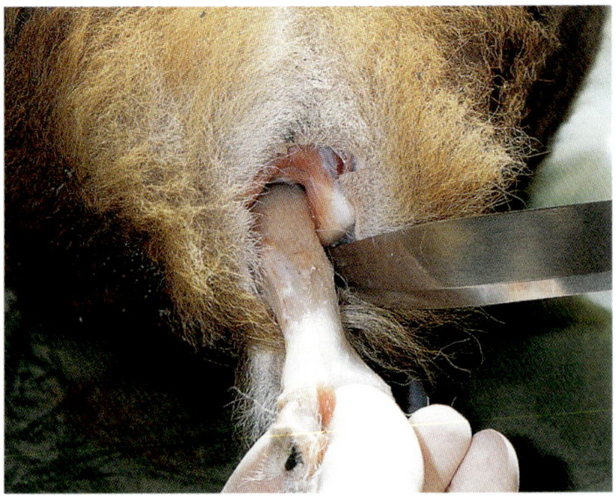

Unter Zug wird der Enddarm kreisförmig umschnitten

Beim Ringeln wird das Weidloch mit einem scharfen Messer (mit schmaler Klinge) umschärft. Am besten erfolgt das, indem man die Decke knapp oberhalb des Weidlochs mittels eines kurzen Querschnittes durchtrennt und dann unter leichtem Zug den Darm bis tief in das Becken hinein ringförmig umschneidet. Dabei ist darauf zu achten, dass der Enddarm nicht verletzt wird. Sollten Blase oder Harnröhre verletzt werden, so kann der Harn abfließen, ohne das Wildbret zu verschmutzen.
Das Ringeln kann auch das Öffnen des Schlosses erleichtern, da die Beckensymphyse dann vom Beckeninneren aus gut ertastet und geöffnet werden kann. Das Ringeln des Weidloches kann auch nach dem Eröffnen der Brust- und Bauchhöhle und dem Auslösen der inneren Organe (Punkte 5 und 6) vorgenommen werden. Bei verschmutztem Spiegel (Durchfall) ist das Ringeln begreiflicherweise nicht empfehlenswert.

4. Eröffnen der Bauch- und Brusthöhle

Sofern nicht bereits das Schloss eröffnet wurde, wird vor dem Schloss die Bauchhaut entlang der Mittellinie einige Zentimeter weit vorsichtig aufgeritzt. Dabei sollte eine Öffnung entstehen, in welche der Zeige- und Mittelfinger für die weitere Schnittführung zum Schutz der Messerspitze eingeführt werden können. Dabei ist größte Vorsicht geboten, um nicht die darunterliegende Blase anzuschneiden. Bei hochgelagertem Becken ist diese Gefahr aber gering.
In der Folge wird der Schnitt entlang der Mit-

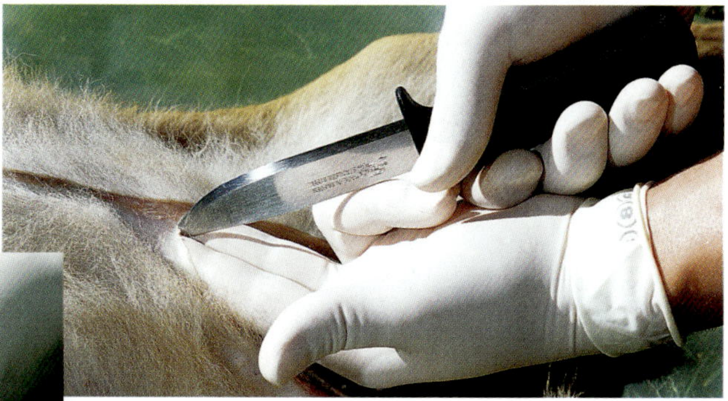

Die Messerspitze wird zwischen Mittel- und Zeigefinger geführt

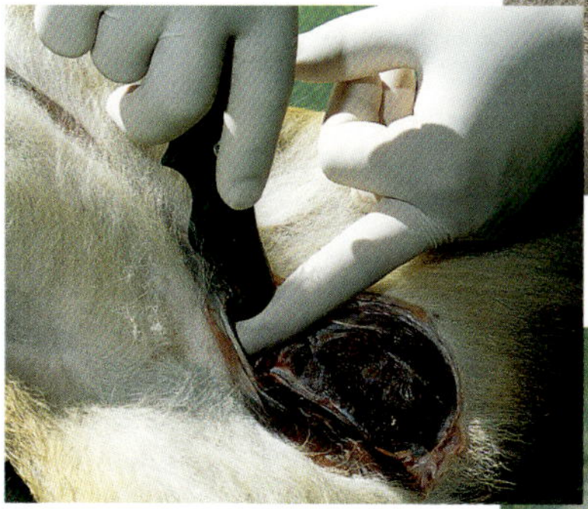

Aufbrechhaken zum Schutz vor Pansenverletzung

Der Schnitt wird entlang der Mittellinie fortgesetzt

tellinie, immer unter Schutz der Messerspitze, bis zum Brustbein fortgeführt. Das Brustbein kann nun mit einer Zange oder Säge durchtrennt werden. Einfacher ist es, knapp seitlich des Brustbeines, entlang der Knorpel-Knochengrenze der Rippen, den Schnitt mit dem Messer fortzuführen.

5. Auslösen der inneren Organe und des Gescheides

Nach einer ersten Kontrolle der Körperhöhle auf Fremdinhalt oder auffällige Veränderungen ist das Auslösen der inneren Organe und des Gescheides bei kleinerem Wild (Reh, Gams, Frischling usw.) in einem Zug möglich. Sinnvollerweise wird vorher noch das Zwerchfell an beiden Seiten entlang der Rippen bis zur Wirbelsäule durchtrennt, wobei beim Schwarzwild immer ein Rest des Zwerchfells (hauptsächlich der beiden Zwerchfellpfeiler; siehe auch Seite 245) am Tierkörper zurückbleiben muss, da dieser für die Trichinen-Untersuchung erforderlich ist. Dann werden Lecker, Drossel und Schlund erfasst und unter Zug alle daran hängenden Organe aus der Brust- bzw. Bauchhöhle herausgezogen, wobei etwaige häutige Verbindungen mit dem Wildkörper durchtrennt werden.

Geöffnete Körperhöhle – erster Blick auf eventuelle Auffälligkeiten

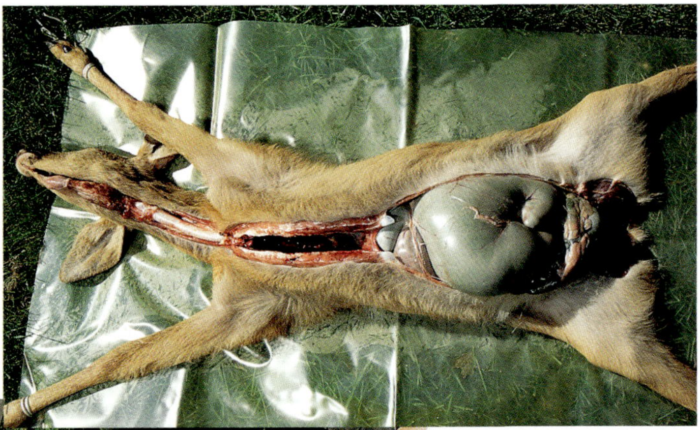

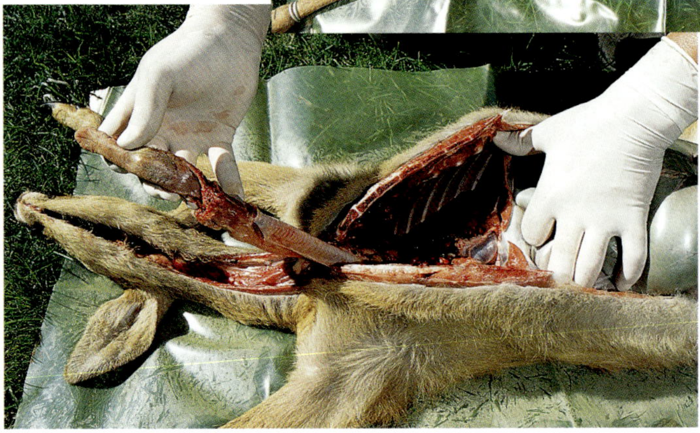

Lecker, Drossel und Schlund werden erfasst und vorsichtig nach hinten gezogen

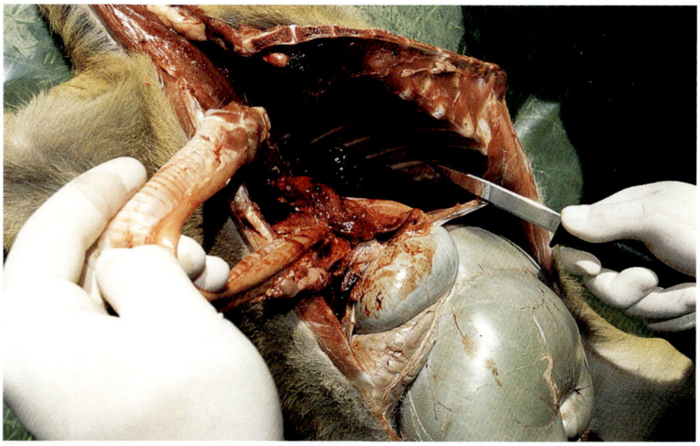

Das Zwerchfell wird links und rechts entlang der Rippen bis zur Wirbelsäule durchtrennt

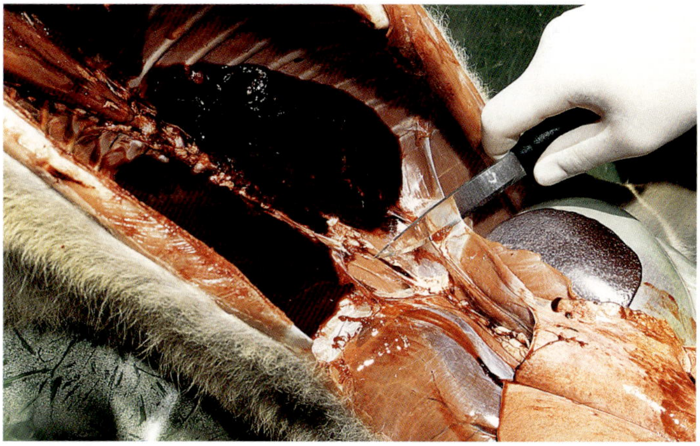

Die Brandadern werden mit herausgezogen, der wertvolle Lungenbraten (siehe Messerspitze) bleibt unversehrt

Mit dem gesamten Aufbruch sollten auch Weiddarm und Harnblase mit herausgezogen werden

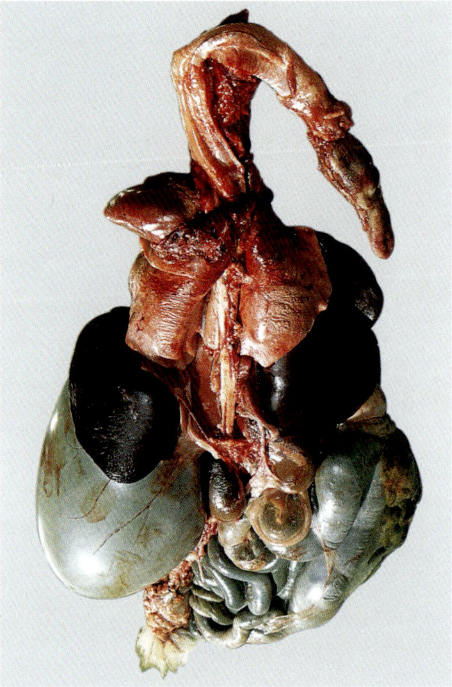

Organe und Gescheide werden auf eine saubere Unterlage gelegt

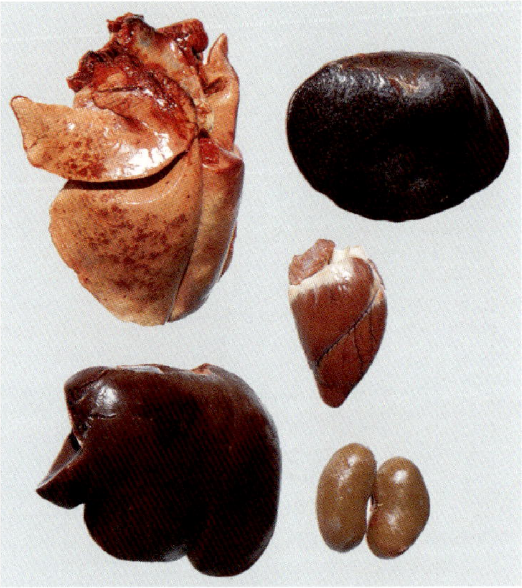

Die Organe werden abgeschärft und zur Untersuchung bereitgelegt

Dabei sollten auch der Weiddarm (Enddarm) und die Harnblase mit entfernt werden können. Der gesamte Aufbruch (Organe und Gescheide) ist nun neben dem Wild auf einer sauberen Unterlage abzulegen oder besser noch aufzuhängen und genau auf Veränderungen zu untersuchen.
Bei den horntragenden Wildwiederkäuern, wie Gams-, Stein- und Muffelwild, sowie beim Schwarzwild ist die Gallenblase zu entfernen!

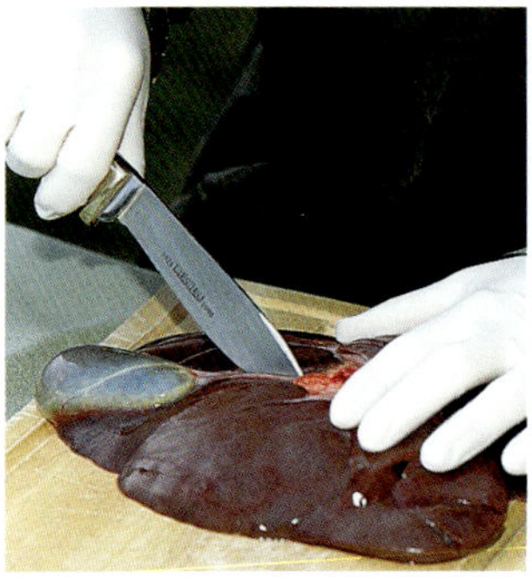

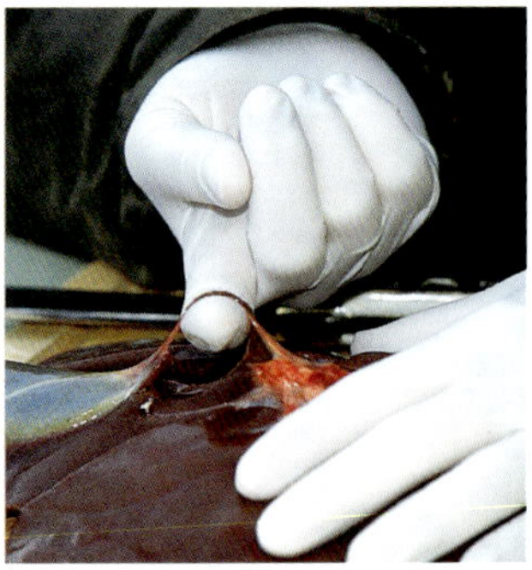

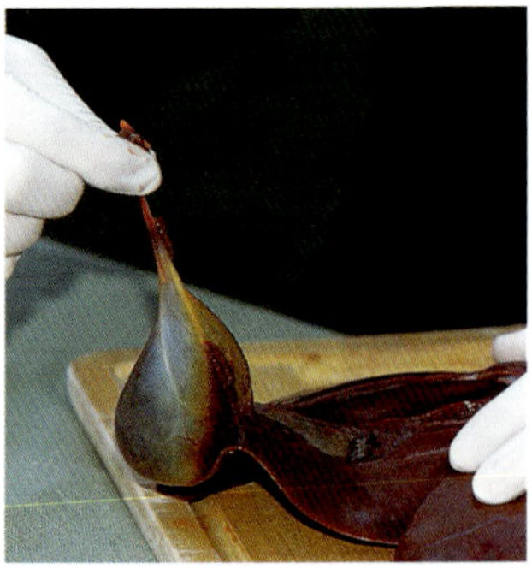

Der Gallengang (hier bei einer Schwarzwildleber) wird freigelegt, angehoben, abgetrennt und vorsichtig mit der Gallenblase abgezogen

Sofern dies nicht bereits zuvor erfolgt ist, wird nun das Schloss mittels eines starken Messers oder einer Säge (Zange) durchtrennt. Wurden die Eingeweide stückweise, also nicht in einem Zug entfernt, können die rechts und links an der Unterseite des Hüftbeines liegenden Brandadern (Aufzweigungen der Beckenvenen) zurückgeblieben sein. Früher galt es als absolutes „Muss“, diese zwecks besserer Ausblutung aufzuschärfen. Heute weiß man, dass dies auf den Ausblutungsgrad der Muskulatur keinerlei Einfluss hat und daher sinnlos ist. Es besteht im Gegenteil sogar die Gefahr, dass wertvollste Muskulatur, nämlich die Spitzen des Lungenbratens, dabei irrtümlich mit angeschnitten werden.

Bei starken Stücken und besonders dann, wenn man alleine ist, können die inneren Organe nur Zug um Zug entnommen und dabei neben dem Wildkörper abgelegt werden. Steht eine schwierige Bringung bevor, kann man zunächst die Eröffnung des Brustkorbes unterlassen. Auch das Durchtrennen des Schlosses kann später erfolgen.

Bei starkem Wild war früher gefordert, dass die Schulterblätter gelüftet werden. Dabei erfolgen ca. 15 bis 20 cm lange Einschnitte, von der Achselhöhle ausgehend, welche die Muskulatur der Schultern von den Rippen trennt. Diese Schnitte ermöglichen ein rascheres Auskühlen des Brustkorbes und sollten die stickige Reifung der Schultermuskulatur vermeiden. Da sie aber auch die Möglichkeit der Verschmutzung (Oberflächenkontamination) wertvoller Fleischteile nach sich ziehen können, ist insbesondere dann, wenn ohnehin der Brustkorb vollständig eröffnet wird, davon Abstand zu nehmen. Besser ist es, die Brusthöhle aufzuspreizen und ggf. für Luftzug zu sorgen.

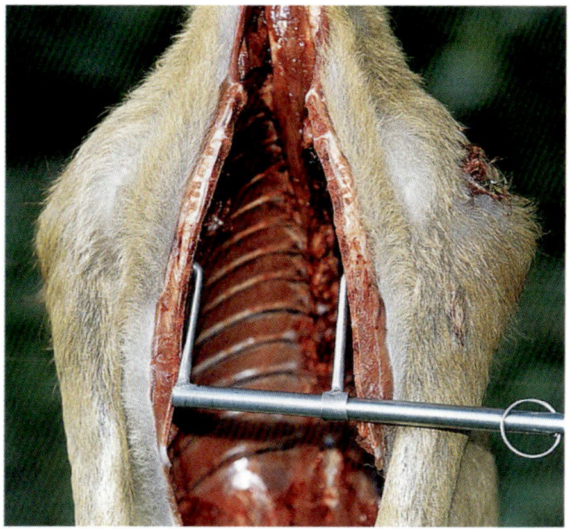

Zum schnelleren Auskühlen wird der Brustkorb aufgespreizt

Falls die Kühlkette nicht sofort erreicht werden kann, wird das Stück luftig (unter einem Netz im Schatten) aufgehängt

Das Entfernen des Bauchfettes („Filz"), das rasche Verbringen in einen Kühlraum mit starker Luftbewegung und notfalls auch das unverzügliche Abschwarten müssen bei schweren Stücken innerhalb weniger Stunden nach dem Erlegen erfolgen (Abgabe an den Großhandel in enthäutetem Zustand nicht möglich).

Die ideale Form des Aufbrechens (Ausweidens) wird nicht immer und an jedem Ort erreicht werden können, jedoch sollte möglichst wenig von der optimalen Vorgangsweise abgewichen werden müssen. Gute Ausrüstung, handwerkliches Geschick, gute Kenntnisse der Wildbrethygiene und der Wille zur Qualität sollten es jedoch ermöglichen, auch unter ungünstigen Bedingungen ein einwandfreies Lebensmittel zu gewinnen!

6. Zurichtung

Nachdem das aufgebrochene Stück Wild in eine hygienisch einwandfreie Örtlichkeit (Wildkammer, reviereigene Kühleinrichtung) gebracht wurde bzw. bevor es der Kühlung zugeführt wird, ist es erforderlich, dieses hygienisch einwandfrei zuzurichten. Dabei darf bei Trophäenträgern das Haupt abgesetzt werden, wobei idealerweise der Schnitt exakt zwischen Schädel und 1. Halswirbel anzulegen ist. Weiters ist nochmals der Ein- bzw. Ausschuss zu kontrollieren, gegebenenfalls sind verschmutzte bzw. hochgradig zerstörte Teile abzuschärfen. Sofern nicht schon erfolgt, sind Lecker, Drossel und Schlund zu entfernen, wobei bei Schwarzwild, welches für die Direktvermarktung vorgesehen ist, der Lecker zur Entnahme von Untersuchungsmaterial für die Trichinen-Untersuchung in der Form aufzubewahren ist, dass eine eindeutige Zuordnung zum Wildkörper möglich ist. Falls der Brustkorb noch nicht im Zuge des Aufbrechens eröffnet wurde, ist er spätestens jetzt zur Gänze zu öffnen. Zwerchfellreste sind weitestgehend zu entfernen, wobei beim Schwarzwild wiederum zumindest ein deutlicher Zwerchfellsaum (dort, wo das Zwerchfell am Rücken ansetzt = Zwerchfellpfeiler) erhalten bleiben muss, damit die für die Trichinen-Untersuchung erforderlichen Proben genommen werden können. Nieren sind samt Nierenfett zu entfernen. Das Schloss ist zu öffnen und der Bereich des kleinen Beckens ist von etwaigen Resten des Enddarms, der Harnblase und der Harnröhre zu reinigen. Entgegen den Wünschen mancher Wildbrethändler sind aus hygienischen Gründen die „Unterläufe" nicht abzusetzen.

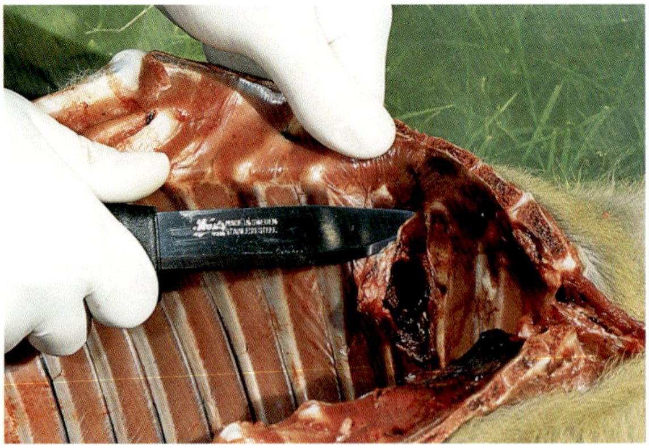

Ein- und Ausschuss werden untersucht, zerstörte Teile werden abgeschärft

Spätestens zum Zeitpunkt des Einbringens in die Kühleinrichtung ist bei Großwild, das „in Verkehr gebracht“ werden soll, die ordnungsgemäß ausgefüllte Wildbret-Bescheinigung (bei Erstbegutachtung zumindest der Wildbret-Anhänger) idealerweise im Brustbereich – siehe Abbildung rechts – anzubringen, bei Kleinwild die Sammelbestätigung auszufüllen.
Nach derartigem „Standard“ zugerichtetes Wild bringt schließlich vergleichbare Wildbretgewichte, bei denen natürlich noch der Erlegungsmonat zu berücksichtigen ist. Bisherige Vergleiche von Wildbretgewichten scheiterten an der unterschiedlichen Zurichtung (sei es mit oder ohne Haupt, sei es an welcher Stelle der Halswirbelsäule es abgesetzt wurde, sei es mit oder ohne Unterläufe, sei es ob Drossel, Schlund und Kehlkopf entfernt wurden oder nicht).

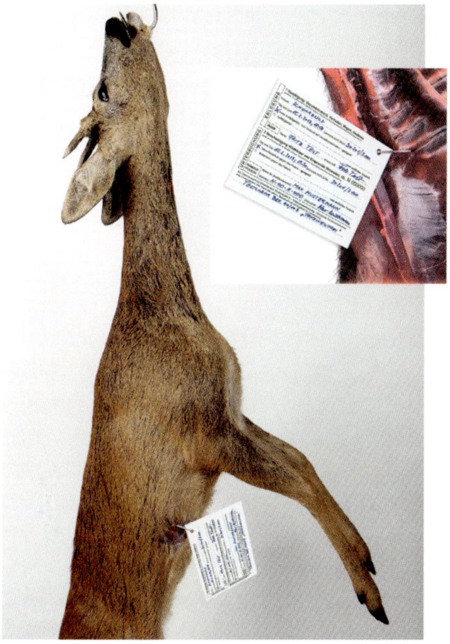

Korrekte Positionierung der Wildbret-Bescheinigung

Maßnahmen, die den Brunftgeruch des Fleisches reduzieren

Fleisch von sogenannten „Stinkern“ ist gemäß Lebensmittelrecht nicht für den menschlichen Verzehr geeignet; allerdings nur dann, wenn die Geruchsabweichungen der Muskulatur oder der Organe „ausgeprägten Geschlechtsgeruch“ aufweist. Ob die Abweichung erheblich ist, hat der Jäger im Einzelfall zu beurteilen (und eventuell durch eine Koch- und Bratprobe zu untermauern – siehe „Untersuchung am erlegten Wild“, Seite 141). Im Zweifelsfall ist das Stück vor dem in Verkehr bringen einer amtlichen Fleischuntersuchung zuzuführen.
Durch entsprechende Wildbrethygiene bzw. durch eine richtige Ausweidetechnik lässt sich aber der Brunftgeruch ganz wesentlich reduzieren. Wichtig ist, beim Ausweiden Einweghandschuhe zu verwenden, und sowohl diese als auch das Messer nach der Entfernung des Brunftflecks bzw. der Brunftrute zu wechseln, um nicht den Brunftgeruch auf andere Körperteile zu verschleppen!
Beim Keiler wird die Schwarte mit einem großzügigen Rundschnitt um den Pinsel eröffnet, damit die harnbenetzte Schwarte in der Umgebung des Pinselausgangs und der bis zu faustgroße Sekretbeutel (Präputialbeutel) zusammen mit dem Pinsel und den Hoden in einem Zug entfernt werden können. Der Pinsel wird dabei mitsamt dem freipräparierten Schwartenlappen erfasst, angehoben, in Richtung Becken abgezogen und am hinteren Ende des Beckenkammes abgeschärft. Die dabei durchtrennte Harnröhre schließt sich infolge der noch vorhandenen Elastizität meist von selbst.

Beim Hirsch gilt es vor allem, den gesamten Brunftfleck großzügig zu umschneiden und dann mitsamt der Brunftrute und den Brunftkugeln, analog wie für den Keiler beschrieben, abzuschärfen. Auch hier sind vor den weiteren Schritten des Aufbrechens unbedingt die Handschuhe und das Messer zu wechseln! Da der Geschlechtsgeruch auch besonders in der Leber und den Nieren festzustellen ist, sind hier – nach der Untersuchung der Organe durch die kundige Person – sicherheitshalber alle Edelinnereien beim Aufbruch (Magen-Darm-Trakt) zurückzulassen.
Die Schwarte des Keilers bzw. die Decke des Hirsches tragen noch jede Menge Geschlechtsgeruch. Für die Direktvermarktung wäre es am günstigsten, solche Stücke umgehend in der Wildkammer abzuschwarten bzw. aus der Decke zu schlagen, wobei hier beim Arbeitsprozess streng auf die professionelle Vorgangsweise mit reiner und unreiner Hand zu achten ist. Die unreine Hand fasst dabei ausschließlich die Schwarte bzw. die Decke, die reine Hand führt das Messer. Jegliches Umgreifen ist zu unterlassen! Keinesfalls sollten solche Stinker zu anderem Wild in den Kühlraum kommen, sondern sind separat zu kühlen.

Verwertung des Fleisches

Stücke, die im Zuge des Ausweidens sachgerecht zugeputzt wurden, sollten – insbesondere nach dem Enthäuten – kaum mehr Geschlechtsgeruch aufweisen. Sichtbares Fettgewebe ist tunlichst zu entfernen, da hier die Konzentration der Geruchsstoffe erheblich höher ist als im Fleisch. Bei Keilern, die dann noch immer stinken, sind Rücken, Schlögeln und Schultern auszulösen und sauber zuzurichten. Danach sollte es – die eine oder andere Ausnahme bestätigt nur die Regel – keine Probleme mehr geben. Keinesfalls darf Fleisch von solchen Keilern für Würste oder Pasteten verwendet werden. Diese Produkte wären kaum genießbar.
Beim Hirsch hilft eine zusätzliche Maßnahme, nämlich das Tieffrieren des Fleisches – natürlich nach erfolgter Fleischreifung, also nach etwa 5 bis 7 Tagen. Das Androstendion ist nämlich temperaturempfindlich und wird bei –20 °C innerhalb weniger Tage zerstört. Tieffrieren ist somit für das Fleisch eines Brunfthirsches, neben allen übrigen Maßnahmen beim Aufbrechen, das Mittel der Wahl!

Geschlechtsgeruch bei Hirsch und Keiler ist eine Gegebenheit. Er ist hauptsächlich auf Sexualpheromone zurückzuführen, die eine wichtige Rolle in Paarungsgeschehen spielen. Nachdem wir während der Hirschbrunft bzw. der Rausche der Sauen auf die Jagd nicht verzichten wollen, muss bei der Behandlung des erlegten Wildes besonders sorgfältig und sachgerecht vorgegangen werden. Dann ist das Fleisch solcher Stücke größtenteils zu verwenden, was ja das Ziel einer weidgerechten Jagd zu sein hat. Wenn schon nicht der ganze Wildkörper verwendet werden kann, so sind die gut zugeputzten Edelteile meist verwertbar. Beim Hirsch hilft zusätzlich das Einfrieren des Fleisches, um es voll genusstauglich zu machen.

Ausweiden von Niederwild

Kleinwild, wie das Niederwild im EG-Recht bzw. der Lebensmittelhygiene-Direktvermarktungsverordnung genannt wird, kann dem Gesetz nach längstens 7 Tage bei einer Fleischtemperatur von nicht mehr als +4 °C in unausgeweidetem, ungehäutetem bzw. ungerupftem Zustand gelagert werden. Aus hygienischer Sicht sollte allerdings das Ausweiden optimalerweise noch am Tag des Erlegens zu erfolgen.
Um aus erlegtem Niederwild auch ein hochwertiges Lebensmittel zu gewinnen, ist es mit kühler Lagerung (z. B. in Scheunen oder Hallen ohne aktive Kühlmöglichkeit) allein nicht getan. Im Sinne einer Guten Hygienepraxis ist die Lagerung in einer geeigneten Kühlhauseinrichtung in jedem Fall unverzichtbar!

Haarwild

Das Ausdrücken der Harnblase beim Feldhasen oder Wildkaninchen war früher eine Selbstverständlichkeit. Heute erübrigt sich das, weil bei Umgebungstemperaturen über +12 °C eine entsprechende kühle Lagerung in absehbarer Zeit nach der Erlegung (Empfehlung: innerhalb von längstens 3 Stunden) bzw. das unverzügliche Ausweiden dieser Tiere – natürlich in

Niederwild muss idealerweise rasch ausgeweidet werden

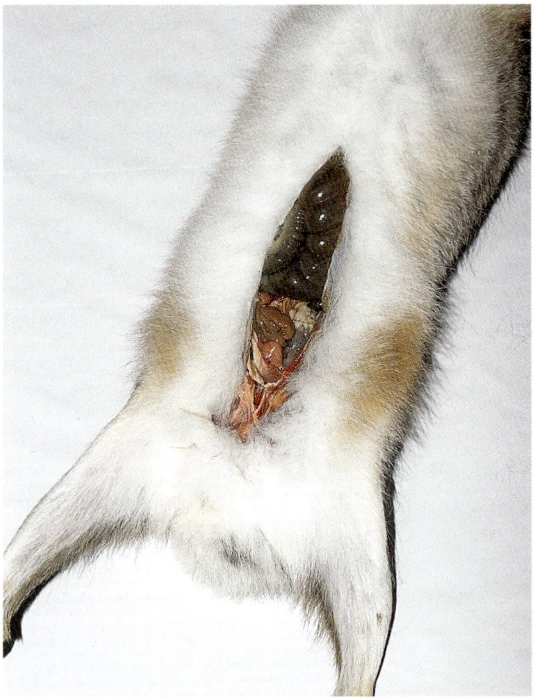

Die Bauchdecke wird aufgeschärft

einem geeigneten Raum – empfohlen wird. Dabei wird die Bauchdecke vom Brustbein bis zum Weidloch aufgeschärft, das Zwerchfell durchtrennt und, ähnlich wie beim Schalenwild, Lunge, Herz, Leber, Milz, Nieren und das Gescheide entfernt. Wenn das an einem geeigneten Ort erfolgt, wo zumindest gute Lichtverhältnisse und Heiß- und Kaltwasser in Trinkwasserqualität zur Verfügung stehen, dauert der Vorgang pro Stück Wild nur wenige Minuten. Lohn der Mühe ist eine ungleich bessere Wildbretqualität.
Bei der Direktvermarktung von Feldhasen kann das Abziehen des Balges vor dem Ausweiden vorteilhafter sein.

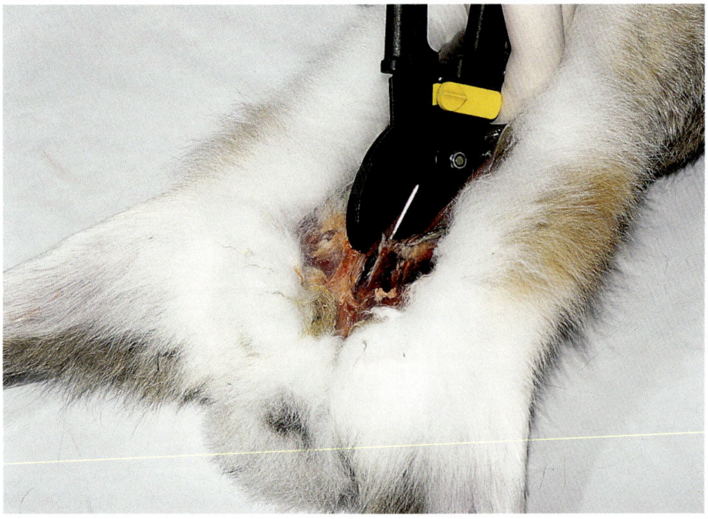

Mit der Wildbretzange wird das Schloss durchtrennt

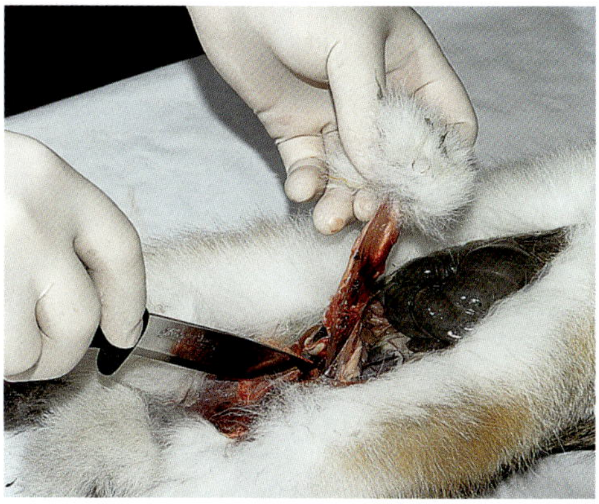

Der Weiddarm wird ausgelöst und in einem Zug zusammen mit Organen und Gescheide herausgezogen und zur weiteren Untersuchung daneben abgelegt

Federwild

Das Aushakeln von Federwild ist generell abzulehnen. Dabei wird nämlich immer der Darm durchstoßen bzw. abgerissen, der außerdem meist schon durch den Schuss verletzt wurde. Beides hat den Austritt von Darminhalt in die Körperhöhle zur Folge. Gleich wie beim Feldhasen oder Wildkaninchen ist daher bei ungünstigen Temperaturbedingungen dem Ausweiden (in einer hygienisch geeigneten Örtlichkeit, z. B. in einem Wildbearbeitungsraum) unbedingt der Vorzug zu geben – dies ist als einzig richtige Versorgung anzusehen. Durch einen von der Kloake ausgehenden, seitlich am Brustbein vorbeigeführten, einige Zentimeter langen Schnitt können mühelos und rasch die inneren Organe

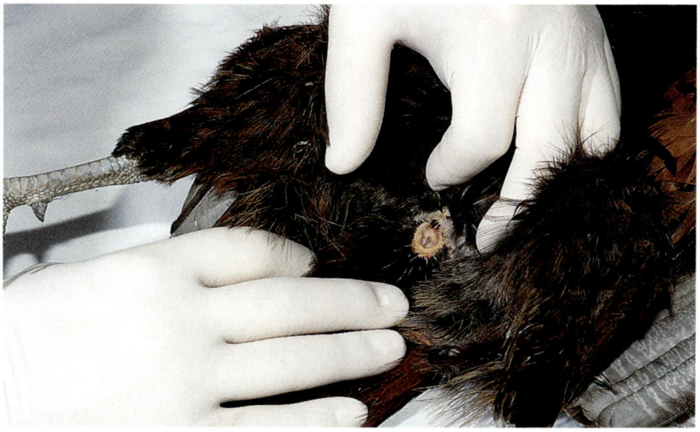

Die Kloake (hier beim Fasan) wird freigelegt

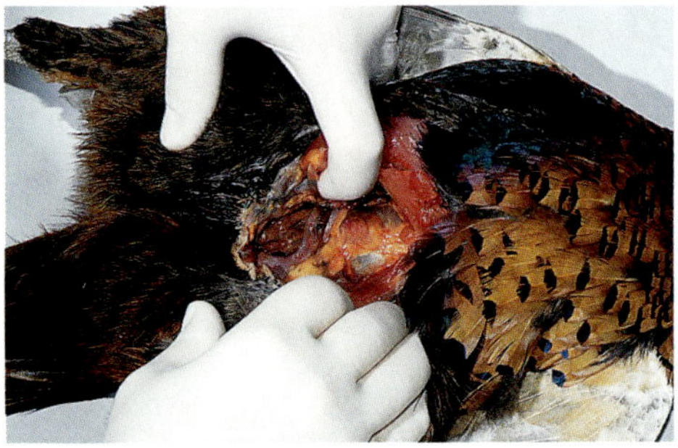
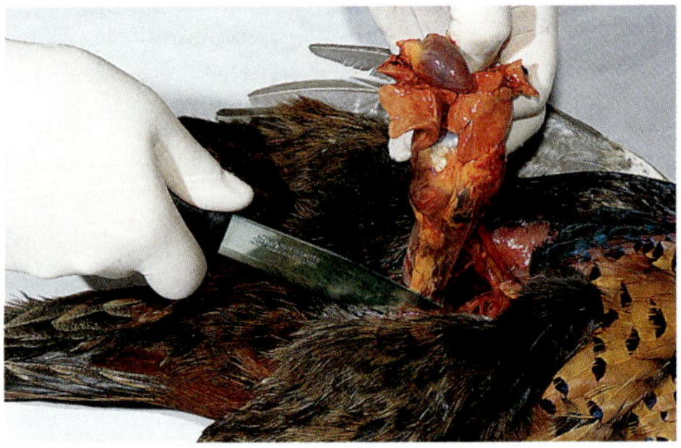

Die Bauchdecke wird mit einem kurzen Schnitt geöffnet, das Gescheide wird einschließlich Magen und Leber herausgezogen

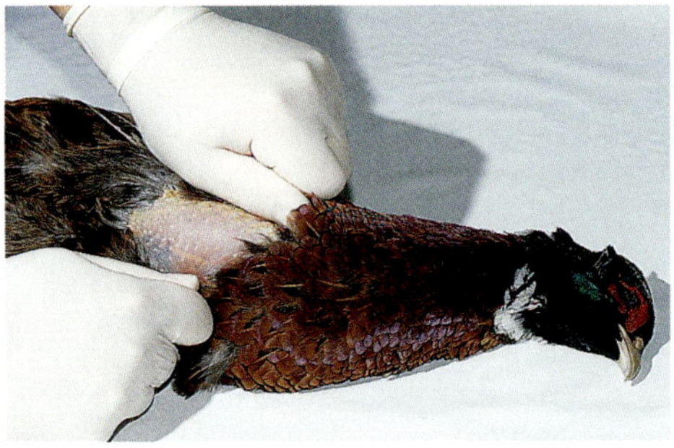
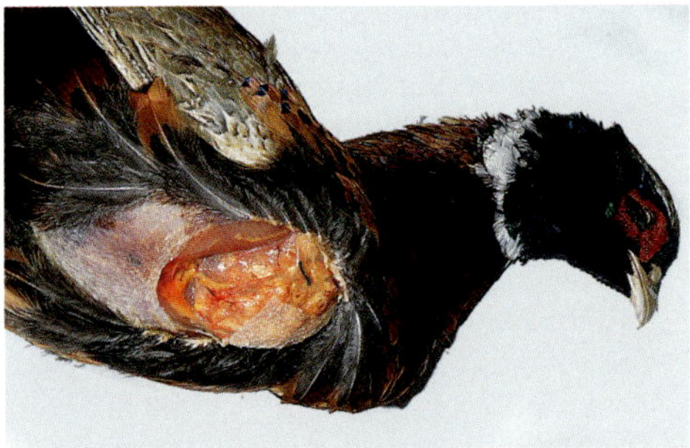

Über dem Kropf wird die Haut freigerupft, nach einem kurzen Schnitt kann der Kropf herausgelöst werden

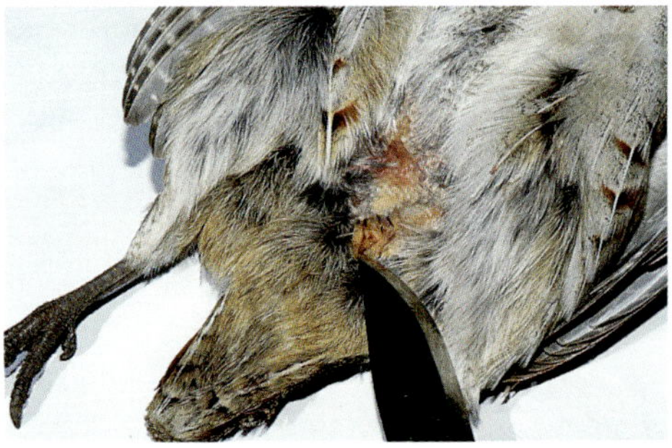
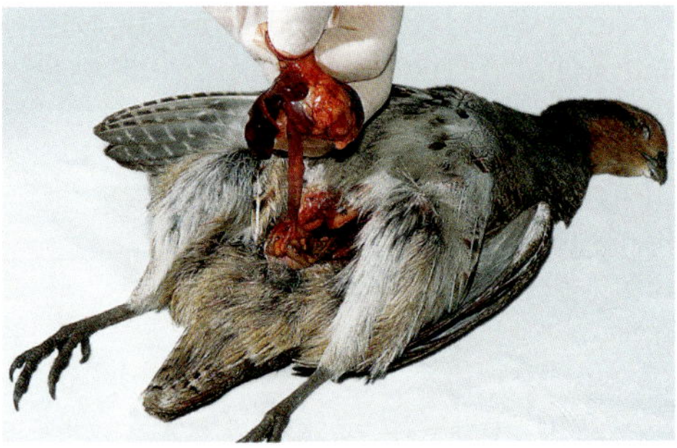

Beim Rebhuhn empfiehlt sich eine Vorgangsweise wie beim Fasan (oben)

entfernt werden. Darüber hinaus ist beim Federwild der Kropf mittels Längsschnitt zu eröffnen und zu entleeren oder besser ganz zu entfernen, da sein Inhalt leicht zu gären beginnt und damit die Qualität des Wildbrets (insbesondere der Brustmuskulatur) negativ beeinflusst.
Sowohl für Niederwild als auch für Schalenwild gilt, dass es nach der Erstversorgung (Ausweiden, Aufbrechen) luftig hängend, ohne Kontakt mit anderen

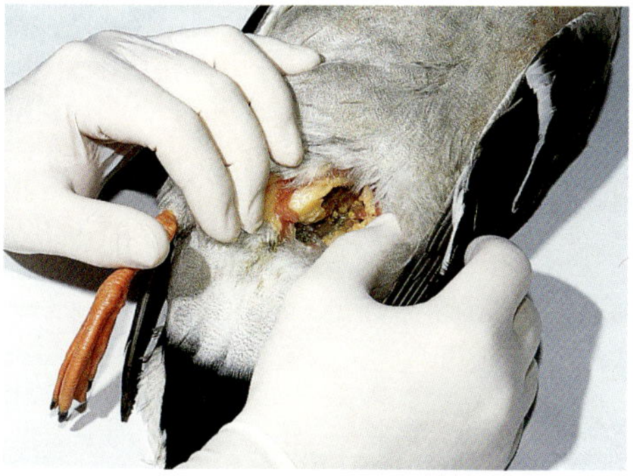

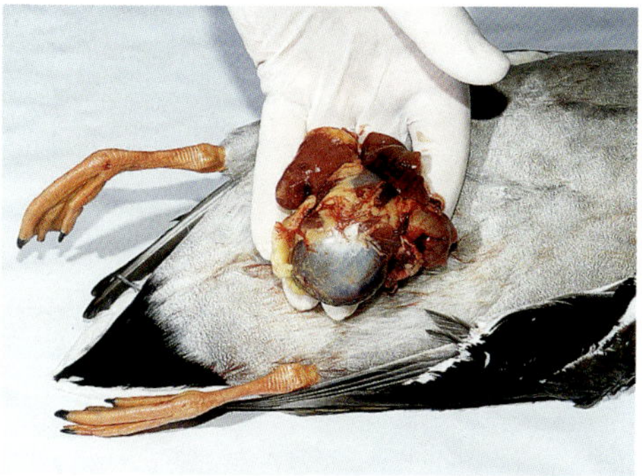

Bei Wildenten wird die Kloake freigelegt, nach einem kurzen Schnitt können Gescheide, Magen und Leber herausgelöst werden

Wildkörpern, aufbewahrt und möglichst rasch der Kühlkette zugeführt wird. Wird aufgebrochenes bzw. ausgeweidetes Wild zur Sammelstelle bzw. Kühleinrichtung transportiert, so ist darauf zu achten, dass dies einzeln liegend (auf einer hygienisch einwandfreien Unterlage oder in einer Wildwanne) oder hängend erfolgt. Auch beim Niederwild ist es erforderlich, die entfernten Organe (insbesondere Leber und Milz) genau zu untersuchen sowie auf allfällige Veränderungen zu achten.

Sowohl für Schalenwild als auch für Kleinwild gilt, dass das Reinigen der noch warmen Tierkörper nur mit Trinkwasser (unter sanftem Fluss, nicht unter scharfem Strahl) erfolgen darf. Ein Nebeneffekt ist dabei auch die verbesserte Abkühlung, indem das Wasser über Verdunstung Wärme abführt. Bereits gekühlte Tierkörper werden nicht mehr mit Wasser gereinigt! Stark verschmutzte Teile sind mit dem Messer abzuschärfen. Auswischen mit Tüchern oder gar mit Gras, Farn, Laub usw. ist vollkommen abzulehnen, da dabei Keime und Schmutz verteilt werden, was unausweichlich zur Oberflächenfäulnis führt. Selbstverständlich darf Wild, das bereits ausgeweidet wurde, nicht mehr zurück zur Streckenlegung kommen (offene Körperhöhle).

Freiwillige Untersuchung der Innereien von Niederwild für die Direktvermarktung

Die Lebensmittelhygiene-Direktvermarktungsverordnung sieht für die Vermarktung von Niederwild (Kleinwild), das direkt an den örtlichen Einzelhandel (Fleischhauer, Gastwirt ...) abgegeben wird, die Untersuchung des Tieres durch die kundige Person vor. Dabei muss der Tierkörper nicht ausgeweidet sein.

Da bekannt ist, dass insbesondere der Feldhase – im Gegensatz zum Schalenwild, das abgesehen von mehr oder weniger starkem Parasitenbefall über-

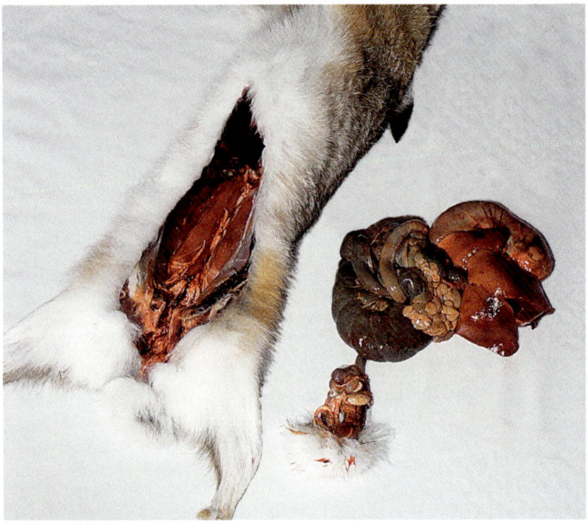

Beim Ausweiden hat eine sorgfältige Untersuchung auf „Auffälligkeiten" zu erfolgen

wiegend sehr gesund ist – Träger von auf den Menschen übertragbaren Erkrankungen sein kann, wird dringend empfohlen, dass die kundige Person beim Kleinwild für die Direktvermarktung auch die inneren Organe untersucht.

Daher ist es im Sinne der Lebensmittelsicherheit sehr zu empfehlen, direkt zu vermarktende Feldhasen auszuweiden, um krankheitsverdächtige Stücke aussortieren zu können. Werden sie zusätzlich abgebalgt und eventuell sogar entbeint, kommt man darüber hinaus auch den heutigen Kundenwünschen sehr entgegen und kann den Verkauf fördern, da ein küchenfertig vorbereiteter Hase wesentlich leichter und besser zu vermarkten ist als einer im Balg (Fell). In diesem Fall wird zweckmäßigerweise noch am Tag des Erlegens abgebalgt/enthäutet und dann erst ausgeweidet.

Das Abbalgen, Ausweiden und sorgfältige Untersuchen auf Auffälligkeiten hat in einem geeigneten Raum (Wandpaneele oder Fliesen, Heiß- und Kaltwasser, ausreichend beleuchtet) zu erfolgen. Diese Tätigkeit sollte aufgrund der Untersuchungspflicht bei der Direktvermarktung nur von kundigen Personen durchgeführt werden. Auf allgemeine Hygiene ist dabei zu achten. Alle Hasen, die irgendwelche Auffälligkeiten zeigen, sind zu separieren und vom amtlichen Tierarzt untersuchen zu lassen, sofern sie nicht vom Verfügungsberechtigten sofort zur unschädlichen Beseitigung (Tierkörperbeseitigung) gegeben werden, wenn kein Seuchenverdacht besteht. Bei Seuchenverdacht ist jedenfalls ein amtlicher Tierarzt beizuziehen bzw. der Seuchenverdacht anzuzeigen.

Tierische Abfälle – Entsorgung

Alle tierischen Abfälle, die beim Ausweiden und Zurichten von Wild aus freier Wildbahn anfallen, dürfen – sofern nicht andere Gründe (z. B. Tierseuchen, siehe Kapitel „Biosicherheit bei der Jagd") dagegen sprechen – in freier Wildbahn zurückgelassen werden. Tierische Abfälle, die bei der Bearbeitung von Wild für den eigenen Verbrauch entstehen, sind Haushaltsabfälle. Abfälle in Rahmen der Direktvermarktung von Wildfleisch sind über die Tierkörperbeseitigungsanstalten zu entsorgen, wobei länderspezifische Regelungen zu beachten sind.

Untersuchung beim Aufbrechen (Ausweiden)

Kapitelinhalt:

- Ausschließungsgründe von der Verwendung als Lebensmittel
- Bedenkliche Veränderungen
- Interpretationen von Veränderungen, die im Zuge des Aufbrechens beobachtet werden

Alle Untersuchungen haben – in Anlehnung an die Vorgaben für die Schlachttier- und Fleischuntersuchung – prinzipiell bei gutem Licht (mindestens 540 Lux) und mit gutem Auge (entsprechende Sehkraft und Sehfähigkeit) zu erfolgen.

Ausschließungsgründe von der Verwendung als Lebensmittel

Wildtiere sind wie Schlachttiere von vorne herein zur Verwendung als Lebensmittel ungeeignet, wenn sie an einer Allgemeinerkrankung wie

- **Septikämie** (durch Bakterien oder Toxine im Blut verursachte Gesamtinfektion des Organismus),
- **Pyämie** (besondere Form einer Blutvergiftung, bei der sich Infektionskeime von dem ursprünglichen Herd aus in andere Organe des Körpers ausbreiten),
- **Toxämie** (Auftreten von Bakterientoxinen im Blut) oder
- **Virämie** (Vorhandensein von Viren im Blut) leiden.

Der Tod eines Wildtieres darf auch nicht durch andere Gründe als durch Erlegen verursacht worden sein.
Genussuntauglich ist auch Fleisch, das von verendeten, tot geborenen, ungeborenen oder vor dem Erreichen eines Alters von sieben Tagen erlegten Tieren stammt.

Bedenkliche Veränderungen

Es handelt sich dabei um Merkmale, die darauf hinweisen, dass das Fleisch gesundheitsschädlich oder für den menschlichen Verzehr ungeeignet sein könnte. Diese Merkmale sind sowohl im EU-Recht – Verordnung (EG) Nr. 854/2004 – als auch national (Lebensmittelhygiene-Direktvermarktungsverordnung) festgelegt (siehe Kapitel „Rechtliche Grundlagen", Seite 13).
Beim Vorliegen bedenklicher Merkmale hat in jedem Fall der amtliche Tierarzt die Untersuchung vorzunehmen oder das Tier wird (wenn kein Seuchenverdacht vorliegt) unschädlich beseitigt (siehe Kapitel „Aufbrechen – Ausweiden", Tierische Abfälle – Entsorgung, Seite 132).

Folgende bedenkliche Merkmale sind für die Beurteilung wichtig:

- generalisierte Tumore oder Abszesse, wenn sie in verschiedenen inneren Organen oder in der Muskulatur vorkommen
- Gelenksentzündung, Hodenentzündung, pathologische Veränderungen der Leber oder Milz, Darm- oder Nabelentzündungen
- nicht von der Jagd herrührende Fremdkörper in Leibeshöhlen, im Magen, Darm oder Harn, sofern Brust- oder Bauchfell verfärbt sind
- Parasitenbefall
- übermäßige Gasbildung im Magen- und Darmtrakt mit Verfärbung der inneren Organe (falls derartige Eingeweide vorhanden sind)
- erhebliche Abweichungen der Muskulatur oder der Organe in der Farbe, in der Konsistenz oder im Geruch
- alte, offene Knochenbrüche (solche, die nicht unmittelbar mit dem Erlegen in Zusammenhang stehen)
- Auszehrung (Kachexie) und/oder generalisierte oder lokalisierte Ödeme
- frische Verklebungen oder Verwachsungen mit Brust- oder Bauchfell
- sonstige augenfällige und großflächige Veränderungen wie beispielsweise Verwesung (zu Verwesung und Verderbserscheinungen siehe auch Kapitel „Wildfleisch – Wildbret", Seite 52)

Interpretation von Veränderungen, die im Zuge des Aufbrechens beobachtet werden

So manche Veränderung bzw. Auffälligkeit kann bereits vom Jäger – er ist ja für die Seite 1 des Wildbret-Anhängers bzw. den entsprechenden Abschnitt der Wildbret-Bescheinigung zuständig – während des Aufbrechens oder in unmittelbarem Zusammenhang damit beobachtet werden.
Bei der Durchtrennung der Bauchdecke sollte auf das Vorhandensein von vermehrter Bauchhöhlenflüssigkeit geachtet werden, da dies ein Zeichen für eine Erkrankung von Herz, Lunge und Nieren, oder aber auch einer Bauchfellentzündung sein kann. In letzterem Fall ist die Flüssigkeit trübe und manchmal blutig. Das Bauchfell, das die Bauchhöhle auskleidet und die Bauchorgane umhüllt, ist bei einem gesunden Tier glatt und glänzend; ist es rau und trüb oder sind sogar Verklebungen vorhanden, so liegt eine Bauchfellentzündung vor.

Bauchhöhle

Gelegentlich sind in der Bauchhöhle Abszesse zu finden, die durch Bakterien verursacht werden (z. B. Pseudotuberkulose). Sie dürfen keinesfalls im Tierkörper aufgeschnitten werden, um eine Verunreinigung des Wildbrets mit Eiter zu vermeiden.
Bandwurmfinnenblasen sind in der Bauchhöhle gebietsweise relativ häufig zu sehen, vor allem am Gekröse (Mesenterium = Aufhängeband des Darms und des Magens, auch „Netz“ genannt), an der Pansenwand und an der Leberoberfläche. Diese manchmal bis apfelgroßen, flüssigkeitsgefüllten Blasen sind Entwicklungsstadien von Fleischfresser-Bandwürmern, deren Endwirt der Fleischfresser ist. Sie haben daher vor allem für den Jagdhund hygienische Bedeutung (nimmt ein Fleischfresser derartige Finnenblasen auf, so entwickelt sich in ihm der adulte Bandwurm).
Das Fehlen von Fettreserven (Nierenfett, Gekrösefett) steht im Zusammenhang mit chronischen Krankheiten oder jahreszeitlich bedingten Hungerperioden.
Zur Beurteilung, ob eine durch Bakterien oder Viren verursachte Infektionskrankheit vorliegt, eignet sich die Untersuchung der Größe und der Form der Milz ganz besonders, da sie in der Immunabwehr des Körpers eine zentrale Rolle spielt. Kommt es durch eine Infektion zu einer Aktivierung der Milz, so erfolgt in der Regel eine Größenzunahme auf ein Vielfaches der normalen Größe, wobei charakteristischerweise die

Vergrößerte Milz (Hase) – oben normal, Mitte mittelgradig, unten hochgradig

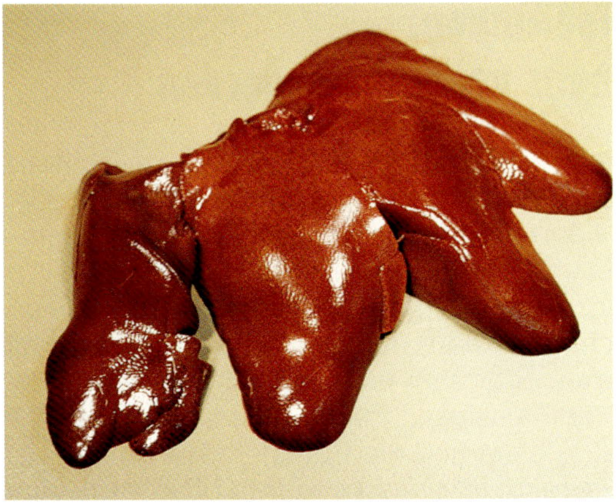

Weiche, brüchige, stumpfrandige Leber – EBHS

Organränder stumpf werden. Eine Milzschwellung ist schon im Anfangsstadium von Erkrankungen, wenn noch keine anderen Krankheitszeichen vorhanden sind, und bei allen akuten, septikämisch (= Blutvergiftung) verlaufenden Krankheitsformen bemerkbar. So gehen beispielsweise folgende, teilweise auch für den Menschen gefährliche Krankheiten mit einer Größenzunahme der Milz einher: beim Schalenwild Milzbrand und Schweinepest; beim Feldhasen Brucellose, Pasteurellose, Staphylokokkose, Tularämie, Toxoplasmose, Pseudotuberkulose, EBHS (Viruserkrankung).

Gelbliche Herde unterschiedlichster Größe, die aus abgestorbenen Gewebsteilen bestehen (sogenannte Nekrosen), sind bei Feldhasen bei nachstehenden Krankheiten in der Milz zu verzeichnen: Brucellose, Tularämie, Pasteurellose, Staphylokokkose, Pseudotuberkulose, Toxoplasmose.

Blutige Herde in der Milz, vornehmlich an den Rändern (sogenannte Randinfarkte) müssen bei Wildschweinen sofort an Schweinepest denken lassen.

Eine Leberschwellung ist in der Regel der Ausdruck einer Stoffwechselstörung und deutet nicht so wie die Schwellung der Milz mit größter Wahrscheinlichkeit auf ein infektiöses Geschehen hin. Ist die Leber brüchig, sehr weich und weist eine hellbraune Färbung auf, spricht man von einer Leberverfettung/Degeneration, die im Zuge von Stoffwechselstörungen, aber auch von Vergiftungen, entstehen kann. Feldhasen zeigen derartige Leberveränderungen auch bei EBHS, diese Krankheit geht ja mit Leberverfettung und Zellschädigungen einher.

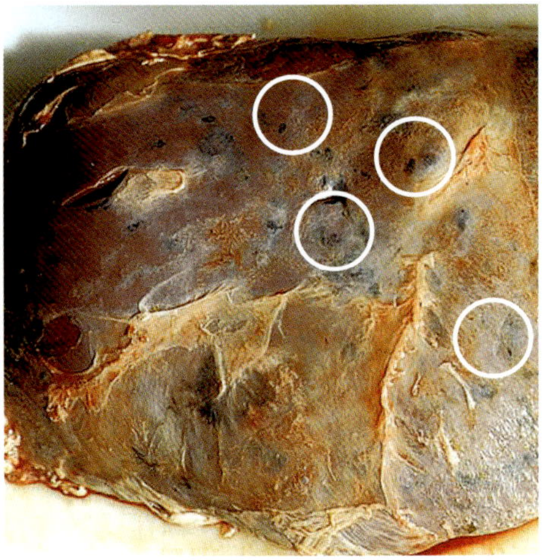

Blutgefüllte Bohrgänge (siehe Kreise) im Lebergewebe und Auflagerungen an der Leberoberfläche (Entzündungen) – Amerikanischer Riesenleberegel

Rote Bohrgänge an der Leberoberfläche und verdickte Gallengänge sprechen für das Vorhandensein von Leberegeln.

Lebernekrosen (Herde toter Zellen) unterschiedlicher Größe findet man beim Schalenwild, z. B. bei der Nekrobazillose (bakteriell bedingt), und bei Feldhasen im Verlauf folgender bakterieller Erkrankungen: Brucellose, Tularämie, Pasteurellose, Pseudotuberkulose, Staphylokokkose. Beim EBHS der Feldhasen sind die Nekrosen mit freiem Auge nicht sichtbar.

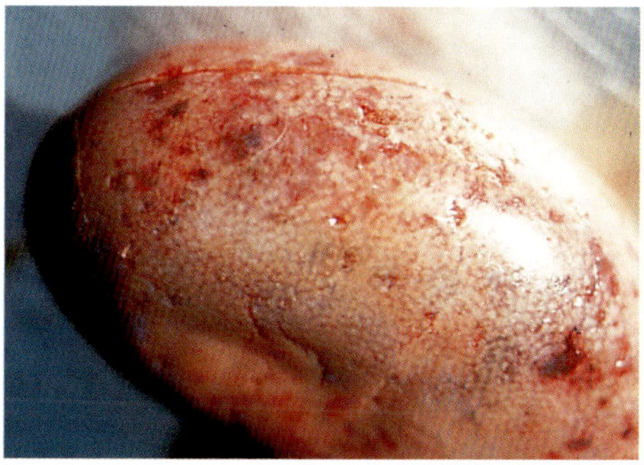

Punktförmige Blutungen in der Niere (Schweinepest)

Punktförmige Blutungen von etwa Stecknadelkopfgröße an der Oberfläche einer lehmfarbenen Niere sind ein typisches Zeichen für das Vorliegen von Schweinepest. Aber auch im Verlauf einer bakteriellen Allgemeininfektion sind Blutungen an der Nierenoberfläche nachweisbar, wobei die Nieren allerdings normal gefärbt erscheinen. Die beim Feldhasen nun schon mehrfach angeführten Krankheiten können in den Nieren Abszesse und Nekrosen hervorrufen.

Ein stark geblähter Pansen mit schaumigem Inhalt ist auf die Aufnahme von sehr eiweißreicher Grünäsung zurückzuführen (wie z. B. bei der Erkrankung durch Rapsaufnahme bei Rehwild). Ist der Pansen hart und prall mit Getreidekörnern oder Getreideschrot gefüllt, so ist das Tier an einer Pansenazidose (Übersäuerung) – durch übermäßige Aufnahme energiereichen Futters – erkrankt.

Weist der Labmagen- und Darmtrakt eine gerötete, geschwollene Schleimhaut auf und ist flüssiger, übelriechender, teilweise blutiger Inhalt vorhanden, liegt eine Entzündung vor, deren Ursachen Parasiten, Bakterien, Viren, aber auch eine Vergiftung oder ernährungsbedingte Verdauungsstörungen sein können.

Prall gefüllter Pansen – Hinweis auf Übersäuerung

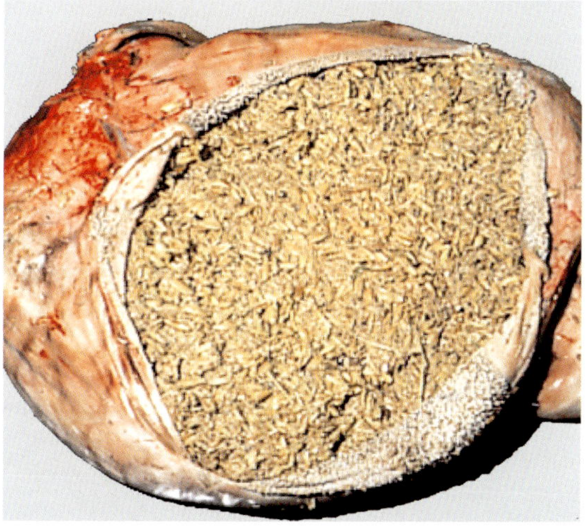

Eine Verdickung der Darmwand ist Ausdruck einer chronischen Darmentzündung, als deren Verursacher wieder Parasiten, Bakterien und Viren infrage kommen. Sind bei Feldhasen zusätzlich kleine weiße Herde in der Darmwand sichtbar, ist das Tier mit ziemlicher Sicherheit an Kokzidiose (einzellige Darmparasiten) erkrankt.

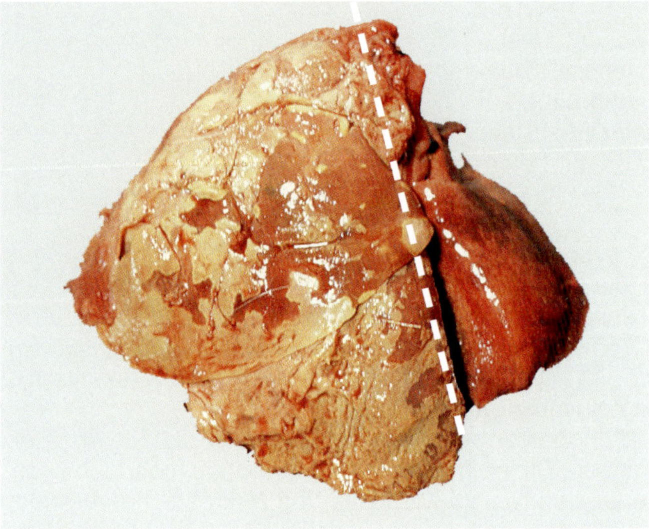

Pseudotuberkulose (linke Lunge vergrößert)

Brusthöhle

Nach dem Eröffnen der Brusthöhle ist, wie bei der Bauchhöhle, zuerst auf das Vorhandensein von Flüssigkeit zu achten, die auf eine Kreislaufstörung oder, wenn sie trüb oder sogar eitrig ist, auf eine Brustfellentzündung hinweist. In letzterem Fall wirkt das Brustfell rau, oft sind auch herdförmige oder flächenhafte Verwachsungen oder Verklebungen vorhanden. Sie sind meist als Folge von bakteriellen Infektionen, bei Feldhasen z. B. bei der Pasteurellose und Pseudotuberkulose, zu sehen.

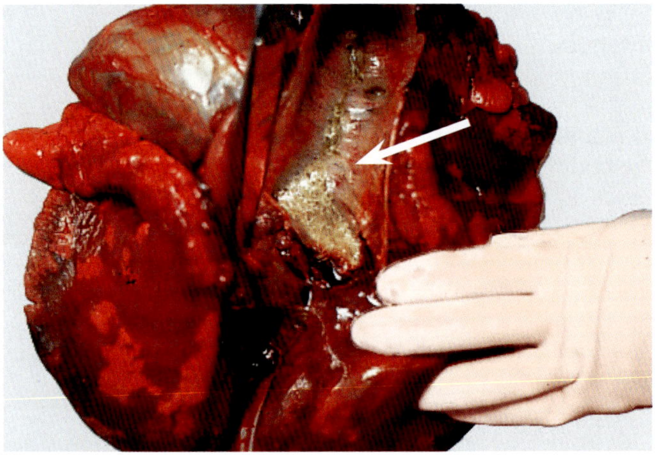

Befall mit Großem Lungenwurm in der Luftröhre

Lungenveränderung durch Befall mit dem Kleinen Lungenwurm – helle Knoten an den Lungenrändern (Rehlunge)

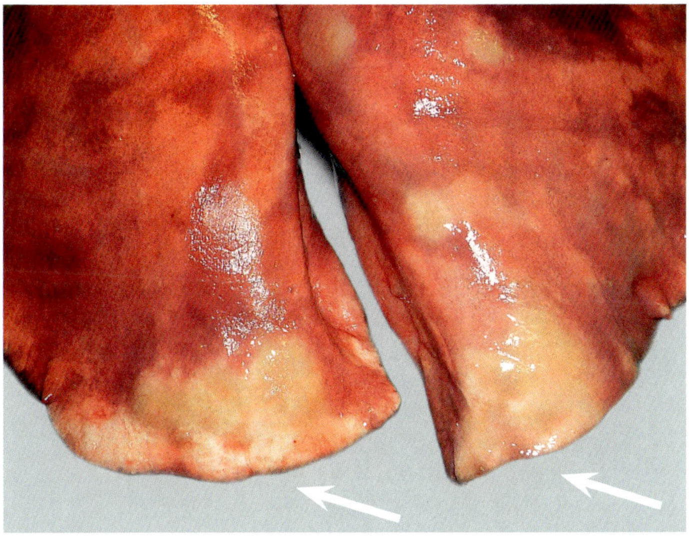

Auch Geschwülste gutartiger oder bösartiger Natur können in der Brusthöhle lokalisiert sein.
Verwachsungen des Herzbeutels mit dem Herz oder mit dem Brustfell sind Ausdruck eines entzündlichen Prozesses (Herzbeutelentzündung), der im Verlauf von bakteriell bedingten Erkrankungen auftreten kann.
Nadelstichfeine, aber auch größere Blutungen an der Herzmuskulatur können als wichtiges Anzeichen einer bakteriell bedingten Blutvergiftung gewertet werden.
Bei Gelbsucht sind häufig auch die großen Blutgefäße am Herz gelb verfärbt. Als Ursache für eine Gelbsucht sind bei Schwarzwild und Feldhasen Bakterien, bei Feldhasen zusätzlich noch eine Viruserkrankung (EBHS) und bei Rehwild die Erkrankung durch Rapsaufnahme in Betracht zu ziehen.

Der beim Schalenwild häufig vorhandene Befall mit Kleinen Lungenwürmern stellt sich in Form von gelbgrauen, unregelmäßig begrenzten Herden (Lungenwurmbrutknoten) in den Lungenteilen nahe der Wirbelsäule dar. Bei Feldhasen sind Lungenwurmbrutknoten nur stecknadelkopfgroß und weißlich-grau. Lungenwurmbefall beim Schwarzwild bewirkt ein fleckiges Aussehen der Lunge, ähnlich wie der Befall mit Großen Lungenwürmern bei Wildwiederkäuern.
Die Großen Lungenwürmer sind nach dem Eröffnen der Luftröhre mit bloßem Auge als haardünne weiße Fäden sichtbar.
Mitunter fallen in der Lunge des Schalenwildes schwartige, bis faustgroße Knoten auf. Hier handelt es sich um Schimmelpilzknoten, die durch Einatmen von Pilzsporen entstehen (z. B. bei verschimmeltem Futter). Bösartige Geschwülste der Lunge können ähnlich aussehen.

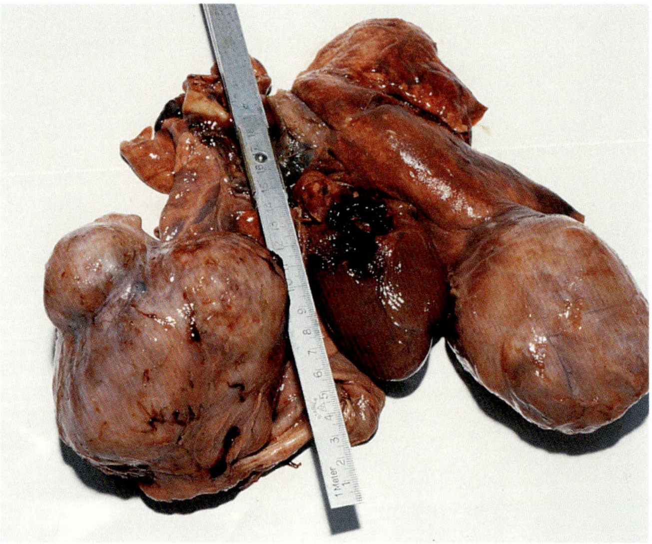

Pilzknoten – mykotische Herde – in der Lunge (Feldhase)

Dunkelrote Herde, oft kombiniert mit nekrotischen gelben Herden, kann man bei Feldhasen bei folgenden Erkrankungen finden: Brucellose, Pasteurellose, Tularämie, Pseudotuberkulose, Staphylokokkose, Toxoplasmose.
Blässe und Wässrigkeit der Muskulatur sind meist Ausdruck eines starken Parasitenbefalls, erbsengroße Bläschen stellen Bandwurmfinnen dar.
Im Gefolge vieler vor allem chronisch verlaufender Krankheiten sowie lang andauernder Hungerperioden tritt eine deutliche Abmagerung auf (Muskelschwund).

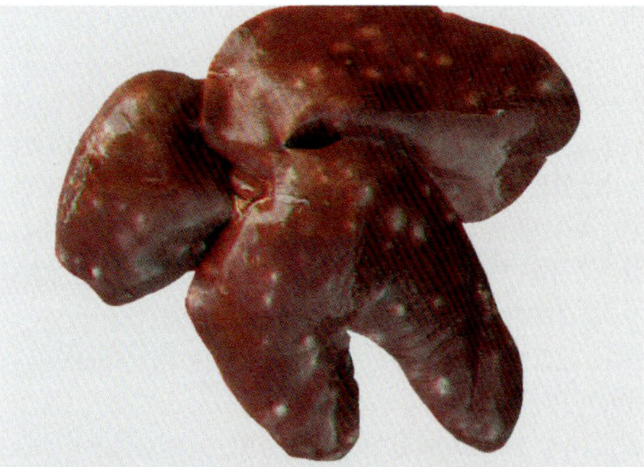

Milk Spots (vernarbte Bohrgänge von Spulwurmlarven), rechts die Spulwürmer (in diesem Fall ist nur die Leber genussuntauglich, nicht jedoch der Wildkörper, sofern dieser nicht abgemagert etc. ist)

Untersuchung am erlegten Wild

Kapitelinhalt:

- **Untersuchungsgang**
- **Koch- und Bratprobe**
- **Achtung: Trichinen-Untersuchung**
- **Beurteilung von Fall- bzw. Unfallwild**

Die Untersuchung am erlegten Wild gliedert sich bei Großwild zwangsweise in zwei Abschnitte, da üblicherweise im Zuge des Aufbrechens das Magen-Darm-Konvolut im Revier zurückbleibt. Der kundigen Person stehen in der Regel bei der gesetzlich vorgeschriebenen Untersuchung Magen und Darm (Gescheide) sowie (teilweise) Harn- und Geschlechtsorgane nicht mehr zur Verfügung, da – wenn keine Auffälligkeiten festgestellt wurden – neben dem Wildkörper nur Herz, Lunge, Leber, Milz und Nieren vorzulegen sind, um das Stück nach positiver Beurteilung uneingeschränkt in Verkehr bringen zu können. Die Verantwortung hinsichtlich der Beurteilung der im Zuge des Aufbrechens zurückgelassenen Teile liegt daher ausschließlich beim Erleger und/oder der Person, die das Aufbrechen vornimmt (z. B. Birschführer). Diese Person hat das Ergebnis ihrer Untersuchung – neben der Ausschließung eines Verdachts auf Umweltkontamination – auf der Wildbret-Bescheinigung (oder, wenn der Jäger nicht gleichzeitig kundige Person ist, auf Seite 1 des Wildbret-Anhängers) zu dokumentieren, was wiederum eine unabdingbare Voraussetzung dafür ist, dass die kundige Person tätig werden kann. Beim Kleinwild ist der Jäger und die kundige Person ebenfalls aufgefordert, die Strecke sorgfältig auf Auffälligkeiten zu untersuchen. Der Jäger hat auch hier den Verdacht auf Umweltkontamination auszuschließen. Da das Ausweiden bei Kleinwild unter Einhaltung der vorgeschriebenen bzw. der im Sinne einer Guten Hygienepraxis empfohlenen Lagerbedingungen unmittelbar nach dem Erlegen nicht zwingend durchzuführen ist, entfällt insbesondere bei Abgabe an den Großhandel die Untersuchung der Eingeweide durch die kundige Person. Sollten die Witterung und die Jagdgegebenheiten oder der Vermarktungsweg (besonders bei Direktvermarktung an den Endverbraucher, aber auch bei Vermarktung an den lokalen Einzelhändler) das Ausweiden des Kleinwildes als wünschenswert erscheinen lassen, ist seitens der kundigen Person sehr wohl auf Auffälligkeiten an diesen Organen zu achten.

In jedem Fall ist es dringend anzuraten, sich an den nachfolgend empfohlenen Untersuchungsgang zu halten, weil nur dadurch die Gefahr auszuschließen ist, wichtige Punkte zu übersehen.

Da eine vollständige Aufzählung aller Punkte, die Anlass zu Bedenken geben, ob ein Lebensmittel gesundheitsschädlich oder für den menschlichen Verzehr ungeeignet sein könnte, nicht möglich ist, ist davon auszugehen, dass derartige Bedenken auch bei sonstigen, erheblichen und auffälligen Veränderungen anzunehmen sind. Deshalb muss Wild, bei dem Zweifel über die Verwendbarkeit als Lebensmittel auftreten, immer dem amtlichen Tierarzt zur Beurteilung vorgelegt werden.

Untersuchungsgang

1. Besichtigung der Körperoberfläche und der Körperöffnungen sowie des Ernährungszustandes

Als bedenklich gelten:

- deutliche Abmagerung und/oder generalisierte oder lokalisierte Ödeme
- Verletzungen, wenn sie zahlreich oder hochgradig vereitert sind
- generalisierte Tumore oder Abszesse, wenn sie in verschiedenen inneren Organen oder in der Muskulatur vorkommen
- hochgradige Verschmutzung des Spiegels infolge Durchfalls
- alte, offene Knochenbrüche, sofern sie nicht von unmittelbar mit dem Erlegen im Zusammenhang stehenden Schussverletzungen herrühren (alt sind offene Knochenbrüche jedenfalls, wenn sie länger als 24 Stunden vorhanden sind, da die Gefahr besteht, dass bereits eine Wundinfektion mit weitreichenden Konsequenzen vorliegt)
- Nabelentzündungen
- Hodenschwellung (insbesondere bei Feldhasen!)
- Schwellungen an den Gelenken (Gelenksentzündung)
- erhebliche Abweichungen der Muskulatur oder der Organe in Farbe, Konsistenz oder Geruch

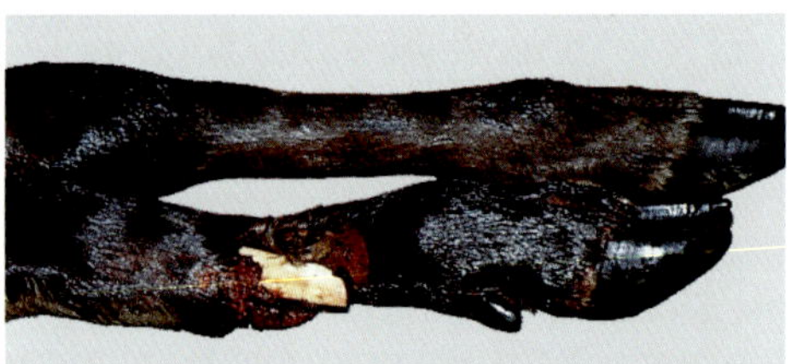

Offener Knochenbruch

2. Beurteilung der eröffneten Körperhöhlen

Als bedenklich gelten:

- nicht von der Jagd herrührende Fremdkörper in Leibeshöhlen, im Magen, Darm oder Harn, sofern Brust- oder Bauchfell verfärbt sind (gilt nicht für Weidwundschüsse, wenn das Stück innerhalb weniger Stunden zustande gebracht wird und Brust- und Bauchfell noch keine Verfärbung aufweisen)
- Fremdinhalt, wie Eiter etc.
- frische Verklebungen oder Verwachsungen von Organen mit Brust- oder Bauchfell (Verklebungen oder Verwachsungen sind durch Rötungen und das Vorhandensein von Entzündungsprodukten, wie z. B. Eiter, gekennzeichnet)

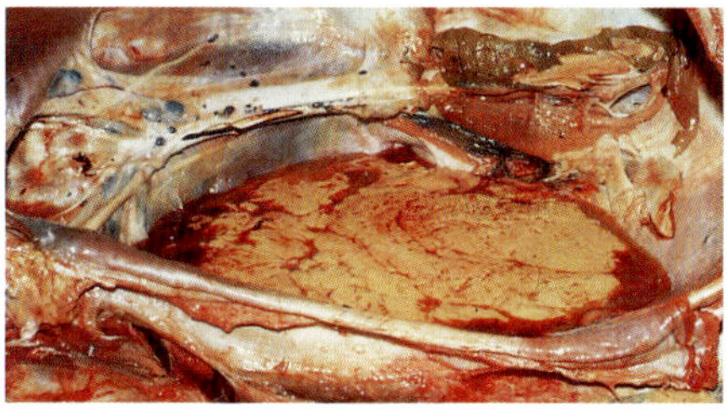

Fremdinhalt: Eiter in der Brusthöhle

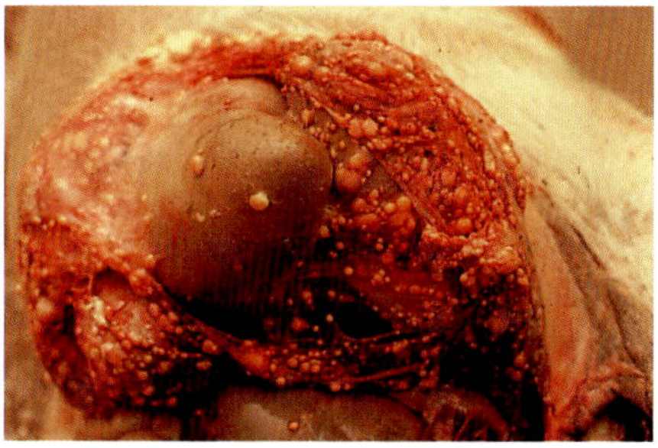

Zahlreiche Abszesse

3. Beurteilung der Organe sowie des Brust- und Bauchfells

Es empfiehlt sich, die beim Aufbrechen aufgehängten oder auf einer sauberen Unterlage abgelegten Organe von der Zunge absteigend bis zum Enddarm und den Geschlechtsorganen der Reihenfolge nach sorgfältig zu untersuchen und zu durchtasten.

Als bedenklich gelten:

- generalisierte Tumore oder Abszesse, wenn sie in verschiedenen inneren Organen oder in der Muskulatur vorkommen

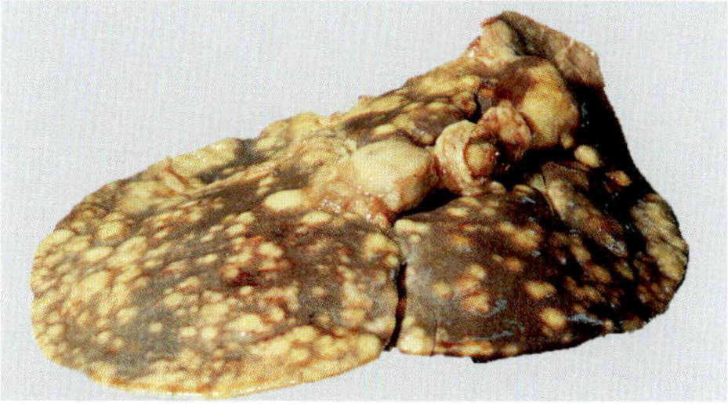

Unzählige verkäste Herde in der Leber

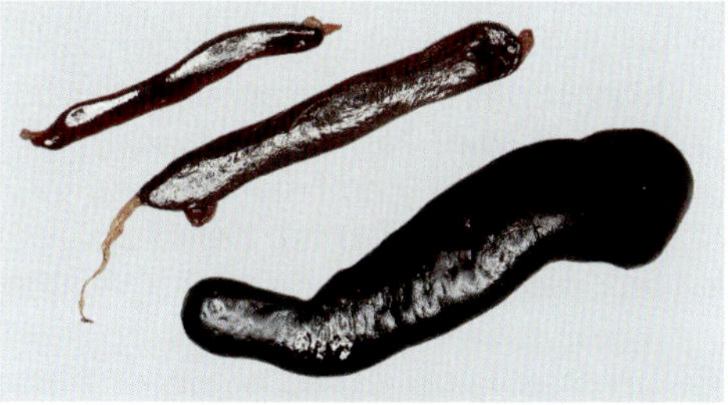

Vergrößerte Milz (Hase) – normal, mittelgradig, hochgradig (v. l. n. r.)

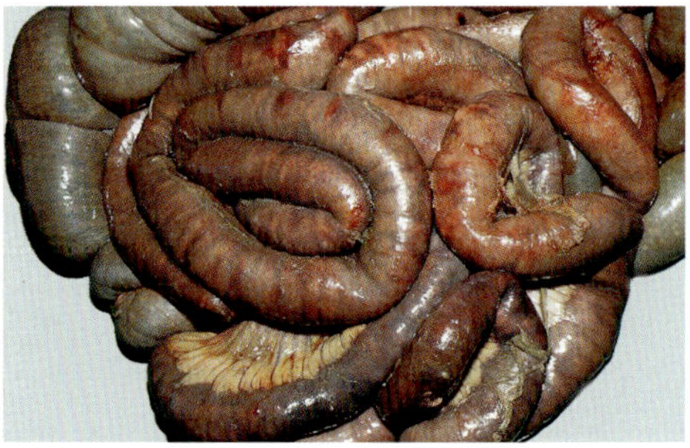

Darmentzündung

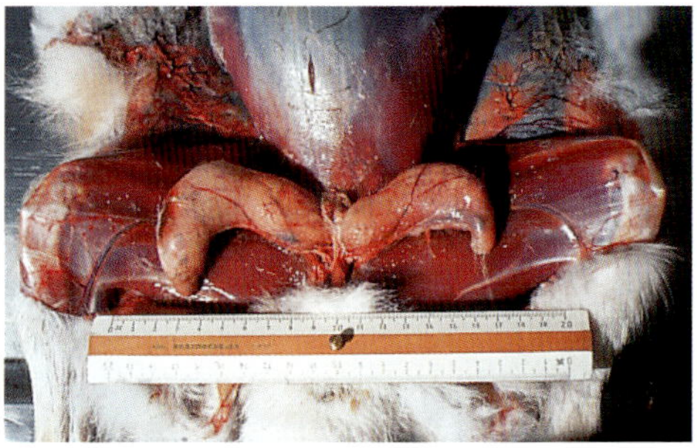

Hodenentzündung (Brucellose)

- erhebliche Abweichung von Organen in Farbe, Konsistenz oder Geruch vom Normalzustand (Rötungen, punktförmige Blutungen, Gelbfärbung, Brüchigkeit, Verhärtung, Harngeruch, jauchiger Geruch, Geruch nach Fäulnis, süßlich/widerlich-dumpfer Geruch)
- Veränderungen der Leber (mit Ausnahme von Milk Spots oder einzelnen Leberegeln – das jeweilige von Parasiten befallene Organ ist jedoch untauglich!) oder Milz
- Bandwurmfinnen, wenn sie in mehr als einem Organ oder in der Muskulatur vorkommen
- erhebliche Gasbildung im Magen- und Darmkanal (falls noch vorhanden) mit Verfärbung der inneren Organe (hauptsächlich Grünfärbung)
- Darmentzündung (z. B. Rötung, die sich samtartig anfühlt; Verklebungen von Darmschlingen untereinander)
- Nabelentzündung (insbesondere bei Jungtieren)
- Hodenentzündung (Schwellung)

4. Beurteilung der sichtbaren Muskulatur

Als bedenklich gelten:

- erhebliche Abweichungen der Muskulatur in Farbe, Konsistenz und Geruch vom Normalzustand (z. B. Grünfärbung, auffallende Kupferrotfärbung, Aussehen der Muskulatur „wie gekocht“, deutliche Wässrigkeit)
- generalisierte Tumore oder Abszesse, wenn sie zahlreich oder verteilt in der Muskulatur vorkommen.

Erhebliche Abweichungen in der Muskulatur eines Muffellammes (Fehlfarbe und Wässrigkeit des Fleisches, starke Abmagerung)

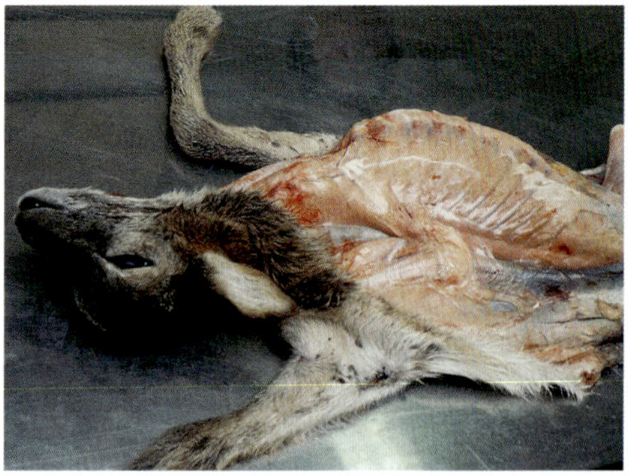

Koch- und Bratprobe

Die Koch- und Bratprobe wird immer dann durchgeführt, wenn eine deutliche Beeinträchtigung des Genusswertes des Fleisches durch vom Normalzustand abweichenden Geruch oder Geschmack vermutet wird. Dies ist beispielsweise bei Harn- und Geschlechtsgeruch, bei Ikterus (Gelbfärbung infolge Gallenstaues), bei entzündlichen und jauchigen Prozessen, bei fieberhaften Erkrankungen und bei verspätetem Ausweiden der Fall.
Wenn das Wildfleisch in Verkehr gebracht werden soll, ist die Koch- und Bratprobe dem amtlichen Tierarzt vorbehalten, da ja hierbei bereits ein offensichtlich bedenkliches Merkmal festgestellt wurde. Sie kann dem Jäger jedoch als Entscheidungshilfe bei Wildbret für den häuslichen Bedarf dienen, ob er es noch mit qualitätsgemindertem oder schon völlig unbrauchbarem Fleisch zu tun hat. Weiters kann es ratsam sein, Wildbret von Keilern in der Rausche oder von Brunfthirschen (siehe dazu auch Seite 54 und Seite 126) der Koch- und Bratprobe zu unterziehen, bevor dieses zu Produkten wie etwa Würsten oder Schinken verarbeitet wird, um nicht eine ganze Produktionscharge zu verderben. Die Koch- und Bratprobe sollte frühestens 24 Stunden nach dem Erlegen des Stückes durchgeführt werden.
Bei der Kochprobe wird ein handtellergroßes Stück Muskelfleisch mit etwas anhaftendem Fettgewebe in einem sauberen Gefäß mit Deckel in reinem Trinkwasser gargekocht, wobei von Zeit zu Zeit durch leichtes Anheben des Deckels am entweichenden Dampf der Geruch geprüft wird.
Bei der Bratprobe wird ein ebenso großes Stück Muskelfleisch mit anhaftendem Fett in einem sauberen Gefäß im eigenen Fett erhitzt und wie bei der Kochprobe von Zeit zu Zeit der Geruch geprüft. Oft ist der abweichende Geruch erst nach dem Abkühlen deutlich wahrnehmbar. Natürlich kann auch der Geschmack durch Verkostung überprüft werden.
Bei Prüfung auf Geschlechtsgeruch kann zusätzlich zur Muskelprobe Parotisgewebe (Speicheldrüsengewebe) und Fettgewebe untersucht werden, wobei dieses langsam ausgeschmolzen wird und dabei laufend der Geruch zu überprüfen ist.

Beurteilung:

- Die Geruchs- bzw. Geschmacksabweichung wird hinsichtlich Ausmaß (negativ/vernachlässigbar oder deutlich), Qualität (Harngeruch, Geschlechtsgeruch, fischiger, fauliger, ölig-traniger oder fäkaler Geruch usw.) und danach, ob sie als widerlich oder ekelerregend einzustufen ist, beurteilt.
- Bei deutlicher Geruchsabweichung oder widerlichem bzw. ekelerregendem Geruch oder Geschmack ist der ganze Tierkörper als genussuntauglich einzustufen!
- Geringgradige Abweichungen können akzeptiert werden.
- **Wenn Wildfleisch in Verkehr gebracht wird, ist die Beurteilung der Koch- und Bratprobe dem amtlichen Tierarzt vorbehalten.**

Achtung: Trichinen-Untersuchung

Bei Schwarzwild sowie bei Wildtieren, die Träger von Trichinen sein können (z. B. Fuchs, Dachs, Nutria, Bär, Krähen – sofern sie für den menschlichen Genuss bestimmt sind und in Verkehr gebracht werden), ist eine Trichinen-Untersuchung verpflichtend. Bei der Direktvermarktung ist diese Untersuchung vor dem Inverkehrbringen vorzunehmen. Bei der Probennahme und Untersuchung können auch speziell ausgebildete kundige Personen mitwirken.
Bei Abgabe an den Wildbretgroßhandel entfällt diese Untersuchungspflicht für den Jäger (Lebensmittelunternehmer) und geht auf den Betrieb über.

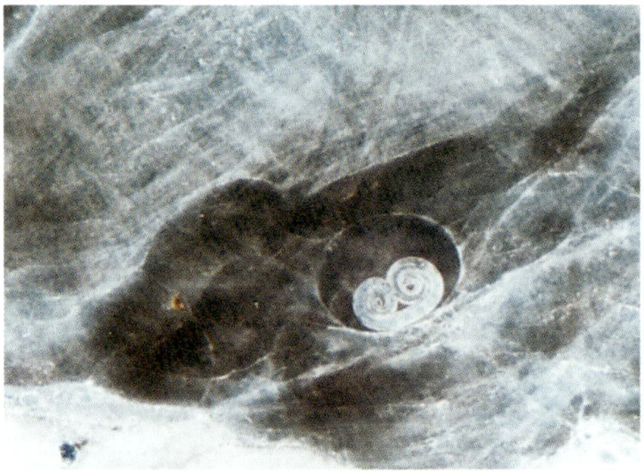

Eingekapselte Muskeltrichine im Dunkelfeld-Mikroskop (100-fach)

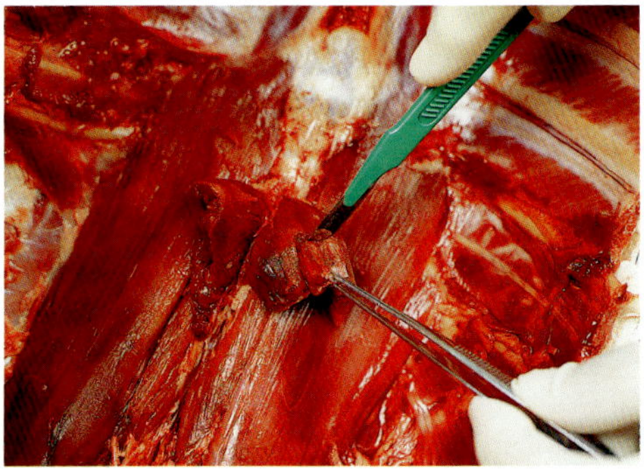

Probenentnahme aus den Zwerchfellpfeilern

Weitere Informationen dazu im Kapitel „Rechtliche Grundlagen“ und im Sonderkapitel „Trichinen-Untersuchung“.

Beurteilung von Fall- bzw. Unfallwild

Tiere, die nicht vorschriftsmäßig erlegt wurden, sind als genussuntauglich zu beurteilen, da sie nicht zweifelsfrei ein sicheres Lebensmittel darstellen. Dies trifft auf Unfallwild, insbesondere auf Kfz-Fallwild, zu.

Weitere Informationen dazu im Kapitel „Rechtliche Grundlagen“.

Die Beurteilung, ob Veränderungen als bedenklich einzustufen sind, setzt ein hohes Maß an Wissen, Erfahrung und Verantwortungsbewusstsein voraus.

Eigenkontrolle, Selbstevaluierung, Checklisten

Kapitelinhalt:

Der Jäger als Lebensmittelunternehmer

Zunächst ist die Frage zu beantworten, welche Jäger als Lebensmittelunternehmer im Sinne des EU-Hygienepaketes gelten:

Lebensmittelunternehmen *sind gemäß Verordnung (EG) Nr. 178/2002 alle Unternehmen, gleichgültig, ob sie auf Gewinnerzielung ausgerichtet sind oder nicht und ob sie öffentlich oder privat sind, die eine mit der Produktion, der Verarbeitung und dem Vertrieb von Lebensmitteln zusammenhängende Tätigkeit ausführen.*

Lebensmittelunternehmer *sind die natürlichen oder juristischen Personen, die dafür verantwortlich sind, dass die Anforderungen des Lebensmittelrechts in dem ihrer Kontrolle unterstehenden Lebensmittelunternehmen erfüllt werden.*

Weiters ist unter ***Inverkehrbringen*** *das Bereithalten von Lebensmitteln oder Futtermitteln für Verkaufszwecke einschließlich des Anbietens zum Verkauf oder jeder anderen Form der Weitergabe, gleichgültig, ob unentgeltlich oder nicht, sowie den Verkauf, den Vertrieb oder andere Formen der Weitergabe selbst, zu verstehen (siehe auch Kapitel „Rechtliche Grundlagen", Seite 16).*

Somit ist eindeutig klar, dass ein Jäger, der Wildfleisch verkauft oder verschenkt, dieses in Verkehr bringt und somit Lebensmittelunternehmer ist. Üblicherweise ist dies derjenige Jäger, der bei der Behörde (Bezirksverwaltungsbehörde) als Jagdleiter namhaft gemacht wurde. Mitglieder einer Jagdgesellschaft, die nicht auf eigene Rechnung, sondern auf Rechnung der Jagdgesellschaft Wild in Verkehr bringen, wären somit nicht als Lebensmittelunternehmer anzusehen.

Das Bundesministerium für Gesundheit hat mittels Erlass (BMG-74310/0002-II/B/12/2012 vom 14. 2. 2012) diese Sichtweise bestätigt und festgestellt: Der Jagdleiter ist der verantwortliche Lebensmittelunternehmer, wobei das Revier eine Produktionseinheit darstellt. Allfällige Mitpächer, Jagdgäste usw. unterliegen in lebensmittelrechtlicher Sicht demgemäß den Anordnungen des Jagdleiters.

Eigenkontrolle, Selbstevaluierung, Checklisten

Verantwortung des Lebensmittelunternehmers

Das europäische Lebensmittelhygienerecht geht von einer eindeutigen Festlegung der Zuständigkeiten und Verantwortlichkeiten sämtlicher Akteure der Lebensmittelkette aus:

- Die hauptsächliche Verantwortung für die Lebensmittelsicherheit liegt bei den Lebensmittelunternehmern.
- Die zuständigen Behörden sorgen mittels nationaler Überwachungs- und Kontrollsysteme dafür, dass diese Verantwortung auch wahrgenommen wird.
- Die Endverbraucher ihrerseits müssen sich bewusst sein, dass sie für die sachgemäße Lagerung, Handhabung und Zubereitung der Lebensmittel im eigenen Haushalt selbst verantwortlich sind.

Auf diese Weise wird der Grundsatz „vom Erzeuger zum Verbraucher", der sämtliche Glieder der Lebensmittelkette einschließt, systematisch und konsistent angewandt.

Aufgaben des Lebensmittelunternehmers

Die Verordnung (EG) Nr. 178/2002 legt im Erwägungsgrund 30 unter anderem Folgendes fest: *„Der Lebensmittelunternehmer ist am besten in der Lage, ein sicheres System der Lebensmittellieferung zu entwickeln und dafür zu sorgen, dass die von ihm gelieferten Lebensmittel sicher sind; er sollte daher auch die primäre rechtliche Verantwortung für die Gewährleistung der Lebensmittelsicherheit tragen."* Die einzelnen Pflichten des Lebensmittelunternehmers sind beispielsweise:

- Die Lebensmittelunternehmer sorgen auf allen Produktions-, Verarbeitungs- und Vertriebsstufen in den ihrer Kontrolle unterstehenden Unternehmen dafür, dass die Lebensmittel die jeweils zutreffenden lebensmittelrechtlichen Anforderungen erfüllen, und überprüfen die Einhaltung dieser Anforderungen.
- Die Lebensmittelunternehmer führen ein System zur Rückverfolgbarkeit der Lebensmittel ein, mit dem sie
  - jede Person, von der sie ein Lebensmittel, Futtermittel oder ein der Lebensmittelgewinnung dienendes Tier erhalten haben (im Fall der Jagd ist das in der Regel das Revier), und
  - jedes Unternehmen, an das sie Lebensmittel (oder Futtermittel) abgegeben haben, feststellen können.
- Lebensmittelunternehmer haben entlang der gesamten Lebensmittelkette sicherzustellen, dass
  - die einschlägigen Hygienevorschriften auf allen ihrer Kontrolle unterstehenden Produktions-, Verarbeitungs- und Vertriebsstufen erfüllt sind,
  - in ihrem direkten Einflussbereich eine Gute Hygienepraxis Anwendung findet,

- die mikrobiologischen Kriterien für Lebensmittel eingehalten werden,
- erforderlichenfalls (d. h. für zu kühlende Lebensmittel) die Kühlkette aufrechterhalten wird und die Temperaturkontrollerfordernisse erfüllt sind.

Betriebshygiene und betriebliche Hygiene-Eigenkontrolle

Eigenkontrollsysteme sind also eine wesentliche Säule der Lebensmittelsicherheit. Auch wenn für Wild aus freier Wildbahn weitgehende Ausnahmen und Erleichterungen im EU-Hygienepaket festgeschrieben sind, kann im Sinne der Lebensmittelsicherheit nicht auf die Eigenkontrolle verzichtet werden. Abstufungen hinsichtlich Kontrollumfang sind natürlich betriebs- und mengenabhängig. Prinzipiell ist jedoch festzustellen, dass immer streng nach den allgemeinen Hygieneregeln vorzugehen ist und auch bei geringer Stückzahl die Sorgfalt bei der Untersuchung und beim Umgang mit dem erlegten Wild keinesfalls vernachlässigt werden darf, denn die Zahl der Verbraucher, die am Verzehr eines einzelnen Stücks beteiligt sein können, wird allgemein weit unterschätzt (siehe Seite 150). Das Risiko für die Konsumenten wäre viel zu groß, wenn auch nur einzelne Stücke mit bedenklicher Beschaffenheit die Kontrollen passieren würden.
Jedes Eigenkontrollsystem gilt der kontrollierenden Behörde gegenüber nur dann als installiert und durchgeführt, wenn es auch entsprechend dokumentiert ist (siehe Checkliste, Seite 151).

Auch wenn heimisches Wild, insbesondere das Schalenwild, überwiegend als gesund einzustufen ist, kann doch von einzelnen kranken oder verdorbenen Stücken, die aus Unachtsamkeit in Verkehr kommen, erhebliche Gefahr für Konsumenten ausgehen. Dem Jäger (Lebensmittelunternehmer) muss daher bewusst sein, dass unter Umständen schon aus einem Stück Schalenwild, das an den lokalen Händler oder einen Wildbearbeitungsbetrieb abgegeben wird, Lebensmittel für Hunderte Konsumenten hergestellt werden.

Dies soll an einigen Beispielen verdeutlicht werden:
Der deutsche Lebensmittelhygieniker Prof. K. Fehlhaber hat errechnet, dass von einem Hausschwein mit 80 kg Schlachtgewicht bis zu 380 Mahlzeiten bzw. Portionen hergestellt werden können (bei Portionsgrößen von 170 g für Fleischgerichte bzw. 100 g für Wurstwaren). Wenn das Fleisch dieses Tieres nun für den Menschen gesundheitsschädlich wäre, können also bis zu 380 Menschen davon betroffen sein! Für Wildfleisch kann man ähnliche Berechnungen anstellen (die dieser Berechnung zugrunde liegenden Angaben über Gewichte der Tierkörper wurden vom Wildbretgroßhandel im Jahr 2007 zur Verfügung gestellt). Demnach beträgt das Durchschnittsgewicht (ausgeweidet, in der Decke bzw. Schwarte) bei Rehen (Klasse über 12 kg) 15,26 kg, bei Wildschweinen in der 20–80-kg-Klasse 44 kg und bei Rotwild 87,75 kg. Ausgehend von diesen Zahlen können von

einem Stück Reh-, Schwarz-, bzw. Rotwild ca. 37 bzw. 147 bzw. 265 Portionen hergestellt werden – dementsprechend viele Konsumenten können gegebenenfalls betroffen sein.

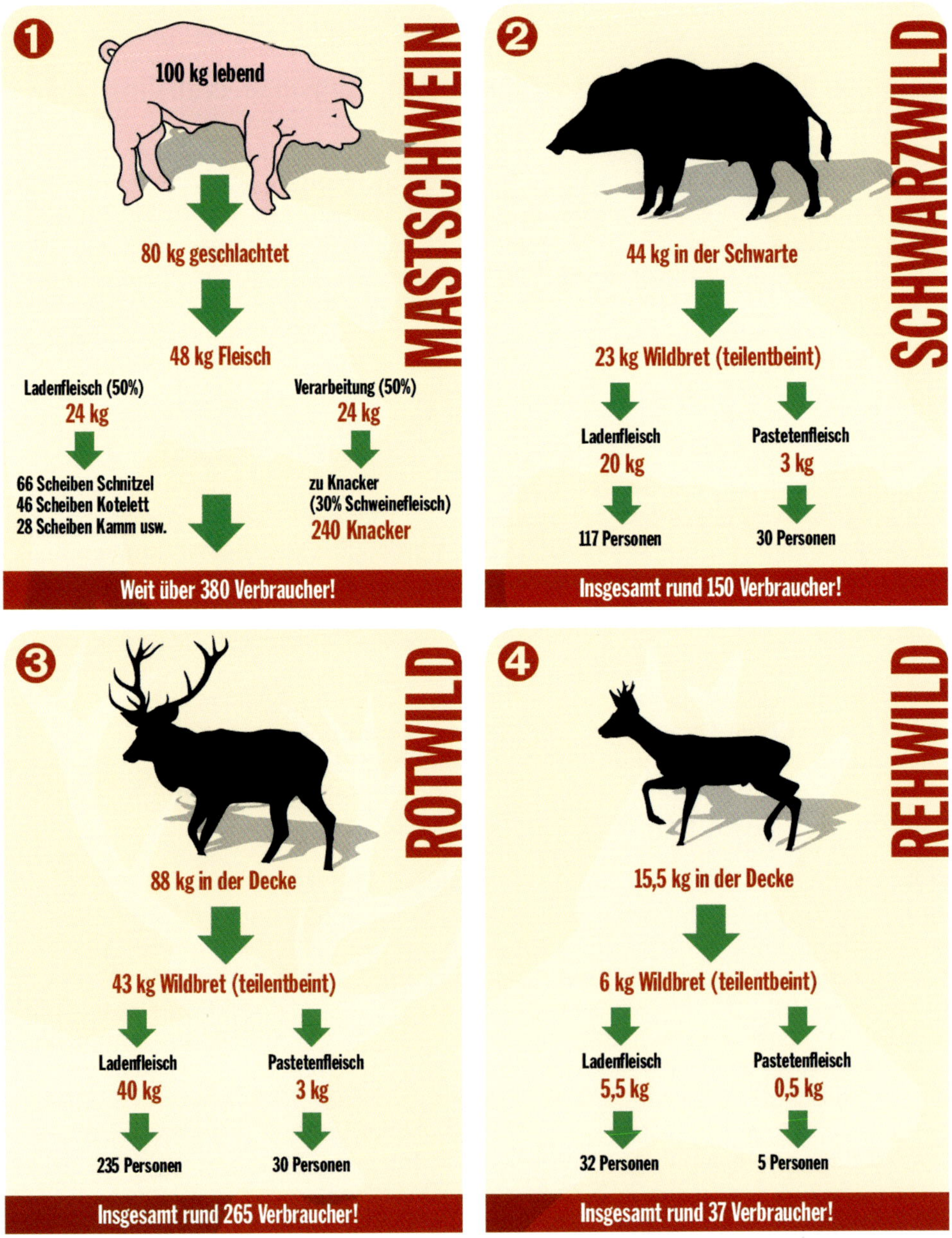

Eigenkontrolle im Wildkühlraum

Eigenkontrolle wird erfahrungsgemäß in der Praxis nur dann effektiv betrieben, wenn sich der Kontrollaufwand in vernünftigen Grenzen hält. Das bedeutet, dass zwar alle für die Lebensmittelsicherheit und -qualität wesentlichen Punkte erfasst werden, dass aber die Häufigkeit der „Betriebsgröße" angepasst und dass die schriftliche Dokumentation nicht unnötig kompliziert gestaltet wird. Wie in anderen Bereichen der Lebensmittelerzeugung haben sich einfache Checklisten bewährt. Diese Listen enthalten dabei folgende Punkte:

- Allgemeine Angaben (wo befindet sich der Kühlraum, wer führt die Überprüfung wann durch)
- Bauliche Voraussetzungen, Ausstattung, Sauberkeit, Temperaturanforderungen (betrifft den Vorraum zum Kühlraum und den Kühlraum selbst)
- Zustand der ev. im Kühlraum befindlichen Wildkörper (Verschmutzungen, Bescheinigung Wildkörper, Wildbret-Anhänger ...)
- Schädlingsbekämpfung, Umgang mit Abfällen
- Dokumentation (Wareneingang und -ausgang)

Zu jedem Punkt werden dabei die wesentlichen Anforderungen aufgelistet und es wird nur vermerkt, ob die Anforderung erfüllt wird oder nicht (wenn nicht, dann ist später nachzutragen, wann der Missstand behoben wurde).

Muster einer Checkliste (aus dem Buch „Wildbret-Direktvermarktung")

CHECKLISTE

Kühlraum

Ein und derselbe Kühlraum kann für die **gemeinsame** Lagerung von frischem Fleisch und Fleischerzeugnissen unter folgenden Voraussetzungen genutzt werden:

- Frisches Fleisch und Fleischerzeugnisse dürfen nur abgetrennt voneinander im Kühlraum gelagert werden, es sei denn, das frische Fleisch oder die Fleischerzeugnisse sind durch eine Umhüllung oder Verpackung (kein Karton) geschützt.
- Wildkörper, die abgekühlt werden, dürfen nicht gemeinsam mit Fleischerzeugnissen gelagert werden, es sei denn, die Fleischerzeugnisse sind durch eine luftdichte Umhüllung oder Verpackung (z. B. wasserdampfundurchlässige Wursthülle, Vakuumverpackung u. dgl.) geschützt.

⇨ **Größe:** ausreichend (Tierkörper haben zu anderen Tierkörpern und zur Wand keinen Kontakt; Höhe so, dass zumindest Oberläufe, Rumpf bzw. Träger keinen Bodenkontakt haben)

○ erfüllt .... behoben am: ....

Ablauf der Wildbretuntersuchung; Zusammenfassung

Die Sicherstellung der Lebensmittelsicherheit von Wildbret ist eine gemeinsame Aufgabe der Jäger und der kundigen Personen. In der Zeitspanne nach der Wildfleischuntersuchung bis zur Weitergabe der Wildstücke bzw. des Wildbrets ist primär der Jäger als Lebensmittelunternehmer verantwortlich. Zusammenfassend werden nochmals die wesentlichen Punkte und Aspekte der Wildbrethygiene und der Wildfleischuntersuchung durch Jäger aufgelistet:

Lebenduntersuchung beim Ansprechen

Beachtung der Guten Hygienepraxis
- beim Erlegen bzw. bei der Nachsuche
- beim Versorgen
- bei der Zwischenlagerung und beim Transport zur Kühleinrichtung

Untersuchung nach dem Erlegen und beim Versorgen auf
- Auffälligkeiten
- Geruchsabweichungen
- Farbabweichungen der Muskulatur
- Parasitenbefall
- Verunreinigungen

Untersuchung im Zusammenhang mit Lagerung in der Kühleinrichtung und Transport von dieser weg
- Verunreinigungen
- Beschlagen von Fleisch
- Fäulnis, Schimmelbefall
- Stickigkeit (stickige Reifung durch Verhitzen)
- Geruchsabweichungen
- Wässrigkeit
- Farbabweichungen
- Schädlingsbefall

Wildkrankheiten

Kapitelinhalt:

- **Ursachen von Wildkrankheiten**
- **Virale Krankheiten** ■ **Bakterielle Krankheiten**
- **Parasitäre Krankheiten** ■ **Pilzerkrankungen**
- **Prionen** ■ **Vergiftungen** ■ **Geschwülste (Tumore)**
- **Übersichtstabellen Wildkrankheiten**
- **Gegenmaßnahmen setzen: Ja oder Nein?**
- **Grundregeln der Seuchenhygiene, jagdbezogen**

Krankheiten sind Störungen der normalen Funktionen des Körpers oder seiner Organe und Organsysteme. Die Abweichungen können derart schwerwiegend sein, dass der Tod des Tieres eintritt. Bei frei lebenden Wildtieren ist es durchaus normal, dass bei genauerer Untersuchung die eine oder andere krankhafte Veränderung entdeckt wird. So treten bei Schalenwild beinahe immer Eingeweideparasiten oder Lungenwürmer auf. Von Krankheit im eigentlichen Sinn spricht man aber erst, wenn die Anpassungsgrenze des Organismus an seine Umwelt überschritten wurde und krankheitsauslösende Faktoren, die fortdauernd auf den Organismus einwirken, die Oberhand gewinnen.

Erkrankungen können sich durch verändertes Verhalten, durch geringere Leistungsfähigkeit und durch veränderte Beschaffenheit der Gewebe und Organe äußern. Sichtbare Hinweise auf Erkrankungen sind am lebenden Wildtier oft erst sehr spät erkennbar und manchmal ist dann der Verlauf schon sehr weit fortgeschritten. Bei frei lebenden Wildtieren muss stets auch die Jahreszeit und die Gegend bei der Beurteilung des körperlichen Zustandes mitberücksichtigt werden: abgemagertes Wild ist im Frühjahr im Gebirge nicht unbedingt „krank"! Die Grenze zur Krankheit ist oft fließend.

Nicht jede Krankheit muss zwangsläufig ihre besondere Ursache haben. Der Ausbruch erfolgt manchmal erst beim Zusammenwirken mehrerer Faktoren (z. B. Parasitenbefall, Nahrungsmangel, Rangordnungskämpfe, Territorialkämpfe). In diesem Fall handelt es sich um sogenannte Faktorenkrankheiten. Bei diesen Krankheiten sind Hilfsfaktoren für die Entstehung bzw. für die Intensität der Symptome mitverantwortlich. Dazu gehören die Konstitution, die Kondition und die erhöhte Disposition (Neigung). Gerade die Disposition für eine bestimmte Erkrankung spielt bei frei lebenden Wildtieren eine sehr große Rolle: Sie hängt stark mit den Umweltbedingungen und mit der Wilddichte zusammen und kann den Fortlauf von Seuchen beeinflussen. So gesehen sind Krankheiten Indikatoren für den Zustand der Wildpopulationen und deren Lebensräumen.

Die Voraussetzung für das Erkennen von Krankheiten bzw. von Abweichungen von der Norm ist die Kenntnis des physiologischen Zustandes, des physiologischen Verhaltens des Wildes und der Umweltbedingungen.

Bei bestimmten Krankheitserregern sind sogenannte symptomlose Träger eher die Regel als die Ausnahme. Da hier das (Wild-)Tier keine Krankheitszeichen zeigt, ist die Befolgung allgemeiner Hygieneregeln immer wichtig. Weil sich solche Erreger am ehesten im Darmtrakt bzw. der Losung, den Mandeln und Darmlymphknoten finden, ist die Verschmutzung der Fleischoberflächen mit Losung zu vermeiden (Trefferlage, Ausweidetechnik). Die Kühlung verhindert dann in weiterer Folge die Vermehrung der meisten aus dem Darmtrakt stammenden bakteriellen Krankheitserreger. Ein gutes Basiswissen über die wichtigsten Wildkrankheiten ist für den Jäger, ganz besonders aber für die kundige Person die Grundvoraussetzung, um eine korrekte und verantwortungsbewusste Untersuchung des Wildes bzw. des Wildbrets durchführen zu können.
Nur mithilfe dieses Wissens kann eine klare Trennlinie zwischen der Kompetenz der kundigen Person und jener des amtlichen Tierarztes gezogen werden, denn nach dem Gesetz ist die Beurteilung des Wildbrets von amtlichen Tierärzten vorzunehmen, wenn die Besichtigung durch die kundigen Personen Anlass zu Bedenken gegen das Fleisch ergibt (und der Verfügungsberechtigte sich nicht für das Entsorgen des Stückes entschieden hat).
Ausschließungsgründe von der Verwendung als Lebensmittel sind jedenfalls dann gegeben, wenn die Tiere an einer Allgemeinerkrankung, wie Septikämie, Pyämie, Toxämie oder Virämie, leiden (siehe auch Kapitel „Untersuchung beim Aufbrechen“, Seite 133). Haben jedoch Tiere eine Virämie (z. B. bei Schweinepest oder Aujeszky'scher Krankheit) vollständig überstanden und zeigen keinerlei Auffälligkeiten (im Sinne des Lebensmittelrechts) mehr, so ist deren Fleisch wieder genusstauglich. Das heißt im Klartext, wenn z. B. bei einer Routineuntersuchung bei einem völlig gesund erscheinenden Wildschwein Antikörper gegen Aujeszky'sche Krankheit gefunden werden (Befund: AK-Positiv), bedeutet dies lediglich, dass dieses Tier irgendwann in der Vergangenheit mit dem entsprechenden Virus infiziert war, die Infektion jedoch gut überstanden hat. Das Fleisch ist daher selbstverständlich genusstauglich! Sollte jedoch der geringste Verdacht bestehen, dass das Wildschwein noch Virusausscheider sein könnte, ist es als Lebensmittel nicht geeignet und es ist jeglicher Kontakt mit (Jagd-)Hunden sicherheitshalber zu vermeiden. Das Österreichische Tierseuchengesetz (RGBl. Nr. 177/1909 i. d. g. F.) bezieht sich prinzipiell nur auf Haustiere (sowie auf Tiere, die wie Haustiere oder in Tiergärten oder in ähnlicher Weise gehalten werden). Es ermöglicht aber erforderlichenfalls, jederzeit entsprechende Verordnungen auch für Wildtiere zu erlassen. Aufgrund besonderer Rechtsvorschriften besteht auch derzeit bei Wildtieren für Klassische und Afrikanische Schweinepest, Tollwut, Maul- und Klauenseuche, für Tuberkulose beim Rotwild sowie beim Auffinden von verendeten Wasser- und Greifvögeln bereits Anzeigepflicht.
Durch Einwanderung von Tierarten, Klimaänderungen und andere Faktoren kann es zur Verschleppung von Krankheitserregern in neue Gebiete kommen. Dabei spielen z.T. auch Insekten als Überträger („Vektoren“) eine Rolle. Die Bedeutung solcher „vektorübertragenen Krankheiten“ wird in Zukunft zunehmen.

> ❗ *Jeder, der Verdacht auf das Vorliegen einer anzeigepflichtigen Tierseuche hat, ist verpflichtet, dies baldmöglichst der Bezirksverwaltungsbehörde, dem Bürgermeister bzw. der Polizei zu melden. Wird ein Tierarzt beigezogen, so geht die Anzeigepflicht auf diesen über.*
>
> ❗ *Einzelne Krankheiten der Wildtiere sind auch auf den Menschen übertragbar. Diese werden Zoonosen genannt.*

Ursachen von Wildkrankheiten

Infektiöse Ursachen

Viren sind kleinste organische Strukturen, die in Zellen leben, sich nur in Wirtszellen vermehren und teils tierartspezifisch (wie z. B. Schweinepest), teils zellartspezifisch (z. B. Tollwut) sind.
Bakterien sind einzellige Mikroorganismen unterschiedlicher Größe (typischerweise <1/100 mm) und Form. Sie vermehren sich durch Zweiteilung. Anders als Körperzellen haben sie keinen Zellkern (d. h. das Chromosom liegt als Träger der Erbinformation frei im Zellplasma), aber meist eine stabile Zellwand.
Parasiten sind ein- oder mehrzellige Lebewesen, die auf Kosten anderer, meist wesentlich größerer Lebewesen schmarotzen. Man unterscheidet zwischen den auf der Körperoberfläche parasitierenden Ektoparasiten und den in den Körperhöhlen und Innenorganen lebenden Endoparasiten.
Pilze sind eukaryotische Lebewesen (neben Tieren und Pflanzen). Im Gegensatz zu kernlosen Bakterien besitzen sie einen Zellkern, in dem die Erbinformation auf Chromosomen gespeichert ist. Sie ernähren sich von organischen Substanzen, einige schädigen teilweise direkt an der Körperstelle, an der sie leben, oder – etwa mit dem Futter aufgenommen – durch ihre Giftstoffe, die Mykotoxine.
Prionen (von engl. proteinaceous infectious particle) sind Proteine, die im menschlichen oder tierischen Organismus sowohl in normalen, aber auch abnormalen und dann krankmachenden Strukturen vorliegen können. Die pathogenen Prionen sind mit großer Wahrscheinlichkeit für Fälle von Creutzfeldt-Jakob-Krankheit beim Menschen, BSE („Rinderwahnsinn") beim Rind oder Scrapie bei Schafen verantwortlich. Die Krankheiten werden unter dem Überbegriff TSE (transmissible spongiforme Enzephalopathien) zusammengefasst. Auch die bei Cerviden in Nordamerika und in Nordeuropa vorkommende Chronic Wasting Disease (CWD) wird diesem Krankheitskomplex zugerechnet.

Wichtige nicht infektiöse Ursachen

Vergiftungen kommen hauptsächlich durch Aufnahme verdorbenen Futters (z. B. Silage) oder Wassers zustande. Bei zu geringer Wasseraufnahme ist auch eine Kochsalzvergiftung möglich. Insbesondere wenn dann reichlich Wasser aufgenommen wird, kann es zu Störungen im Nervensystem und damit des Verhaltens kommen. Bei Vergiftungen ist weiters an Giftpflanzen, Handelsdünger, Saatbeizmittel, Schädlingsbekämpfungsmittel usw. zu denken.

Geschwülste (Tumore) entstehen durch unkontrolliertes Wachstum einzelner Körpergewebe. Nach der Art ihres Wachstums und der Neigung zu Tochtergeschwülsten werden sie in gutartige oder bösartige Tumore unterteilt. Je nach Lokalisation und Größe der Umfangsvermehrung wird der Gesundheitszustand mehr oder weniger beeinflusst. Geschwulstbildung kann auch viral bedingt sein (Papillome siehe auch Seite 160).

Verletzungen können unterschiedlichster Natur sein. Alte, bereits abgeheilte Verletzungen sind hinsichtlich der Verwendbarkeit des Tierkörpers als Lebensmittel anders zu beurteilen als frische, infizierte Wunden.

Missbildungen sind angeborene oder erworbene Fehlbildungen von Organen (z. B. durch Verletzungen, Infektionen usw.).

Virale Krankheiten

Schweinepest

Die Schweinepest ist eine hoch ansteckende, akut oder chronisch verlaufende Virusseuche, die Haus- und Wildschweine befallen kann. Andere Tierarten oder der Mensch sind dadurch nicht gefährdet. Der Erreger tritt in verschiedenen Virustypen auf. Die Schweinepest ist in vielen Ländern verbreitet und fordert bei der akuten Verlaufsform eine hohe Todesrate. Das Virus wird hauptsächlich durch virusausscheidende Schweine, die bereits einen Tag nach der Ansteckung das Virus mit dem Speichel und Augensekret, später auch massiv mit Harn und Losung ausscheiden, übertragen. Eine Verbreitung kann auch durch virushaltige Schlacht- und Speiseabfälle erfolgen. Als Vorbeugungsmaßnahme ist daher die Verfütterung von Schlacht- und Speiseabfällen nach EG-Bestimmungen verboten. Man unterscheidet prinzipiell zwischen der **Afrikanischen Schweinepest,** die 1957 erstmals in Europa (Portugal) nachgewiesen wurde, und der **Europäischen Schweinepest**.

Ausbrüche der Europäischen Schweinepest bei Wildschweinen gab es z.B. in Niederösterreich – und zwar 1995, 1996 und 2000. Diese Ausbrüche konnten aufgrund erfolgreicher Bekämpfungsmaßnahmen, an denen die Jäger maßgeblich beteiligt waren, rasch besiegt werden. Es gibt allerdings Gebiete (z.B. in Deutschland), in denen dies nicht so leicht möglich ist. Hatte man bei der Europäischen Schweinepest häufig mit der akuten Verlaufsform zu tun, so zeigt sich heute durch eine Anpassung der Schweine an das Virus meist das Bild der chronischen Form. Das Virus ist bei tiefen Temperaturen sehr stabil. Im tiefgefrorenen Fleisch überlebt es 2 Jahre, in Maissilage 9 Monate, in Geselchtem, Rohwurst und Rohschinken etwa 6 Monate und in Fallwild kann es bis zu 14 Tage infektiös bleiben. Es ist aber nicht sehr hitzebeständig (Inaktivierung bei +56 °C in 60 Minuten).

Punktförmige Blutungen am Herz

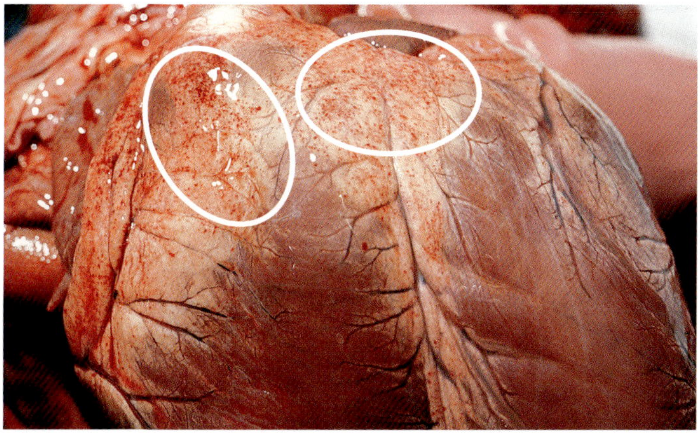

Seit 2014 werden in der EU Fälle von Afrikanischer Schweinepest bei Haus- und Wildschweinen festgestellt. Das Krankheitsbild ist dem der Europäischen Schweinepest ähnlich, beim ersten Auftreten in einer Region sind gehäuft Todesfälle zu erwarten. Das Virus ist sehr widerstandsfähig und kann auch über Schweinefleischprodukte verschleppt werden. Das Auftreten räumlich weit entfernter Ausbruchsherde deutet auf die Rolle des Menschen bei der Virusverschleppung hin.

Krankheitsbild der Europäischen Schweinepest:
Bei der akuten Form zeigt sich hohes Fieber und damit verbunden Durchfall und Apathie. Am toten Tier sind vor allem punktförmige, stecknadelkopfgroße Blutungen typisch, die bevorzugt am Kehlkopf, an der Harnblase, an den Nieren und am Herz mehr oder weniger stark auftreten, im weiteren Verlauf stirbt auch Gewebe ab (Rachen-Mandel-Darmbereich). Verdächtig sind auf jeden Fall verminderte Fruchtbarkeit, geringe Wurfzahlen und lebensschwache Frischlinge.

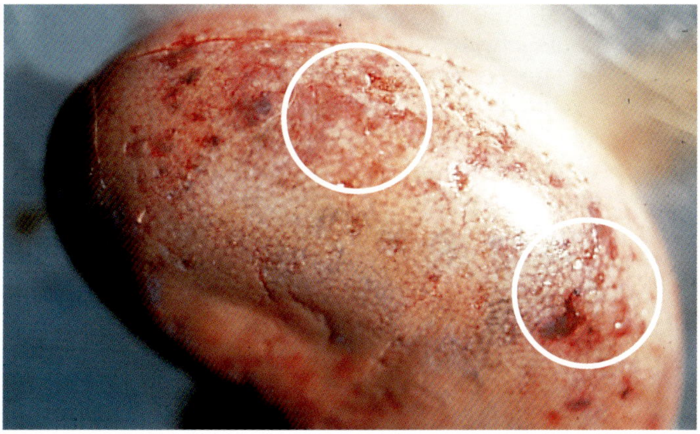

Punktförmige Blutungen in der Niere

Als vage Schätzung kann angegeben werden, dass bei der chronischen Verlaufsform nur etwa 20–30 % der Wildschweinpopulation verendet, während vor allem ältere Tiere die Krankheit überstehen und dabei eine lebenslange Immunität ausbilden. Davor sind sie allerdings mitunter längere Zeit (mehrere Wochen) Virusausscheider. Die gefährlichste Gruppe für das Seuchengeschehen und die Verbreitung der Seuche sind eindeutig die Frischlinge!
Das Verlaufsbild der Afrikanischen Schweinepest ist dem der Europäischen Schweinepest sehr ähnlich.

Die Meldung von verendetem Schwarzwild an die Behörde und die Untersuchung solcher Stücke ist eine probate Maßnahme zur Früherkennung.
Auch kann die Probenziehung bei erlegten Wildschweinen und Einsendung an amtliche Untersuchungsstellen nötig sein.
Keine Schlacht- oder Speiseabfälle und keine Schwarzwildaufbrüche für Kirrungen oder Luderplätze verwenden!

Auf Rast-, Park- oder Campingplätze im Revier achten und Abfälle bzw. Essensreste von dort entfernen und entsorgen.

Europäische und Afrikanische Schweinepest sind anzeigepflichtige Tierseuchen. Der Tierkörper ist genussuntauglich. !

Tollwut

Die Tollwut ist eine lebensbedrohliche, durch Viren ausgelöste Infektionskrankheit, die in der Regel durch den Biss eines erkrankten Tieres auf ein anderes Tier oder den Menschen (Zoonose) übertragen wird. Die typischen Symptome sind starke Schmerzen an der Biss-Stelle, Schluckstörungen, Speichelfluss, Angst und Gemütsschwankungen. Infolge zunehmender Lähmungen endet jede Erkrankung nach dem Auftreten der ersten Symptome tödlich. Durch sofort nach einem Biss eingeleitete Maßnahmen mit u. a. einer aktiven und passiven Immunisierung kann der Ausbruch jedoch meistens verhindert werden. Beruflich gefährdeten Personen wird eine vorbeugende Tollwut-Schutzimpfung empfohlen.
Die Infektion erfolgt durch virushaltigen Speichel, der bei einem Biss oder einer Hautabschürfung durch die verletzte Haut in den Körper des gebissenen Tieres oder Menschen gelangt. An der Infektionsstelle vermehren sich die Viren erst in den Muskelzellen, dann wandern sie durch die Nerven in das Gehirn, wo sich eine weitere Vermehrungsphase anschließt. Von dort aus gelangen sie in die Speicheldrüsen und in die Bauchspeicheldrüse, wo sie sich wiederum vermehren und mit dem Sekret (Speichel, Verdauungssekret, Schweiß) abgegeben werden. Bei uns finden sich diese Viren hauptsächlich in den wild lebenden Fleisch-

fressern (z. B. Füchse, Marderhunde, Marder), aber auch beim Reh. In Amerika sind es die Waschbären und Skunks, welche die Krankheit auf Hund und Katze übertragen können. Durch Hunde- und Katzenbisse kann dann auch in Ausnahmefällen eine Infektion des Menschen mit dem Virus erfolgen. Während in Europa durchschnittlich nur rund 30 Fälle pro Jahr auftreten, ist die Tollwut in Asien (China 5.000, Indien 15.000) ein weitaus größeres Problem, was auch bei Auslandsreisen beachtet werden sollte. Die Inkubationszeit beträgt durchschnittlich 1–3 Monate, in Extremfällen auch 10 Tage bis 10 Monate. Die Dauer der Inkubationszeit hängt stark von der Virusmenge und der Entfernung der Bisswunde vom Gehirn ab. Bei Kopfwunden ist mit kürzerer Inkubationszeit zu rechnen als zum Beispiel bei Verletzungen an Armen und Beinen.
Unbehandelt führt die Tollwut in allen Fällen zum Tod (Letalität 100 %), zwischen dem Auftreten der ersten Symptome und dem tödlichen Ausgang liegen max. 7 Tage.
Die Therapie muss möglichst sofort nach dem Biss durch ein tollwutverdächtiges Tier begonnen werden, nach Ausbruch der Krankheit mit den ersten Symptomen gibt es keine Therapie mehr, der tödliche Verlauf kann dann nur noch mit intensivmedizinischen Mitteln (Beatmung etc.) hinausgezögert werden.
Vorbeugung: Die Impfung ist angezeigt bei Menschen, die zum Beispiel durch ihren Beruf ein erhöhtes Risiko tragen, einen Tierbiss zu erleiden (Jäger, Abdecker, Tierärzte, Tierpfleger, Laborpersonal, ggf. Reisende nach Asien/ Afrika). Natürlich ist auch die Impfung der Jagdhunde dringend anzuraten (im grenzüberschreitenden Reiseverkehr ist sie verpflichtend).

Es besteht Infektionsgefahr für den Menschen (Zoonose).
Anzeigepflicht! Der Tierkörper ist genussuntauglich.

Lippengrind

Lippengrind ist eine Viruskrankheit, die vor allem in der kalten Jahreszeit bei Gamswild, Steinwild und eventuell auch Rotwild vorkommen kann. Sie wird durch den gleichen Erreger wie bei Schaf und Ziege hervorgerufen. Als typische Veränderungen sind auf Haut und Schleimhaut von Äser, Gaumen, Zunge, Speiseröhre, Schalen und Euter Rötungen, Geschwüre und feucht erscheinende Beläge zu sehen. An Lippen und Schalen kann es auch zu Krustenbildung kommen. In den meisten Fällen verläuft die Krankheit mild. Bei schweren Fällen kann aber die Äsungsaufnahme derart gestört sein, dass die Tiere eingehen. Für Menschen ansteckend! Nicht zu verwechseln mit Papillomen!

Es besteht Infektionsgefahr für den Menschen (Zoonose).
Der Tierkörper ist genussuntauglich.

Papillomatose

Betroffen von dieser durch Papilloma-Viren hervorgerufenen Krankheit sind vor allem Reh-, Gams- und Steinwild, aber auch Feldhasen, Wildkaninchen und andere Wildtiere. Die Erreger-Übertragung erfolgt über offene Wunden, auch über Hautparasiten.
Die typischen Krankheitserscheinungen sind Tumore von Warzen- bis Faustgröße, die bevorzugt am Kopf, Hals und Unterbauch auftreten.

Sofern die erkrankten Tiere nicht zu stark abgekommen sind, ist das Wildbret nach Beseitigung der veränderten Teile genießbar.

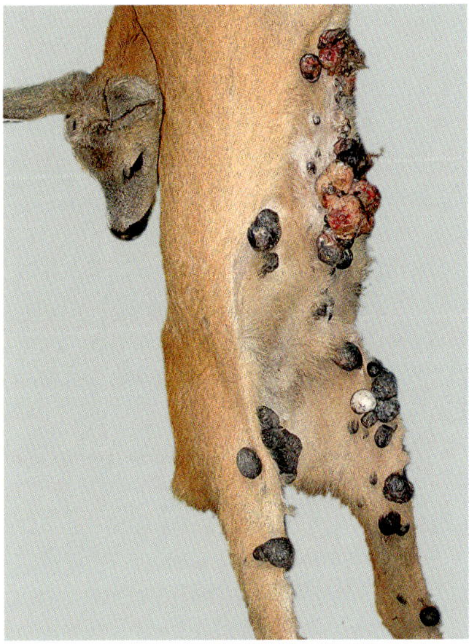

Papillome (Rehwild)

Myxomatose

Die Myxomatose ist eine sehr verlustreiche Viruskrankheit von Haus- und Wildkaninchen, die unter Umständen bei starkem Infektionsdruck auch auf Feldhasen übergreifen kann.
Der Erreger ist ein Virus aus der Familie der Poxviridae, nahe verwandt mit dem Kaninchenfibromvirus. Es sind verschiedene Verlaufsformen bekannt. Akute Verlaufsform: Nach einer Inkubationszeit von 2–5 Tagen zeigen die Tiere eine eitrige Konjunktivitis (Lidbindehautentzündung), Blepharitis (Lidrandentzündung), Lichtempfindlichkeit mit Schwellung des Kopfes („Löwenkopf"). Überleben die Tiere länger, so treten knotige, derbe subkutane Schwellungen am ganzen Körper auf. Die Kaninchen werden rasch schwächer und sterben nach 5–7 Tagen. Der langsame Verlauf wird vor allem im Laufe eines Seuchenzuges beobachtet. Die klinischen Symptome sind schwächer ausgeprägt. Ein Teil der erkrankten Kaninchen wird gesund.
Das Virus stammt ursprünglich aus Südamerika, wurde dann via Australien, wo es zur Reduktion des Wildkaninchenbesatzes bewusst eingesetzt wurde, nach

Myxomatose (Feldhase)

Europa eingeschleppt. Der Erreger kann indirekt (über stechende Insekten, wie Mücken und Flöhe) oder direkt (über alle Sekrete) übertragen werden. Bei eng zusammenlebenden Tieren sind vor allem die direkte Ansteckung wie auch die Übertragung durch Flöhe wichtig. Saisonale Häufung im Herbst.

Der Tierkörper ist genussuntauglich.

Aujeszky'sche Krankheit (Pseudowut)

Akut verlaufende, weltweit verbreitete, fieberhafte Viruskrankheit, die vor allem beim Schwein (Hauptwirt) vorkommt. Menschen sind nicht empfänglich. Die Erkrankung äußert sich je nach Alter der Schweine in verschiedenen Formen, wobei Wildschweine meist kaum Krankheitsanzeichen zeigen. Beim Aufbrechen fallen eventuell Entzündungen des Magen-Darm-Traktes und der Lunge sowie Blutungen in den Organen auf. Wildschweine bleiben aber oft lange Zeit (bis zu 12 Monaten) latent infiziert. Bei Stress kann dann die Krankheit wieder ausbrechen. Bei anderen Säugetieren, wie Hunde, Katzen oder Wiederkäuer, die als Endwirte fungieren, verläuft die Krankheit als Infektion des Zentralnervensystems meist innerhalb weniger Tage tödlich.
Das Hauptsymptom ist starker Juckreiz, der zu entsprechenden Hautverletzungen führt. Für Fleischfresser ist die Aufnahme von Fleisch und Innereien infizierter (auch latent infizierter) Schweine die wichtigste Ansteckungsquelle. Jedenfalls ist unnötiger Hundekontakt mit Wildschweinen zu vermeiden. Das Virus kann in der Umwelt bei 25 °C bis zu 40 Tage überleben. Eine Inaktivierung des Virus erfolgt erst durch Erhitzung auf eine Temperatur von über 55 °C. Die Aujeszky'sche Krankheit ist bei Hausschweinen eine wirtschaftlich bedeutende Krankheit, da sie ein Exporthindernis darstellt.

Die Aujeszky'sche Krankheit ist nur bei Hausschweinen anzeigepflichtig. Der Tierkörper ist genusstauglich, sofern keine akute Erkrankung vorliegt. !

Hämorrhagische Erkrankung

Rabbit Hemorrhagic Disease – RHD – ist eine Virusinfektion, gleichermaßen betroffen sind Wild- und Hauskaninchen. Das Virus trat 1984 erstmalig in China auf. RHD wird direkt oder indirekt übertragen. Die Übertragung durch Insekten ist möglich. Als hämorrhagisches Fieber ist der Verlauf der menschlichen Ebola-Erkrankung ähnlich. Das Virus hat eine Inkubationszeit von 1–3 Tagen.

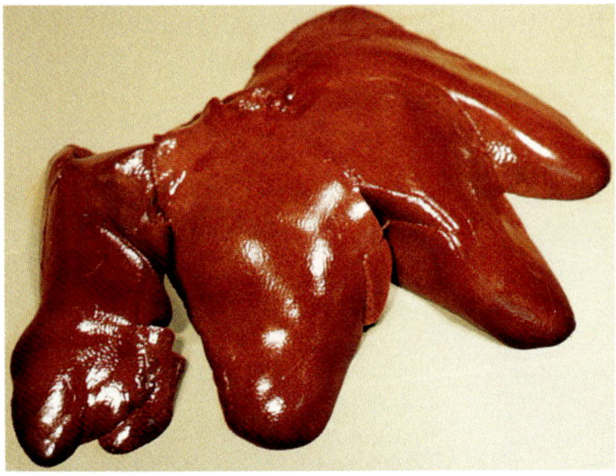

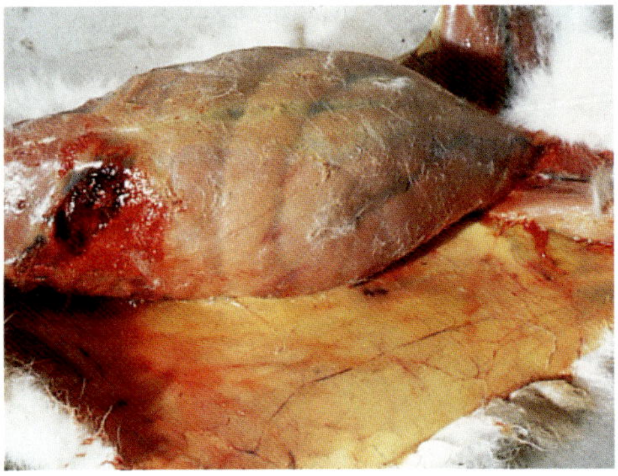

Hochgradige Leberschwellung, die Leber ist fehlfarbig, brüchig, nicht mehr scharfrandig (stumpf)

Auffällige Gelbfärbung des Unterhaut-Bindegewebes infolge Lebererkrankung

Symptome sind: Apathie, Atembeschwerden, Fieber und Blutungen aus den Atemwegen. Oft tritt erhebliche Gelbfärbung (Ikterus) infolge von Gallenstau auf. Meist verenden die Tiere unter Erstickungskrämpfen. Der Feldhase kann von einem verwandten Virus infiziert werden, das der RHD ähnliche Krankheitsbild heißt European Brown Hare Disease – EBHS.

Der Tierkörper ist genussuntauglich.

Geflügelpest

Die ***Klassische Geflügelpest*** ist eine der weltweit bedeutendsten Tierseuchen, für die vor allem Hühnervögel hoch empfindlich sind. Wildvögel (insbesondere Enten) sind in der Regel wesentlich resistenter, können aber das Virus lange beherbergen und übertragen, was besonders bei Zugvögeln immer wieder eine Gefahr der Virusverbreitung darstellt. Die Klassische Geflügelpest wurde erstmals im Jahr 1878 in Norditalien entdeckt und ging in mehreren Seuchenzügen mit unterschiedlichen Virus-Subtypen um die Welt. Bei erkrankten Tieren sind vor allem Speichel und Kot virushaltig. Menschen und andere Säugetiere können sich prinzipiell mit Geflügelpestviren anstecken und auch daran sterben. Im Jahr 2006 trat die „Klassische Geflügelpest" (auch Aviäre Influenza oder Vogelgrippe genannt) als Subtyp H5N1 gehäuft auf.

Von der Klassischen Geflügelpest zu unterscheiden ist die sogenannte ***Atypische Geflügelpest*** oder ***Newcastle-Krankheit,*** die von einem völlig anderen Virus hervorgerufen wird, im Erscheinungsbild aber sehr ähnlich ist. Sie kann besonders in Fasanerien zu hohen Verlusten führen, wobei Durchfälle und Atembeschwerden im Vordergrund stehen. Wenn man die Körperhöhle eröffnet, findet man sehr häufig diverse Schleimhautblutungen.

Es besteht Infektionsgefahr für den Menschen (Zoonose). Anzeigepflicht bei tot aufgefundenen Wasservögeln und Greifvögeln. Der Tierkörper ist genussuntauglich.

Blauzungenkrankheit (Bluetongue Disease)

Die Blauzungenkrankheit ist eine seuchenhaft auftretende Viruserkrankung *(Orbivirus),* die von Stechmücken übertragen wird und überwiegend akut verläuft. Es sind eine Reihe verschiedener Serotypen (mindestens 24) mit unterschiedlicher krankmachender Wirkung und Verbreitung bekannt. Die Blauzungenkrankheit wurde erstmals in Südafrika festgestellt, von wo aus sie mit Merinoschafen in andere Gegenden Afrikas gelangte. Danach folgten Seuchenausbrüche in arabischen, asiatischen, europäischen, nord- und südamerikanischen Ländern. 2006 trat die Krankheit erstmals auch in Europa auf und breitete sich zügig aus. Als empfänglichste Tiere gelten die Schafe, insbesondere die Lämmer. Ziegen und Rinder scheinen weniger gefährdet zu sein. Wildwiederkäuer, wie Antilopen und Hirscharten, sowie afrikanische (vielleicht auch europäische) Wildnager gelten als Virusträger, die – ebenso wie Rinder – selbst nur selten erkranken. In Europa gibt es mittlerweile mehrere nachgewiesene Infektionsfälle bei Rotwild, Rehwild und Muffelwild.
Nach einer Inkubationszeit von fünf bis zwölf Tagen treten bei der hauptsächlich betroffenen Tierart, dem Schaf, vor allem Fieber, Teilnahmslosigkeit, gerötete Mundschleimhaut, vermehrter Speichelfluss, Schaumbildung vor dem Maul, Nasenausfluss und häufig auch eine charakteristische Blaufärbung *(Zyanose)* der Zunge auf, welche ja namensgebend für diese Seuche war. Weiters kann es zu Lahmheiten kommen, hervorgerufen durch Muskel- und Klauensaumentzündung. Bei Schafen endet die Erkrankung nach etwa 10-tägigem Krankheitsverlauf oft tödlich, bei mildem Verlauf ist aber auch Heilung möglich. Bei Rindern – und wahrscheinlich auch bei heimischen Wildwiederkäuern – verläuft die Krankheit meist unauffällig und heilt auch meist wieder aus, wobei sich eine belastbare Immunität ausbildet.

Nach aktuellem Stand des Wissens besteht für Menschen keine Ansteckungsgefahr. Fleisch von gesund erscheinenden Tieren, das keinerlei Auffälligkeiten aufweist, kann daher auch in Seuchengebieten bedenkenlos verzehrt werden.

Hepatitis E

Hepatitis E ist eine virusbedingte Form der Leberentzündung des Menschen, die in Europa bislang relativ selten vorkommt. Das Hauptverbreitungsgebiet ist Asien und Afrika.

Neuere Untersuchungen des Deutschen Bundesinstituts für Risikobewertung (BfR) zeigen aber, dass durchschnittlich 15 % der erlegten Wildschweine in Deutschland das Hepatitis E-Virus tragen. Inwieweit dieses Virus direkt auf den Menschen übertragen werden kann, ist jedoch noch nicht ausreichend geklärt.

Als Vorbeuge- und Schutzmaßnahme wird daher empfohlen, beim Ausweiden, Zerlegen und Zubereiten von Wildschweinen besonders sorgfältig auf Hygiene zu achten (Einweghandschuhe bei sämtlichen Tätigkeiten), die Hände immer wieder – auch zwischendurch – zu waschen und Wildschweinfleisch gut durchzuerhitzen. Letzteres gilt auch für die Zubereitung oder Verarbeitung von Wildschweinleber.

Maul- und Klauenseuche (MKS)

Die Maul- und Klauenseuche (MKS) ist eine weltweit verbreitete, akute und hoch ansteckende Viruserkrankung *(Aphtoviren, Familie der Picornaviridae)* der Klauentiere (Rinder, Schweine, Schafe, Ziegen, Wildwiederkäuer, wie Hirsche, Rehe, Antilopen). Nur in Ausnahmefällen erkranken auch Menschen oder andere Tiere. Die Virusübertragung kann sowohl durch direkten Kontakt von Tier zu Tier als auch indirekt durch kontaminierte Gegenstände sowie durch Virusverschleppung durch Wasser, Luft oder Staub erfolgen.

Besonders bedeutsam ist die indirekte Virusübertragung durch Fleisch oder sonstige Produkte erkrankter Tiere.

Typische Anzeichen einer MKS-Erkrankung sind charakteristische Blasenbildungen (Aphten, Aphthen, Aften) und Erosionen auf Haut und Schleimhäuten. Sichtbar sind die Veränderungen vor allem auf der Schleimhaut der Maulhöhle sowie an der unbehaarten Haut in der Umgebung der Nase und der Nasenlöcher, am Gesäuge und an den Klauen (Schalen). Die Erkrankungsrate ist sehr hoch (nahezu 100 %), die Sterblichkeitsrate jedoch gering (2–5 %). Das Virus kann aber auch eine Herzmuskelentzündung (Myokarditis) hervorrufen. Das MKS-Virus ist unter natürlichen Bedingungen relativ lange infektionsfähig. Austrocknung, Kälte und hohe Salzkonzentrationen (wie zum Beispiel beim Pökeln des Fleisches) beeinflussen die Infektiosität nicht. In Produkten, die von infizierten Tieren stammen, bleibt das MKS-Virus unterschiedlich lange infektiös: in Gefrierfleisch 80 Tage, in Pökelfleisch 42 Tage.

Die MKS ist anzeigepflichtig.
Erkrankte Tiere sind genussuntauglich. **!**

Bakterielle Krankheiten

Aktinomykose (Strahlenpilzkrankheit) – Aktinobazillose

Die Aktinomykose ist eine meist chronische Infektionskrankheit, hervorgerufen durch *Actinomyces-* und *Actinobacillus*-Arten als Mischinfekt mit anderen Krankheitserregern. Actinomyces ist ein normalerweise harmloser Bewohner des Verdauungstraktes, der über Wunden ins Gewebe eindringen kann. Der Begriff Aktinomykose ist irreführend, da es sich bei dem Erreger um ein Bakterium und nicht, wie man aufgrund des Namens annehmen würde, um einen Pilz handelt.

Die Knochenaktinomykose kommt im Vergleich zur Weichteilaktinobazillose (hauptsächlich auf der Zunge, aber auch im Gesäuge bzw. der Spinne) viel häufiger vor. Vorwiegend ist Rehwild betroffen. Rotwild, Schwarzwild, Dachse und Hasen können ebenfalls daran erkranken.

Knochenaktinomykose beim Reh

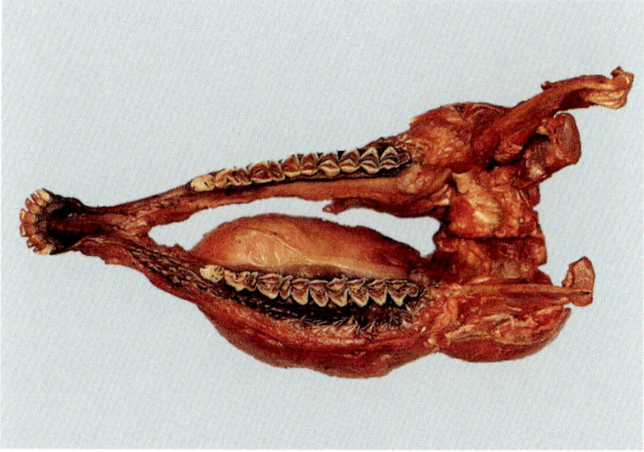

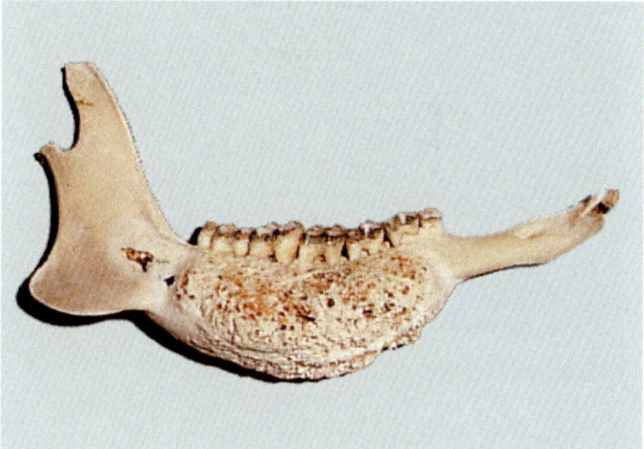

Knochenaktinomykose (Rehwild)

Die hauptsächliche Ansteckungsgefahr ergibt sich während des Zahnwechsels, wo der Krankheitskeim in die frische Wunde (bevorzugt am Unterkiefer) eintreten kann. In der Folge ergibt sich eine starke Auftreibung der Knochen.

Wenn keine starke Abmagerung besteht, ist der Tierkörper nach Entfernung der veränderten Teile genusstauglich.

Brucellose

Erreger: *Brucella suis, B. abortus, B. melitensis*
Die Brucellose ist eine Zoonose, deren charakteristisches Bild das seuchenhafte Verwerfen (Abortus) ist. Bei männlichen Tieren steht die Hodenentzündung im Vordergrund. Es gibt mehrere Arten von Brucellose, die aber hauptsächlich bei den Haustieren (Rinder, Schafe, Ziegen und Schweine) und beim Menschen Bedeutung haben.

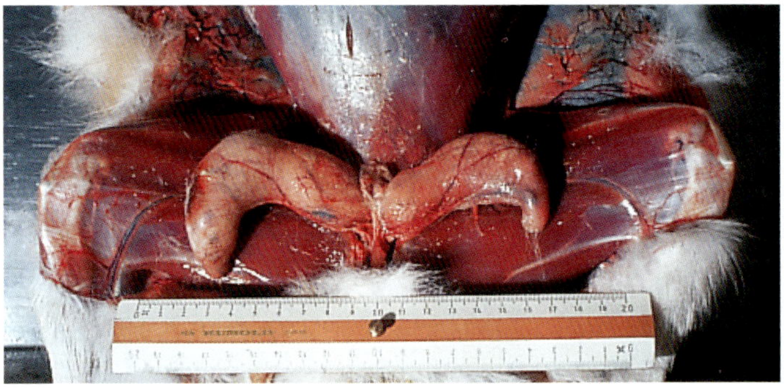

Stark vergrößerte Hoden (Brucellose beim Feldhasen)

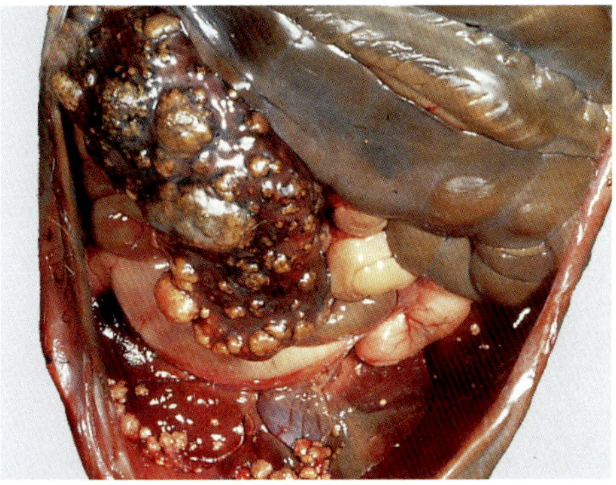

Verkäste Herde in den Organen

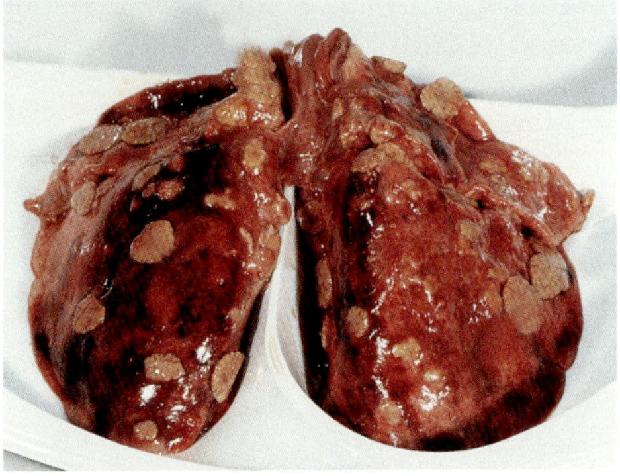

Verkäste Herde in der Lunge

Bei den Wildtieren sind vor allem Feldhasen betroffen, damit ist immer wieder auch eine Gefahr für den Menschen gegeben.
Bei der Häsin treten Rötungen, Schwellungen und Abszesse in Scheide, Gebärmutter und Eierstöcken auf. Verkäste Herde finden sich in der Leber, der Lunge, den Nieren und den Lymphknoten, beim Rammler auch in den Hoden. Bei Wildschweinen sind häufig Gelenksentzündungen festzustellen.

Es besteht Infektionsgefahr für den Menschen (Zoonose).
Anzeigepflicht! Der Tierkörper ist genussuntauglich.

Tuberkulose

Die Tuberkulose (TBC) ist eine chronische, durch bestimmte Mykobakterien (Erreger des Mykobacterium-tuberculosis-Komplexes) hervorgerufene Infektionskrankheit von Mensch und Tier, die sowohl bei den Haustieren als auch bei allen Arten des Haarwildes auftreten kann. Auf dem europäischen Kontinent wird die TBC vor allem bei Rot- und Schwarzwild festgestellt, da beide Wildarten eine hohe Empfänglichkeit für den Erreger aufweisen und eine Übertragung der Krankheit aufgrund des Rudelverhaltens der Tiere sehr leicht stattfinden kann. Beim Federwild wird ein der TBC ähnliches Krankheitsbild beobachtet, welches ebenfalls durch bestimmte Mykobakterien (Erreger des Mycobacterium-avium-Komplexes) verursacht, jedoch im Gegensatz zum Fachausdruck „Tuberkulose" als „Mykobakteriose" bezeichnet wird. Bei Tieren in freier Wildbahn werden Infektionen mit Mykobakterien selten beobachtet, hingegen können sie in Gatterhaltung, besonders bei Rot- und Damwildfarmen, zu großen Problemen führen. Infektionsquellen für das Wild können weidende Haustiere sein, welche den Erreger ausscheiden. Erkranktes Wild ist jedoch umgekehrt häufig auch die Ursache für Neuinfektionen von nachweislich tuberkulosefreien Viehbeständen. In England sind beispielsweise tuberkulöse Dachse hauptverantwortlich für Infektion und Aufrechterhaltung der TBC beim Weidevieh. Der Erreger wird über Einatmung oder mittels Nahrung aufgenommen. Im Körper kommt es an der Eintrittspforte der Erreger (meist Lunge oder Darm) zu einer tuberkulösen Entzündungsreaktion des betroffenen Organs und des dazugehörenden Lymphknotens. Diese entzündlichen Veränderungen sind häufig weißlichgelbe, trockene oder bröckelige, manchmal auch verkäsende Herde. In weiterer Folge können auch verschiedene andere Organsysteme im Körper an TBC erkranken. Vereinzelt wer-

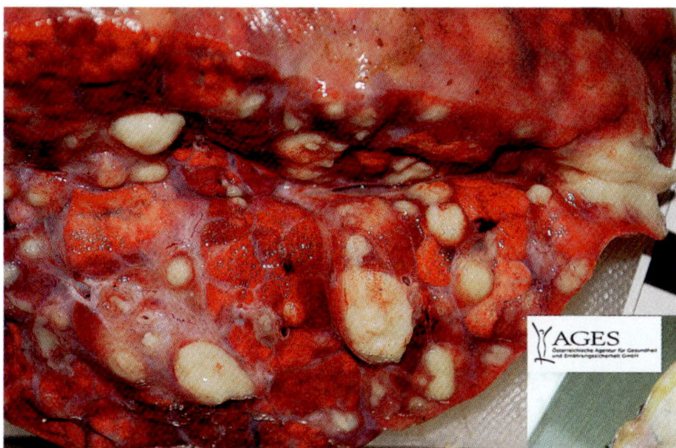

Tuberkulose: eitrig-nekrotische Gewebeeinschmelzungen in der Lunge (Rotwild)

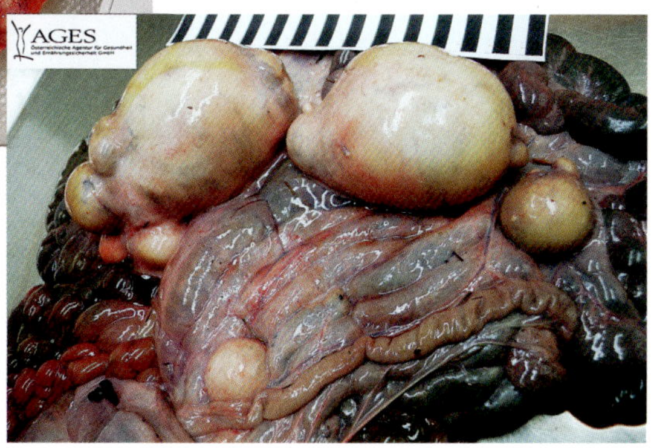

Tuberkulose: hochgradig vergrößerte Darmlymphknoten (Rotwild)

den sogar unzählige Knötchen (sogenannte Tuberkel) an Brust- und Bauchfell im Aussehen von kleinen Perlen (sogenannte Perlsucht) gefunden.
Eine besondere Form der TBC wird beim Rotwild beobachtet. Bei erkrankten Tieren sind häufig die tuberkulös entzündeten Lymphknoten im Kopf- und Halsbereich sowie der Lunge und des Darms hochgradig vergrößert (Durchmesser bis zu mehreren Zentimetern) und mit eitrigen Substanzen gefüllt, was zu Verwechslungen mit eitrigen Abszessen führen kann.
Beim lebenden Wildtier ist die TBC nur selten mit Sicherheit zu erkennen. Als chronisch verlaufende Krankheit führt sie im fortgeschrittenen Stadium zu Abmagerung und Schwäche. Erst beim Aufbrechen bzw. Untersuchen des verendeten oder als krank angesprochenen und erlegten Tieres wird aufgrund der meist typischen Organveränderungen der Verdacht einer TBC ausgesprochen sowie in weiterer Folge Organmaterial zur Untersuchung eingesandt.
Die Bestätigung und Diagnose der TBC erfolgt in speziellen Untersuchungslabors durch den Erregernachweis. In Österreich ist die TBC bei Rindern und Ziegen, seit 2011 auch bei Rotwild, eine anzeigepflichtige Zoonose. Aufgrund intensiver jahrelanger Überwachung und Bekämpfung gilt Österreich heute als frei von Rindertuberkulose. Bei unseren heimischen Wildtieren traten in den letzten Jahrzehnten kaum tuberkulöse Erkrankungen auf. Seit dem Jahr 1999 wurden jedoch Fälle von TBC bei Rotwild aus freier Wildbahn teilweise sporadisch, teilweise regional gehäuft in einzelnen Jagdgebieten in Tirol und Vorarlberg nachgewiesen. – Beim Rotwild werden auch vereinzelt Infektionen mit jenem Erreger beobachtet, welcher vor allem beim Federwild für das Krankheitsbild der Mykobakteriose verantwortlich ist. Hierbei erfolgt die Infektion mit dem Erreger fast immer über die Nahrung, sodass die Veränderungen meist im Darm und in den Darmlymphknoten gefunden werden. Diese Lymphknoten, welche sich im Darmkonvolut zwischen den Darmschlingen im Gekröse befinden, sind hochgradig vergrößert (Durchmesser bis zu 10 cm und mehr), und im Anschnitt erkennt man schmierig-käsiges, gelbbraunes Entzündungsmaterial. Die Bakterien dieser Mykobakteriose kommen überall in der gesamten Umwelt vor, meist jedoch ist der Kot von erkrankten Vögeln Ansteckungsquelle für andere Tiere.

Es besteht Infektionsgefahr für den Menschen (Zoonose).
Anzeigepflicht bei Rind (Ziege) und Rotwild.
Der Tierkörper ist genussuntauglich.

Paratuberkulose

Die Paratuberkulose ist eine weltweit verbreitete, ansteckende, chronische Darmerkrankung der Wiederkäuer, hervorgerufen durch *Mycobacterium avium* subsp. *paratuberculosis*. Von Paratuberkulose können neben Haus- und Wildwiederkäuern auch eine Reihe von anderen Tierarten befallen werden, die in der

Regel jedoch nicht klinisch erkranken, sondern lediglich als asymptomatische Ausscheider auftreten. Wildtiere können nicht nur von Hauswiederkäuern mit Paratuberkulose infiziert werden, sondern tragen offensichtlich selbst zur Verbreitung des Erregers bei. Der Erreger wird über Kot, Milch und Sperma ausgeschieden, wobei die massive Ausscheidung über Kot erkrankter Tiere für die Verbreitung der Paratuberkulose die bedeutendste Rolle spielt. Die Infektion der Tiere erfolgt vor allem durch Aufnahme von erregerhaltigem Futter, Trinkwasser oder kontaminierter Milch. In der Darmschleimhaut führen Ansiedlung und Vermehrung der Bakterien zu einer chronischen Darmentzündung, welche mit unstillbarem, therapieresistentem Durchfall verläuft. Seit dem Jahr 2002 wurde eine Häufung von Paratuberkulosefällen bei Rot-, Reh-, Gams- und Muffelwild in der Steiermark bemerkt. Erkranktes Wild ist stark abgekommen und zeigt meist Durchfall, Vergrößerung der Mesenteriallymphknoten sowie Leber- und Lungenveränderungen. Manchmal zeigen sich die Tiere aber auch symptomlos, sind aber dennoch Bakterienausscheider.

Der Tierkörper ist genussuntauglich.

Pseudotuberkulose

Der Begriff Pseudotuberkulose wird wegen der tuberkuloseähnlichen Organveränderungen einerseits für die durch das *Corynebacterium pseudotuberculosis* hervorgerufene Pseudotuberkulose der Schafe und Ziegen verwendet, an der auch Wildwiederkäuer erkranken können, andererseits für die durch *Yersinia pseudotuberculosis* hervorgerufene „Nagerseuche“ oder Rodentiose.

Erreger: *Yersinia pseudotuberculosis*

Diese auch Nagerseuche – Rodentiose – genannte Krankheit ist bei Hasen und Wildkaninchen weit verbreitet. Gelegentlich können Schafe, Geflügel, aber auch der Mensch daran erkranken. – Das Erkennen dieser Krankheit ist für den erfahrenen Jäger nicht schwierig, da charakteristische, kleine gelbe Eiterherde in der Leber (manchmal auch in der Lunge und in den Knochen) zu finden sind. Gleichzeitig ist fast immer eine hochgradige Schwellung der Milz vorhanden.

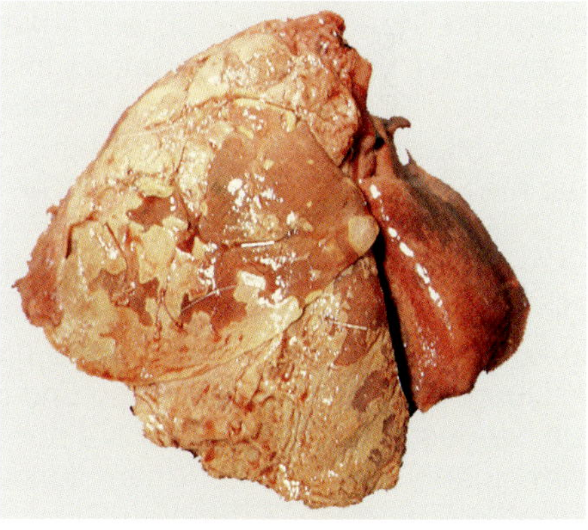

Eiterherde in der Lunge (Feldhase)

Gefahr für den Menschen gering, der Tierkörper ist genussuntauglich.

Pasteurellose oder Hasenseuche

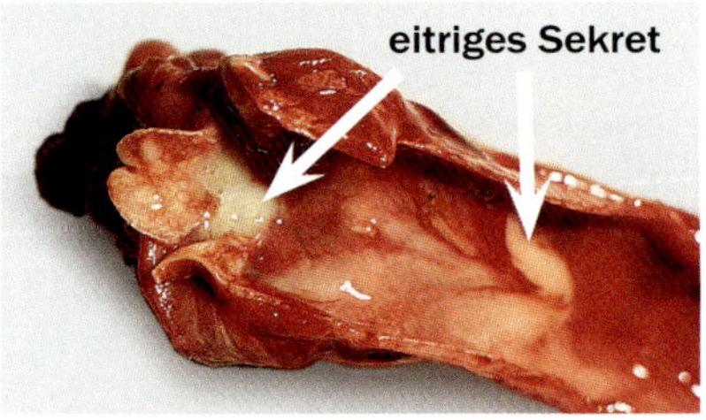

Aufgeschnittene Luftröhre eines an Pasteurellose erkrankten Feldhasen

Erreger: *Pasteurella multocida*
Sie tritt vor allem bei Hasen und Kaninchen auf, kann aber gelegentlich auch bei Fasanen, Rebhühnern (als Geflügelcholera) und dem Menschen vorkommen. Jegliche Resistenzminderung (Parasitenbefall, nasse Witterung usw.) begünstigt den Ausbruch der Krankheit. Neben der seltener vorkommenden chronischen Form, bei der eitrige Bronchitis mit zähem, gelblich-weißem Eiter in der Nasenhöhle besonders auffällt, herrscht die akute Form mit septikämischem Verlauf (Blutvergiftung) vor. Dabei fallen Milz- und Leberschwellung sowie punktförmige Blutungen an den Schleimhäuten auf. Eine hochgradige Rötung der Luftröhre ist ein Leitsymptom.

Es besteht Infektionsgefahr für den Menschen (Zoonose).
Der Tierkörper ist genussuntauglich. **!**

Rotlauf

Der Rotlauf ist eine weltweit verbreitete, bakterielle Infektionskrankheit *(Erreger: Erysipelothrix rhusiopathiae),* die vor allem bei Hausschweinen vorkommt. Es können aber auch verschiedene andere Haussäugetiere, Geflügel, Fische, Reptilien und Menschen daran erkranken. Fälle bei Wildtieren werden sehr selten beobachtet. Rotlauf kann unterschiedlich rasch (perakut, akut und chronisch) verlaufen. Typisch für Schweinerotlauf sind – je nach Verlaufsform – entzündliche, blaurote, eher rechteckige, erhabene Hautveränderungen, die sogenannten „Backsteinblattern". Bei an Rotlauf erkrankten Wildtieren fallen beim Ausweiden blutige Magen-Darm-Entzündungen sowie Herzmuskel- und Nierenentzündungen auf. Weiters ist die Milz meist hochgradig geschwollen.
Die Inkubationszeit, also die Zeit zwischen Ansteckung und Ausbruch der Erkrankung, liegt zwischen einer Stunde und vier Tagen. Die Rotlaufbakterien werden in Dung, Jauche, Wasser, Stroh und in der Erde gefunden. Außerdem findet man sie bei gesunden Schweinen auf den Mandeln und im Darm. Sie sind sehr widerstandsfähig und können unter günstigen Bedingungen in der Umwelt mehrere Monate überleben. Erkrankte Schweine scheiden die Bakterien schon vor dem Ausbruch der Krankheit massenhaft mit dem Kot und Harn aus. Auch stechende und saugende Insekten können den Rotlauferreger übertragen.

Erkrankte Tiere sind genussuntauglich.

Tularämie

Die Tularämie ist eine Erkrankung, die sowohl Tiere als auch Menschen betreffen kann. Sie wird auch als Hasenpest oder Nagerpest bezeichnet, was bereits auf eine besondere Empfindlichkeit dieser Tierart hinweist. Nicht zu verwechseln ist die Tularämie mit der Hasenseuche (Pasteurellose) oder der Nagerseuche (Pseudotuberkulose).

Die Tularämie tritt in Nordamerika, Asien und Europa auf. In Deutschland wurden beispielsweise in den letzten Jahren 2 bis 10 Fälle pro Jahr beim Menschen gemeldet – eine hohe Dunkelziffer ist jedoch wahrscheinlich. Außer beim Feldhasen und beim Wildkaninchen kommt die Tularämie bei zahlreichen anderen wild lebenden Nagetieren vor, z. B. bei Eichhörnchen, Hamster, Biber, Ratte und Bisam. Von den Nagern kann die Krankheit auf Fuchs, Wiesel, Igel und andere Arten übergreifen. Auch Rehwild, Vögel und Haustiere, wie Rind, Schaf und Schwein sowie Hund, Katze und auch Frettchen, sind für Tularämie empfänglich. Bis heute sind rund 70 Wirbeltierarten als infizierbar bekannt.

Der Erreger der Tularämie ist *Francisella tularensis*, ein sehr kleines, stäbchenförmiges Bakterium. Schon wenige Keime genügen, um eine Infektion auszulösen. Der Erreger wird bei Temperaturen über 60 °C abgetötet, er ist jedoch kälteresistent. Aber auch in Oberflächen- oder Brunnenwasser sowie besonders in Kadavern kann er lange infektiös bleiben, da er sogar gegen Austrocknung resistent ist. In tiefgekühltem Wildbret bleiben Tularämiebakterien wochenlang ansteckungsfähig. Durch die üblichen Desinfektionsmittel werden sie allerdings rasch vernichtet.

So verschieden wie das Infektionsspektrum ist bei der Tularämie auch die Palette der Übertragungsmöglichkeiten: Der Erreger ist in den Organen und im Blut und damit auch im Wildbret der kranken Tiere enthalten und gelangt mit deren Sekreten und Ausscheidungen, insbesondere mit dem Kot, an die Außenwelt. Die Ansteckung erfolgt durch direkten Kontakt von Tier zu Tier und durch das Auffressen gerissener, kranker Tiere durch Beutegreifer und Aasfresser, aber auch über Wasser, Futter und Staub. Die Übertragung kann auch indirekt durch blutsaugende Ektoparasiten erfolgen, so durch Stechmücken, Zecken, Läuse und Flöhe. Mit einer Übertragung von Mensch zu Mensch ist praktisch nicht zu rechnen.

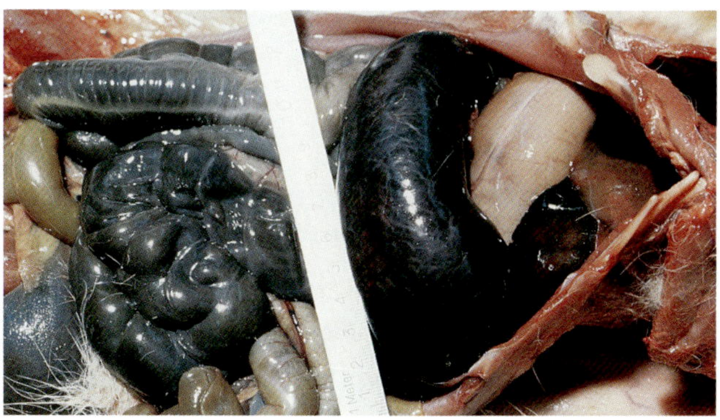

Charakteristisch für Tularämie ist eine hochgradige Milzschwellung (Milztumor)

Für den Menschen bestehen Infektionsmöglichkeiten durch:

- Haut- oder Schleimhautkontakt (z. B. Blutspritzer) mit kranken Tieren, z. B. beim Ausweiden oder Abbalgen
- Zerwirken und Zubereiten von Hasen und Kaninchen oder durch Biss- und Kratzverletzungen von Hund, Katze, Frettchen
- Verzehr von unzureichend erhitztem Wildbret
- Einatmen oder Verschlucken von Staub oder Tröpfchen
- Schmierinfektion bei der Berührung mit Harn oder Kot, Erde, Stroh, Heu, Wasser, Fellen und Bälgen
- Biss, Stich, Kontakt mit blutsaugenden Parasiten (Zecken, Mücken, Fliegen).

Milz bei Feldhasen

links normal

Mitte mittelgradig vergrößert

rechts hochgradig vergrößert

Bei Hasen und Kaninchen verläuft die Tularämie in der Regel ähnlich einer Blutvergiftung und führt innerhalb weniger Tage zum Tod. Seltener kommt es zu einer chronischen Verlaufsform, die jedoch gleichfalls unter zunehmender Entkräftung nach etwa 14 Tagen bis 3 Wochen tödlich endet. Kranke Wildtiere sind auffallend matt und teilnahmslos. Sie laufen schwankend und torkelnd. Die natürliche Scheu und Schnelligkeit gehen verloren, die Tiere sind leicht zu erlegen, ja sogar mit den Händen zu fangen. Auch das vermehrte Auftreten von Fallwild sollte stets an Tularämie denken lassen. Je nach Krankheitsdauer und Tierart finden sich unterschiedlich stark ausgeprägte Lymphknotenschwellungen und Verkäsungen, kleine gelblich-graue Herde in Leber, Lunge und Milz sowie eine deutliche Milzvergrößerung. Bei raschen Krankheitsverläufen können diese Zeichen jedoch auch gänzlich fehlen. Das zunächst typische Erscheinungsbild ist dennoch für eine sichere Diagnose nicht ausreichend, da es mit den eingangs erwähnten Krankheitsbildern der Pseudotuberkulose und der Pasteurellose verwechselt werden kann. Eine endgültige Klärung kann nur die Untersuchung in einem spezialisierten Labor bringen.

Es besteht Infektionsgefahr für den Menschen (Zoonose).
Der Tierkörper ist genussuntauglich.

!

Wild- und Rinderseuche

Die Wild- und Rinderseuche ist eine weltweit verbreitete, bei Wildwiederkäuern, Wildschweinen, aber auch bei Hausschweinen, Rindern und Pferden auftretende bakterielle Infektionskrankheit *(Erreger: Pasteurella multocida).* Die Ansteckung kann direkt von Tier zu Tier, aber auch indirekt über infizierte Plätze, Weiden, Tränken usw. erfolgen. Die Erkrankung betrifft besonders die Haut, die Lungen und den Darm und endet bereits nach wenigen Tagen tödlich. Die Wild- und Rinderseuche kommt heute vor allem noch in Afrika und Asien vor. In den übrigen Teilen der Welt gilt sie als weitgehend getilgt, lediglich in Russland gab es auch in jüngerer Zeit noch nennenswerte Ausbrüche.

Wild- und Rinderseuche ist bei Haustieren anzeigepflichtig.
Das Fleisch erkrankter Tiere ist genussuntauglich. **!**

Leptospirose

Erreger: überwiegend *Leptospira interrogans* Serovar *grippotyphosa, bratislava* und *pomona*

Die Leptospirose ist eine weltweit vorkommende Zoonose. Während früher nahezu alle Infektionen durch die Serotypen *L. interrogans* Serovar *canicola* oder *L. interrogans* Serovar *icterohaemorrhagiae* hervorgerufen wurden, kommen diesen, dank der durchgeführten Impfprophylaxe, weniger Bedeutung zu. Heute überwiegen Infektionen mit *Leptospira interrogans* Serovar *grippotyphosa, bratislava* und *pomona.* Ein besonders gutes Überleben der Leptospiren (mehrere Wochen) ist in Gewässern und feuchtem Boden gewährleistet. In den Sommer- und Herbstmonaten kann eine Häufung der Leptospirose beobachtet werden. Als Haupterregerreservoir für Leptospiren gelten Ratten, Mäuse, landwirtschaftliche Nutztiere und Hunde, die als Dauerausscheider den Erreger oft monate- oder jahrelang ausscheiden. Die Erreger dringen über die Schleimhäute des Verdauungstraktes, der Genitalien (Geschlechtsteile) sowie der Konjunktiven (Lidbindehäute) in den Körper ein und rufen eine Sepsis (Blutvergiftung) hervor. Auch kleinste Verletzungen und wunde Stellen der Haut können als Eintrittspforten dienen. Die Leptospiren werden hauptsächlich mit dem Urin, aber auch mit Speichel, Milch, Fruchtwasser und Sperma infizierter Tiere ausgeschieden. Der Mensch kann sich beim Kontakt mit infizierten Tieren anstecken. Jäger gehören neben Tierärzten, Fleischhauern, Schweinehaltern und Abwasserarbeitern zu den gefährdeten Berufen.

Es besteht Infektionsgefahr für den Menschen (Zoonose).
Der Tierkörper ist genussuntauglich. **!**

Listeriose

Erreger: *Listeria monocytogenes*
Sie wird bei Rehen und Hasen, gelegentlich bei Vögeln festgestellt. Auch der Mensch kann daran erkranken. Bei den Haustieren wird sie häufiger bei Schaf und Rind diagnostiziert. Schlecht gesäuerte Silage (Winterfütterung) stellt oft eine Infektionsquelle dar. Das Hauptsymptom ist die hochgradige Abmagerung. Häufig tritt eine Schwellung der Leber und der Milz auf, wobei auch erbsengroße Nekrosen (Gewebseinschmelzungen) festzustellen sind.

Es besteht Infektionsgefahr für den Menschen (Zoonose). Der Tierkörper ist genussuntauglich.

Milzbrand

Erreger: *Bacillus anthracis*
Der Milzbrand hat in Österreich im Gegensatz zu anderen Ländern beim Wild nur geringe Bedeutung. Es gibt so wie bei den Haustieren eine septikämische, eine metastatische und eine lokale Verlaufsform.

Es besteht Infektionsgefahr für den Menschen (Zoonose). Anzeigepflicht! Der Tierkörper ist genussuntauglich.

Staphylokokkose

Erreger: *Staphylococcus aureus, St. albus*
Die Staphylokokken-Erkrankung tritt häufig bei Feldhasen und Wildkaninchen auf. Eine Infektion erfolgt hauptsächlich durch Kratzwunden und Insektenstiche. Bei unvorsichtigem Abbalgen oder Ausweiden erkrankter Tiere kann es

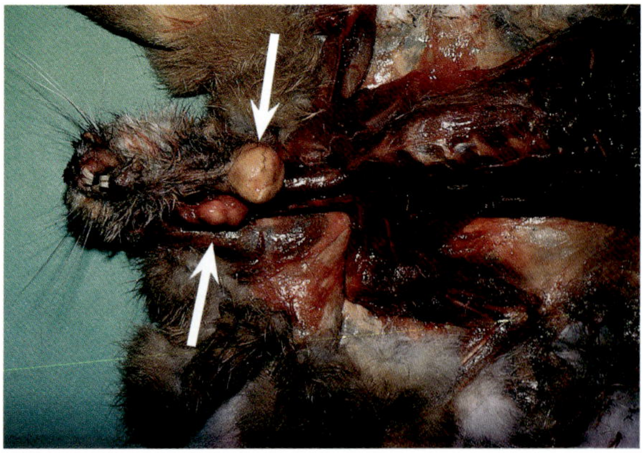

Hochgradig vereiterte Kehlgangs-Lymphknoten

beim Menschen zu Eiterungen an Händen und Armen kommen. Am Tierkörper sind neben Abmagerung vor allem Eiterungen an verschiedenen Körperstellen und den inneren Organen auffällig. Besonders die Milz ist häufig stark vergrößert und von Abszessen durchzogen.

Es besteht Infektionsgefahr für den Menschen (Zoonose). Der Tierkörper ist genussuntauglich. !

Salmonellose

Erreger: *Salmonellen*
Die Bakterien der Gattung *„Salmonella"* kommen weltweit in Hunderten verschiedenen Arten vor und rufen Erkrankungen bei Menschen, Säugetieren, Vögeln und Reptilien hervor. Beim Geflügel führt eine Salmonella-Art (*Salmonella gallinarum-pullorum*) zur gefürchteten Weißen Kückenruhr. Beim Menschen verursachen die Salmonellen, mit Ausnahme des Typhuserregers, keine spezifischen Krankheiten, sondern fieberhafte Darmentzündungen, wobei der Erreger üblicherweise nicht die inneren Organe befällt. Daher stellen mit Salmonellen infizierte oder kontaminierte Lebensmittel (z. B. Fleisch infizierter Tiere, aber auch Fleisch, das nachträglich durch mangelnde Hygiene mit Salmonellen aus dem Darmtrakt kontaminiert wurde) eine große Gefahr für den Menschen dar. Spezifische Veränderungen bei an Salmonellose erkrankten Tieren fehlen. Es sind meist nur starke Rötungen, Schwellungen und Blutungen der Magen-Darm-Schleimhaut zu bemerken. Lymphknoten und Milz können vergrößert sein.

Es besteht Infektionsgefahr für den Menschen (Zoonose). Der Tierkörper ist genussuntauglich. !

EHEC

Escherichia coli ist ein Bakterium, das sehr weit verbreitet ist, auch im Darmtrakt. Der Nachweis im Trinkwasser und im Lebensmittel ist daher immer ein Zeichen für Hygienemängel. Unter diesen Colibakterien gibt es auch Gruppen, die beim Menschen bestimmte Krankheitssymptome bewirken können. Die Symptome können auf den Darm beschränkt sein (z. B. „Reisediarrhoe"), es kann aber auch der gesamte Organismus besiedelt werden. Eine besondere Gruppe stellen EHEC (***E***ntero***h***ämorrhagische ***E***scherichia ***c***oli) dar. Diese Gruppe wurde zuerst in den bei humanen Erkrankungen in den USA nachgewiesen, kommt aber weltweit vor. Wiederkäuer gelten als natürliches Reservoir, in denen das Bakterium im Darmtrakt lebt, ohne am Wirt Krankheitszeichen hervorzurufen. Beim Menschen reichen die Symptome von blutigem Durchfall bis zu Blutgerinnungsstörungen und Nierenschäden bzw. Nierenversagen (insbesondere bei Kindern). Neuere Untersuchungen in Deutschland zeigen, dass auch Wildfleisch mit EHEC kontaminiert sein kann. Die wahrscheinlichste Ursache ist, dass bei Tieren, die EHEC im Darm beherbergen, bei Weichschüssen oder beim Ausweiden über den Darminhalt EHEC auf Fleischoberflächen verschleppt werden.

Gamsblindheit – Infektiöse Keratokonjunktivitis

Erreger: *Mycoplasma conjunctivae*

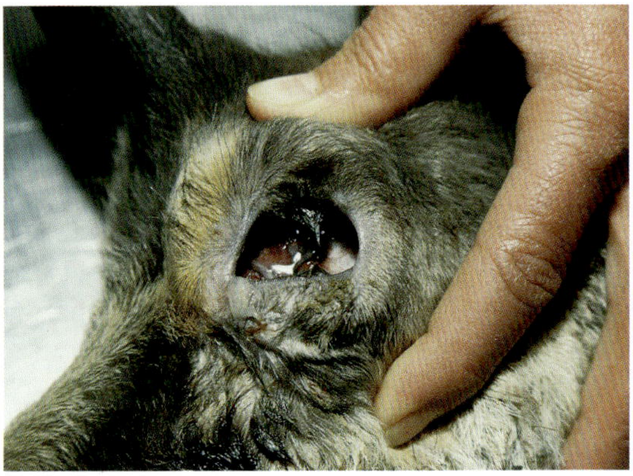

Erblindetes Auge

Seuchenhaft auftretende Augenerkrankung des Gams- und Steinwildes, die im gesamten Alpenraum – insbesondere in den Sommermonaten – vorkommt. Die Gamsblindheit kann zwischen Tieren verschiedener Arten (Haustier – Wildtier) übertragen werden. Die Ansteckung erfolgt durch direkten Kontakt und auch durch Fliegen.

Typische Erscheinungen sind die Sekretstraße an den Wangen (erstes sichtbares Anzeichen) und die Hornhautveränderungen (Trübung bzw. Durchlöcherung), wobei die Symptome in der Regel gleichzeitig auftreten.

Durch Sekret krankhaft verklebtes Auge

Aufgrund der Sichtbehinderung sind durch aufmerksame Beobachtung erwartungsgemäß Verhaltensstörungen festzustellen. Besonders häufig sind Kitze von dieser Krankheit betroffen. Der größere Teil der erkrankten Tiere zeigt nur milde Symptome, die innerhalb von wenigen Wochen wieder verschwinden. Lediglich bei einem geringen Prozentsatz

Die Gamsblindheit ist eine seuchenhaft auftretende Augenerkrankung des Gams- und Steinwildes

der erkrankten Tiere kommt es zum Tod infolge bleibender Erblindung, Verhungern oder Absturz. In einem begrenzten Gebiet bzw. in einer einigermaßen geschlossenen Population dauert die seuchenhafte Phase in der Regel nicht länger als 6 Monate.

Der Tierkörper ist genusstauglich, wenn keine Abmagerung besteht und die veränderten Teile entfernt wurden.

Parasitäre Krankheiten

Ein gewisser Parasitenbefall ist insbesondere bei unserem Schalenwild eine Gegebenheit und daher noch keine Krankheit. Meist haben Wildtiere, die nicht in unnatürlichen Dichten leben und denen ein intakter Lebensraum mit ausreichend Nahrung zur Verfügung steht, eine erhöhte Widerstandsfähigkeit gegen Parasiten. Erst wenn Parasiten überhand nehmen und/oder zusammen mit anderen schwächenden Faktoren auftreten, spricht man von parasitären Erkrankungen. Für die Praxis bedeutet das: Von Parasiten betroffene Organe sind immer genussuntauglich. Wenn darüber hinaus das Stück abgemagert bzw. die Muskulatur sinnfällig verändert ist, ist das Stück immer bedenklich und die Beurteilung obliegt dem amtlichen Tierarzt (sofern es nicht vom Verfügungsberechtigten entsorgt bzw. verworfen wird).

Äußere Parasiten

Räude

Neben den bekannten Flöhen, Zecken, Lausfliegen sowie Haarlingen und Federlingen, die vor allem hochgradigen Juckreiz und damit verbunden Veränderungen des Haar- und Federkleides hervorrufen, sind besonders die Milben zu erwähnen, die das Krankheitsbild der Räude hervorrufen. Die Räude kann prinzipiell bei allen Schalenwildarten, beim Raubwild und manchmal sogar bei den Hasenartigen vorkommen. Bei den Wildtieren hierzulande tritt Räude neben dem Fuchs (Erreger: *Sarcoptes canis;* Achtung: Übertragung auf Jagdhunde möglich) vor allem beim Gams- und Steinwild (Erreger: *Sarcoptes rupicaprae*) und beim Schwarzwild (Erreger: *Sarcoptes suis*) auf. Die Gamsräude ist für das Gamswild, für das Steinwild und wahrscheinlich auch für die Hausziege ansteckend. Rotwild ist selten betroffen. Die Krankheitserscheinungen sind durch Haarausfall, Verdickung der Haut, Krustenbildung und Blutaustritt gekennzeichnet. Infolge hochgradigen Juckreizes finden sich häufig Kratz- und Scheuerspuren auf der Haut. Wenn weitere Teile des Körpers davon betroffen sind, führt diese Krankheit zu starker Abmagerung und nicht selten zum Tod durch ständige Beunruhigung. Beim Menschen kann die Infektion mit Räudemilben zur „Scheinräude" führen.

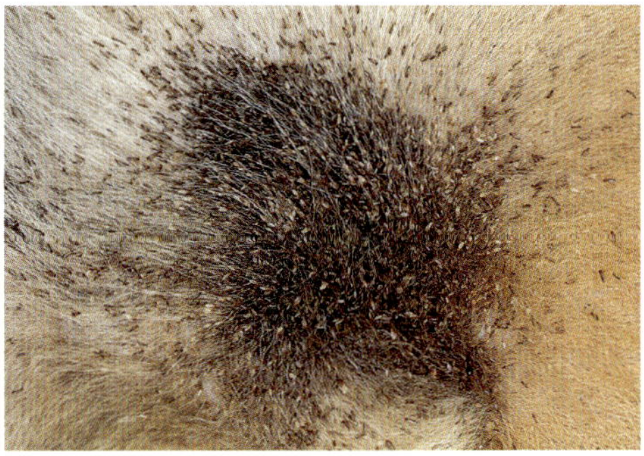

Haarlingsbefall beim Reh

Zecken beim Fasan

Gamsräude

Der Tierkörper ist genusstauglich, sofern keine starke Abmagerung vorliegt und keine substanziellen Mängel des Fleisches bestehen.

Parasitosen des Unterhautbindegewebes

Dasselbeulen

Der Erreger ist die Larve der Dasselfliege *Hypoderma diana* (beim Rehwild) und *Hypoderma actaeon* (beim Rotwild). Gelegentlich treten Dassellarven auch noch bei Damwild, Muffelwild und Gamswild auf.

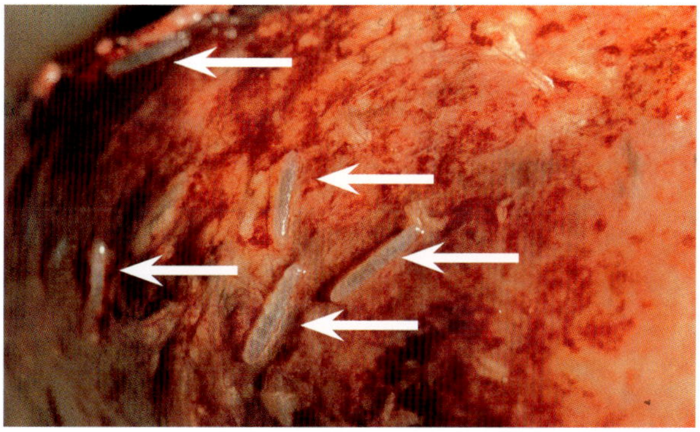

Dassellarven im Unterhautbindegewebe – oben Spätherbst, unten Winter

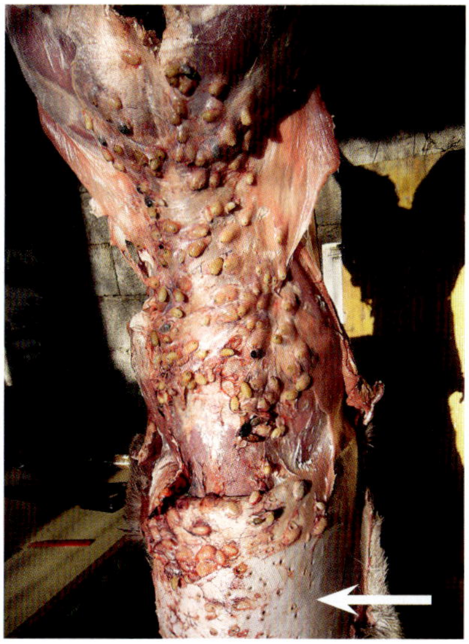

Atemlöcher in der Decke

Die Dasselfliegen schwärmen vom Frühsommer bis September und heften ihre Eier an den Haaren im unteren Bereich der Läufe an. In durchschnittlich 4 Tagen entwickeln sich in den Eiern Larven, die sich durch die Haut bohren und im Unterhautbindegewebe in die Rücken- und Lendenregion wandern. Ende Oktober können bei Wild, das aus der Decke geschlagen wird, kleine weiße Larven im Bereich des Rückens vorgefunden werden. Bei hochgradiger Ausprägung kommt es zur Ansammlung von entzündlichen Absonderungen bzw. Eiter, wobei auch die Rückenmuskulatur mit betroffen sein kann. Diese Larven entwickeln sich weiter, bis sie im Frühsommer verschieden große Vorwölbungen im Bereich der Rückenhaut bilden. In diesen Beulen, die über ein Atemloch verfügen, über das die Parasiten in der Folge auch ins Freie gelangen, liegen die Larven in eitriger Flüssigkeit. Wo Dasselfliegen vermehrt vorkommen, sollte mit dem Rehabschuss nicht zu lange zugewartet werden, da bei Erlegung im Dezember oder November deutliche Veränderungen durch Hautdasseln vorliegen können und im Extremfall die Rückenmuskeln genussuntauglich sind.

Bei hochgradigem Befall gilt der Tierkörper als ekelerregend und ist genussuntauglich. Beim Vorkommen einzelner Dasselbeulen ist nach dem Entfernen der veränderten Teile die Genusstauglichkeit gegeben.

Onchozerkose der Hirsche

Erreger: *Onchocerca flexuosa*
Im Unterhautbindegewebe des Rückens beim Rotwild finden sich derbe nussgroße Knoten, in denen mehrere (2–4 weibliche, etwa 10 männliche) eingerollte gelblich-weiße, fadenförmige Rundwürmer (weibliche Würmer sind 60–90 cm, männliche etwa 8 cm lang) liegen. Die Knotenbildung erfolgt bereits Ende des Sommers, bei Dasseln dagegen Ende des Frühjahrs. Im Gegensatz zu den Dasselbeulen existiert kein Atemloch.

Nach der Entfernung der veränderten Teile ist der Tierkörper genusstauglich.

Parasitosen der Luftwege

Nasen- und Rachenbremsen

Rachenbremsenlarven beim Reh

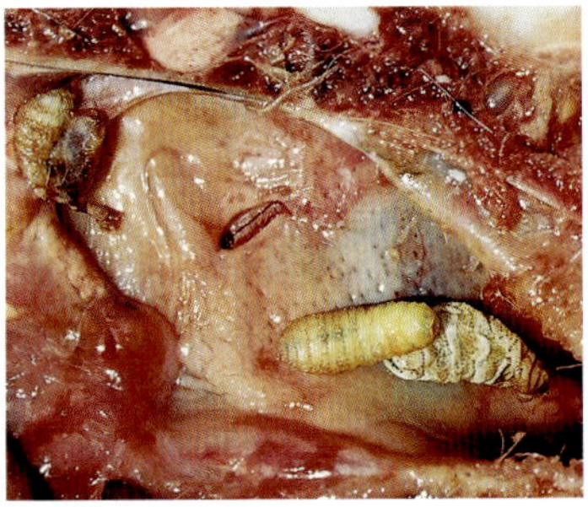

Erreger: *Cephenemyia-* und *Pharyngomyia*-Arten
Diese Parasiten kommen hauptsächlich bei Rehwild, Rotwild, Damwild und beim Elch vor. Die Larven der Rachenbremsen verursachen besonders beim Reh mitunter eine schwere bis tödliche Krankheit durch teilweise oder totale Verstopfung der oberen Atemwege. Die Rachenbremsen schwärmen an heißen Tagen von Juni bis August. Die weibliche Rachenbremse setzt kleine Erstlarven in die Nasenöffnung von Rehen ab. Diese kriechen aufwärts in die Nasengänge und in die Rachen- und Kehlkopfgegend, haken sich in der Schleimhaut fest und wachsen bis zum nächsten Frühling zu Drittlarven heran. Ab Anfang April, einmal vollständig entwickelt (bis zu 2,5 cm lang), werden diese Drittlarven vom Wirt ausgeprustet, fallen zu Boden und verpuppen sich. Aus den Puppen schlüpft ca. 1 Monat später eine adulte Rachenbremse, und der Kreislauf beginnt von neuem. Jedes Jahr geht eine gewisse Anzahl Rehe an dieser Krankheit ein.

Wenn keine starke Abmagerung besteht, ist der Tierkörper nach dem Entfernen der befallenen Teile genusstauglich.

Lungenwürmer

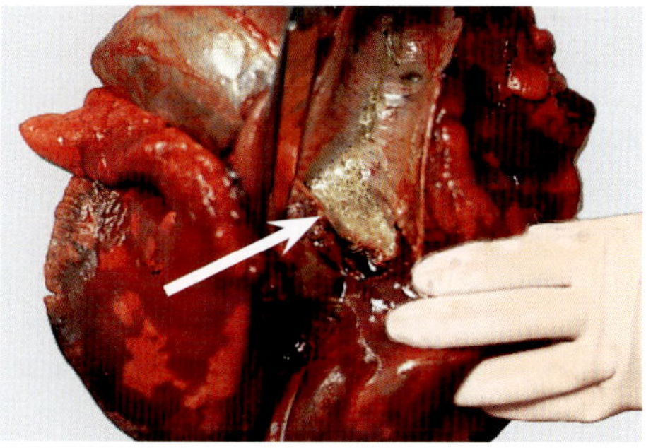

Großer Lungenwurm in der Luftröhre

Erreger: je nach Tierart verschiedene *Dictyocaulus-*, *Varestrongylus-*, *Protostrongylus-* und *Metastrongylus*-Arten – sie treten vorwiegend bei Reh, Hirsch, Gams, Wildschwein sowie Hase und Wildkaninchen auf.

Es gibt Große Lungenwürmer (4–10 cm lang), die vorrangig in der Luftröhre und in den Hauptaufzweigungen zu finden sind, und Kleine Lungenwürmer (1–3 cm lang), die vorwiegend in den feinen Bronchialaufzweigungen und im Lungengewebe parasitieren. Bei starkem Befall zeigen die Tiere mattes Haarkleid, mangelhaften Farbwechsel, Kümmern und schlechten Ernährungszustand. Lungenwürmer bedingen viele, oft unentdeckte Todesfälle bei Jungtieren.

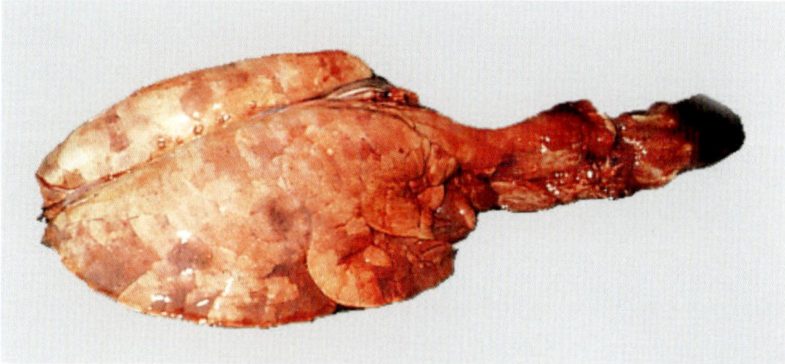

Lungenveränderung durch Befall mit Lungenwürmern (Wildschwein)

Brutknoten des Kleinen Lungenwurmes – rechts vergrößert (Gams)

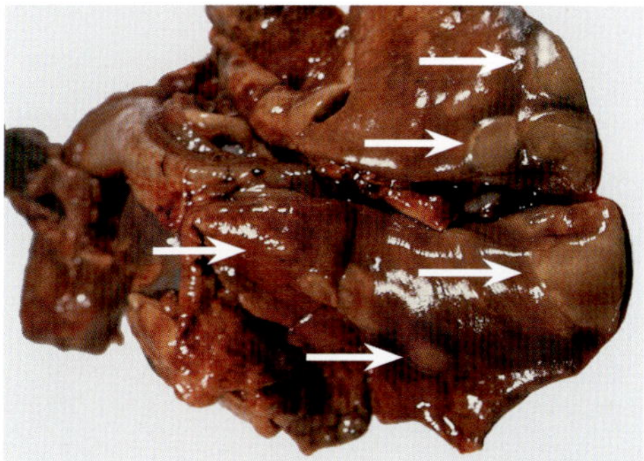

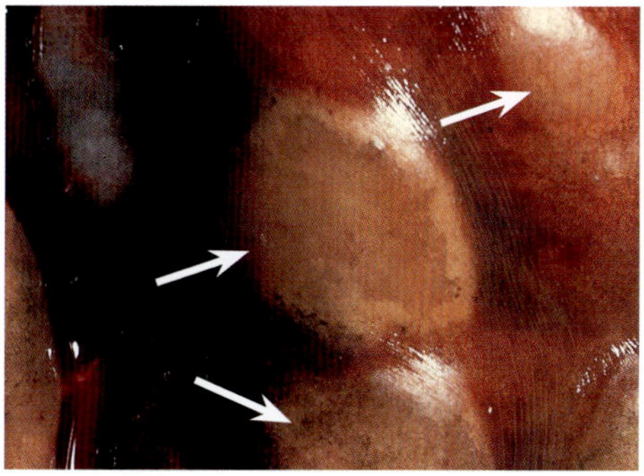

Wenn keine starke Abmagerung besteht, ist der Tierkörper nach Entfernung der Lunge genusstauglich.

Luftröhrenwurm

Erreger:
Syngamus tracheae (Rotwurm)
Diese Parasitose gehört zu den wichtigsten Erkrankungen der Fasane (besonders in Fasanerien). Die klinischen Symptome sind Öffnen des Schnabels (Atemnot), Husten, Niesen und Anaemie, die man bei den Fasanen bereits ab dem Alter von etwa 5 Wochen beobachten kann. Die erwachsenen Rotwürmer sind bei Fasanen auch ohne Eröffnen der Luftröhre leicht zu sehen (Durchleuchten mit einer Lampe).

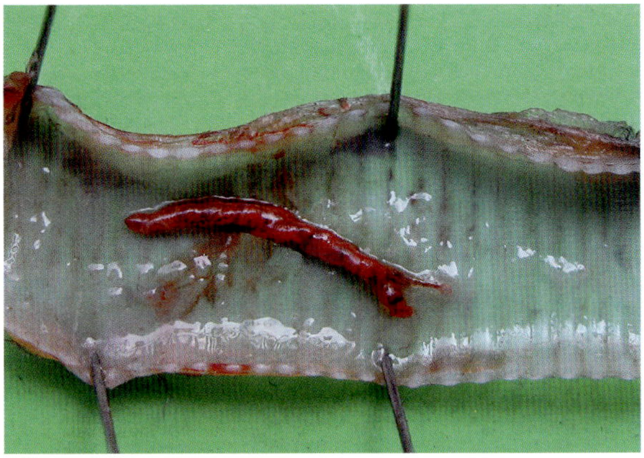

Luftröhrenwurm
Syngamus tracheae
(Rotwurm)

Wenn keine starke Abmagerung besteht und die veränderten Teile entfernt werden, ist der Tierkörper genusstauglich.

Parasitosen der Leber

Leberegel

Leberegelbefall, gelegentlich beim Schalenwild vorkommend, wurde in Österreich bis vor Kurzem nur durch zwei Parasitenarten verursacht: den blattförmigen Großen Leberegel *Fasciola hepatica* (2–5 cm lang) und den lanzettförmigen Kleinen Leberegel *Dicrocoelium dendriticum* (6–12 mm lang). Der Große Leberegel braucht zu seiner Entwicklung einen Zwischenwirt (Zwergschlammschnecke). Deshalb ist

Charakteristische Kehlgangschwellung bei Leberegelbefall

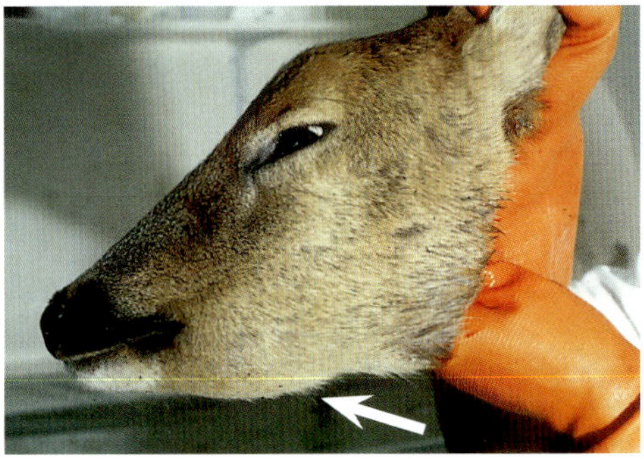

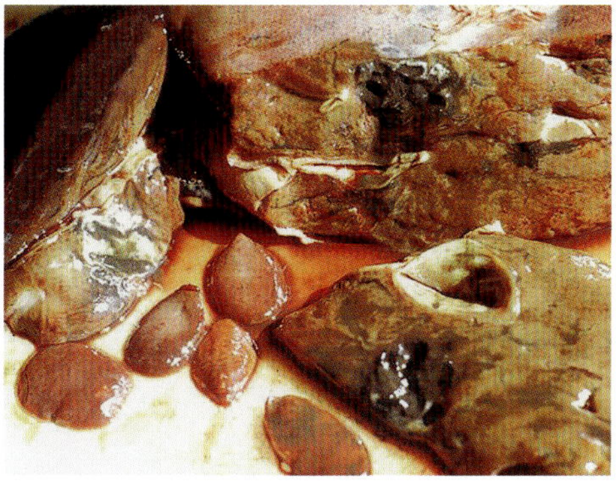

Angeschnittene Rotwildleber mit ausgetretenen Egeln (Amerikanischer Riesenleberegel)

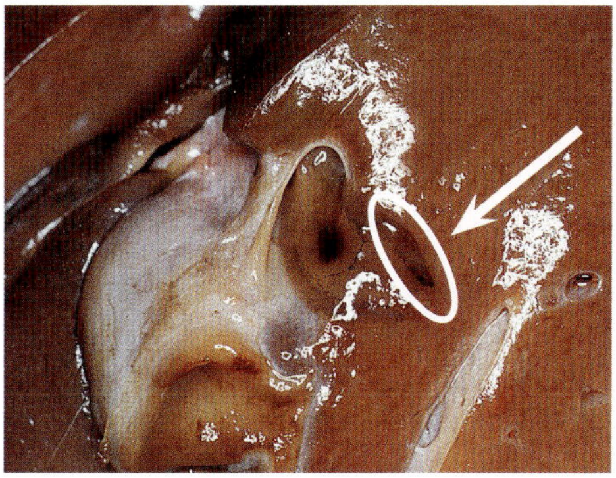

Großer Leberegel (Jugendform)

der Große Leberegel insbesondere in feuchten Gebieten verbreitet (Lebensraum der Schnecke). Befallene Lebern zeigen Bohrgänge und erweiterte Gallengänge mit Abszessen. Der Kleine Leberegel, der nur geringe Leberschäden verursacht, benötigt hingegen zwei Zwischenwirte: zuerst Landschnecken, dann noch Ameisen, die, mit Larven infiziert, vom Schalenwild mit der Äsung aufgenommen werden.
Seit dem Jahr 2000 tritt in Österreich in freier Wildbahn (Donau-Auen östlich von Wien) zusätzlich noch der Amerikanische Riesenleberegel *Fascioloides magna* (6–8 cm lang) auf, der ursprünglich nur in Nordamerika beheimatet war und mit Wapitis und Weißwedelhirschen nach Europa importiert wurde. Der Entwicklungszyklus ist dem des Großen Leberegels ähnlich. Daher entspricht sein potenzielles Verbreitungsgebiet in Europa wahrscheinlich dem des Großen Leberegels. Der Mensch kann sich unter Umständen mit dem Großen Leberegel anstecken, indem er an Pflanzen haftende Larven mit dem Mund aufnimmt.
Für alle Leberegelarten gilt: Bei starkem Befall zeigen die Tiere struppiges Haarkleid, Schwellungen im Kehlgangsbereich, mangelhaftes Verfärben und z. B. Kümmergeweihe.

Der Tierkörper ist, wenn keine starke Abmagerung besteht, genusstauglich. Die Leber ist genussuntauglich.

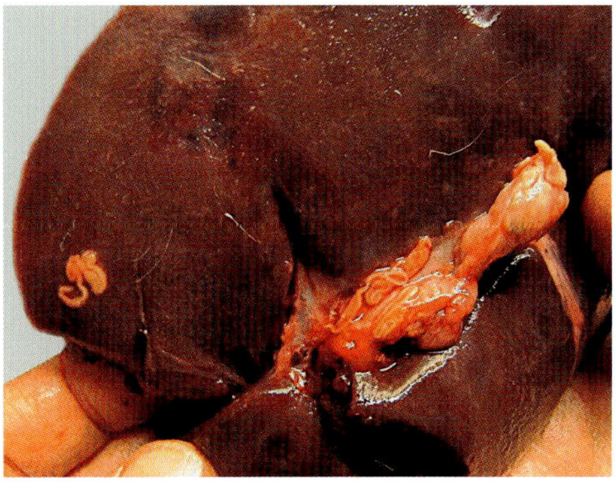

Parasitäre Würmer (Setarien) unter dem serösen Überzug der Leber

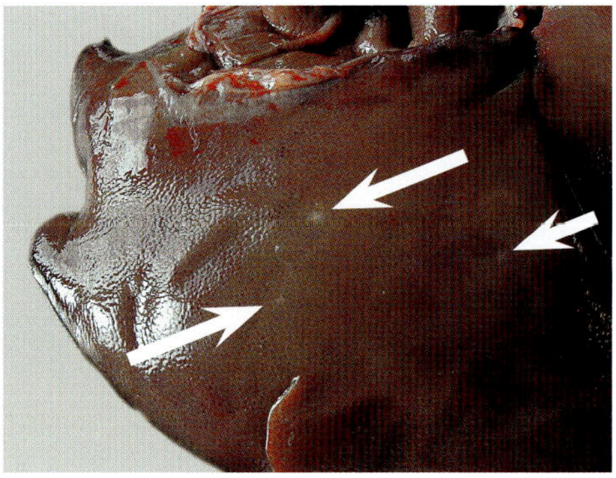

Milk Spots (Pfeile) sind Bindegewebsnarben nach einer (Spul-)Wurminfektion

Setarien

Milk Spots

Gelegentlich werden Würmer unter dem serösen Überzug der Leber gefunden.

Die Leber ist genussuntauglich.

Histomoniasis

Erreger: *Histomonas phasiani* oder *H. meleagridis*

Die Histomoniasis ist eine eher selten erkannte protozoäre Erkrankung bei Fasanen, Hühnern und Puten, die ein typisches pathologisches Bild bietet. Der Erreger kommt ganzjährig in den frei lebenden Vogelpopulationen vor. Nach einer Infektion werden die Fasane schläfrig, immer schwächer und sitzen mit gesträubtem Gefieder herum. Charakteristisch ist der schwefelgelbe Kot. Junge Tiere sterben oft nach wenigen Tagen, bei älteren Tieren verläuft die Krankheit eher chronisch. Diese parasitäre Erkrankung tritt auch bei Rebhühnern auf.

Fasanenleber mit Histomonas-Befall

Wenn veränderte Organe auftreten, ist der Tierkörper genussuntauglich.

Parasitosen des Magen-Darm-Kanals

Im Magen-Darm-Kanal des Wildes kommen verschiedene Parasiten (wie z. B. Spulwürmer, Fadenwürmer, Hakenwürmer, Peitschenwürmer, Haarwürmer und Kokzidien) vor, die bei geringem Befall für die Qualität des Wildbrets praktisch bedeutungslos sind.

Bei hochgradigem Parasitenbefall, wenn die Tiere Allgemeinerscheinungen, wie etwa starke Abmagerung, struppiges Haarkleid, Kümmern, mangelhaftes Verfärben, hochgradigen Durchfall und eine Darmentzündung zeigen, ist der Tierkörper selbstverständlich genussuntauglich. – Die Parasiten selbst werden in der Regel vom Jäger nicht gesehen, da sie beim Aufbrechen mit dem Verdauungstrakt entfernt werden.

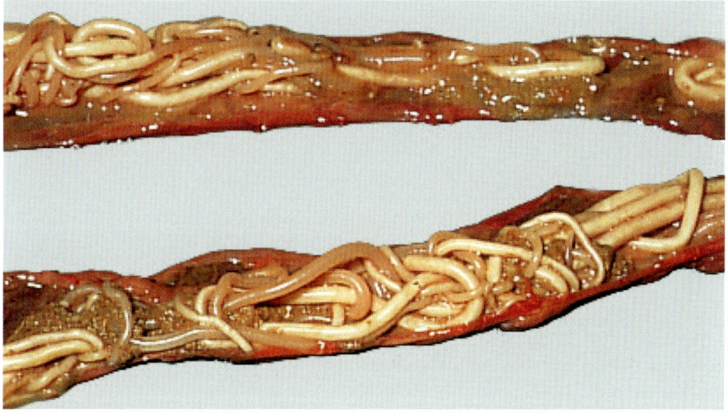

Massenhaft Spulwürmer im Dünndarm (Wildschwein)

Kokzidiose

Die Kokzidiose beeinträchtigt vor allem Hasen und Federwild. Beim Schalenwild können die Jungtiere betroffen sein. Die Erreger sind mikroskopisch kleine Einzeller, die sich in der Darmschleimhaut vermehren und diese schädigen.

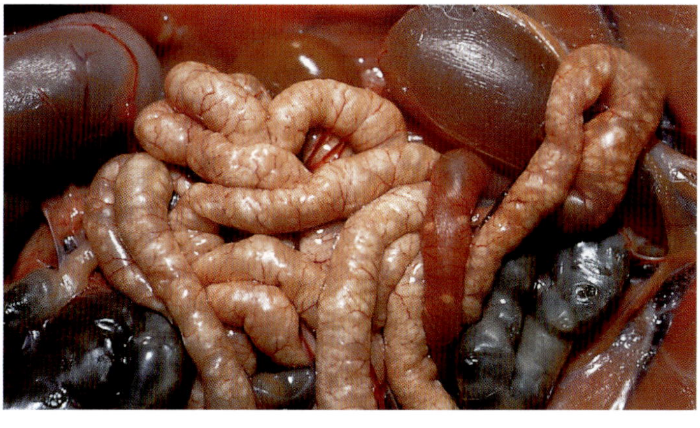

Durch Darmkokzidiose hochgradig veränderte Dünndarmschlingen (Feldhase)

Nicht alle befallenen Tiere zeigen Krankheitserscheinungen, insbesondere jedoch Jungtiere. Stark befallene Jungtiere bleiben in der Entwicklung zurück, zeigen Durchfall und Abmagerung; sie gehen mitunter auch an der Krankheit ein. Die Kokzidien verlassen den Wirt mit dem Kot und machen eine Reifung im Freien durch. Die Ansteckung erfolgt über die Aufnahme kontaminierter Äsung.
Neben der Darmkokzidiose gibt es noch die Gallengangs- oder Leberkokzidiose (fast nur beim Wildkaninchen). Charakteristisch sind die kleinen, abszessähnlichen grauweißen Knötchen in der Leber (in der Schleimhaut der Gallengänge).

Wenn keine starke Abmagerung besteht und die veränderten Teile entfernt werden, ist der Tierkörper genusstauglich.

Bandwurmfinnen

Die Bandwurmfinnen (Blasenwürmer) sind Larven von Bandwurmarten, deren adulte Stadien beim Hund, Fuchs oder Menschen parasitieren, die somit den Endwirt darstellen.
Das Wild nimmt mit der Äsung Bandwurmeier (ausgeschieden mit dem Kot/Losung von Hund oder Fuchs) auf und fungiert als Zwischenwirt. Nach Infektion wachsen in den inneren Organen oder in der Muskulatur Finnen heran.

Es ist aus diesem Grund besonders wichtig, darauf hinzuweisen, dass auffällige bzw. bedenkliche Teile des Wildbrets oder des Aufbruches nie an den Hund verfüttert bzw. nie den Füchsen als Luder vorgelegt werden dürfen. Derartige Teile sind unschädlich zu beseitigen, da sonst der Entwicklungskreislauf der Bandwürmer geschlossen wird.

Cysticercus tenuicollis – Dünnhalsige Finne

Das ist die häufigste Bandwurmfinne des Schalenwildes. Sie stellt die Jugendform des „Geränderten Bandwurmes" *Taenia hydatigena* dar, der vorwiegend beim Hund, gelegentlich bei Fuchs, Iltis und Marder vorkommt.
Beim Aufbrechen fallen verschieden große, teilweise gestielte Blasen am Netz, Gekröse und an der Oberfläche der Leber auf, die, wenn sie bereits abgestorben sind, auch als käsige, graugrüne, kalkige Gebilde in Erscheinung treten können.

Coenurus cerebralis – Gehirnblasenwurm

Dieser auch Drehwurm genannte Parasit findet sich gelegentlich bei Gams- und Muffelwild im Gehirn oder im Rückenmark. Er ist die Jugendform des Bandwurmes *Multiceps multiceps* der Hunde.

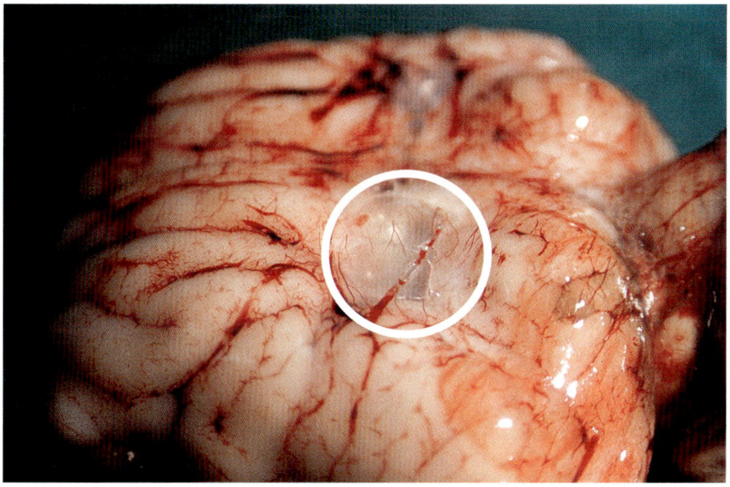

Finne des Gehirnblasenwurms

Cysticercus cellulosae – Schweinefinne

Die Schweinefinne ist die Jugendform des Einsiedlerbandwurmes *Taenia solium* des Menschen. Man findet erbsengroße weißliche Bläschen im Bindegewebe der Bauchmuskulatur, in der Herzmuskulatur, der Zungen-, Kau-, Nacken- und Zwischenrippenmuskulatur sowie der Muskulatur des Zwerchfells und der Schlögel.

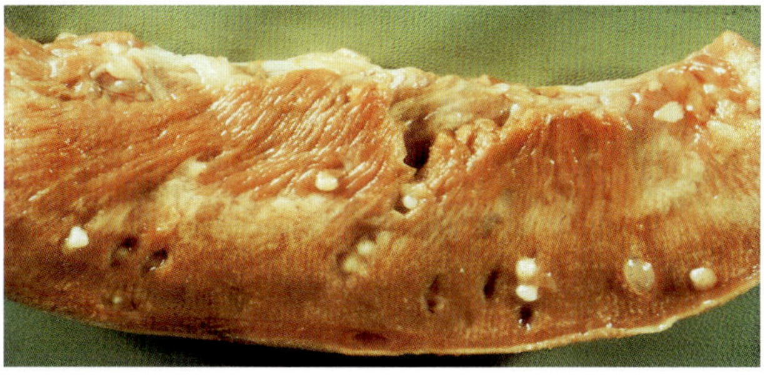

Schweinefinnen in der Zungenmuskulatur

In Europa ist diese Bandwurmart weitgehend verschwunden, dennoch sollte bei der Muskulatur von Wildschweinen auf einen Befall mit dieser Finne geachtet werden. Der Mensch kann nicht nur von der Finne infiziert werden und dann als

Bandwurmträger fungieren, sondern sich mit den von ihm selbst ausgeschiedenen Bandwurmeiern anstecken. Die Bandwurmfinnenbildung im Menschen ist dann schwer unter Kontrolle zu bringen und kann tödlich enden.

Es besteht Infektionsgefahr für den Menschen (Zoonose). Achtung: Bei Befall des Schwarzwildes mit der Schweineflnne ist immer der gesamte Tierkörper genussuntauglich!

!

Cysticercus cervi – Rehfinne

Sie stellt die Jugendform des Bandwurmes *Taenia cervi* dar, der den Hund und den Fuchs als Endwirt hat. Charakteristisch sind die erbsengroßen, dünnwandigen Bläschen, die im Bindegewebe oder in der Herzmuskulatur der Rehe, gelegentlich auch des Rot- und Damwildes, auftreten.

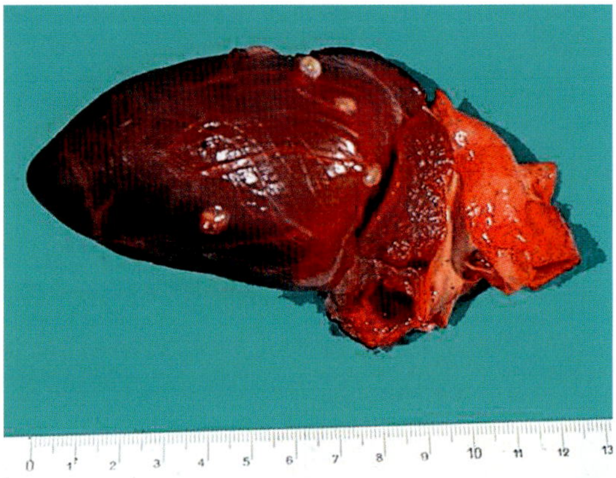

Rehfinnen in der Herzmuskulatur

Cysticercus pisiformis

Cysticercus pisiformis tritt ebenso wie Coenurus serialis bei Hasen und Wildkaninchen auf. Es handelt sich um Jugendformen (Finnen von *Taenia pisiformis).*

Zahlreiche Bandwurmfinnen in der Leber von Feldhase oder Kaninchen (Cysticercus pisiformis)

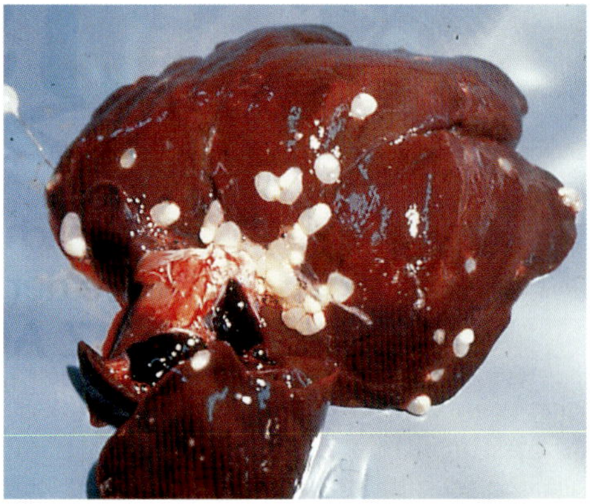

Coenurus serialis

Coenurus serialis tritt ebenso wie Cysticercus pisiformis bei Hasen und Wildkaninchen auf. Es handelt sich um Jugendformen (Finnen von *Multiceps serialis*).

Echinococcus hydatidosus – Einkammeriger Hülsenwurm

Er ist die Finne des gefürchteten Dreigliedrigen Hundebandwurmes *Echinococcus granulosus*. Man findet in der Lunge, Leber, gelegentlich auch in anderen Organen große, dickwandige Blasen, denen an der Innenseite wiederum kleine Bläschen anhaften, sodass daraus ein „kleinhöckeriges" Aussehen entsteht. Diese Finnen können bei vielen Haustierarten, aber auch bei Wildschweinen und Wildwiederkäuern, vorkommen.

Es besteht Infektionsgefahr für den Menschen (Zoonose). **!**

Echinococcus granulosus – Dreigliedriger Hundebandwurm

Hauptsächlich im Hund (Dünndarm) leben die 3–6 mm großen erwachsenen Würmer, die alle 1–2 Wochen das letzte, bis zu 1.500 Eier enthaltende Bandwurmglied abschnüren und mit dem Kot ausscheiden. Die Eier des Dreigliedrigen Hundebandwurms verursachen die zystische Echinokokkose. Nach Kontakt mit infizierten Tieren kann es zur Aufnahme von Bandwurmeiern kommen. Die aus den Eiern ausschlüpfenden Häkchenlarven wachsen langsam zu Zysten in der Leber, häufig auch in der Lunge, selten in anderen Organen heran. Die regelmäßige Entwurmung (in stark verseuchten Gebieten alle 3 bis 4 Wochen, sonst alle 3 Monate) der Hunde mittels eines gut gegen Bandwürmer wirksamen Medikaments ist der beste Schutz für den Menschen!

Es besteht Infektionsgefahr für den Menschen (Zoonose). **!**

Echinococcus multilocularis – Fuchsbandwurm

Der Fuchsbandwurm (2–3 mm lang) nimmt eine besondere Stellung ein. Bandwurmträger ist hauptsächlich der Fuchs, nur sehr selten der Hund oder die Katze. Das Schalenwild spielt im Zyklus des Fuchsbandwurmes keine Rolle. Finnenträger sind vor allem Mäuse. Die Finnen *(Echinococcus alveolaris)*

sitzen überwiegend in der Leber, seltener in der Lunge oder in anderen Organen und gleichen einem schwammartig aufgebauten Tumor. Auch der Mensch kann sich durch Aufnahme der Bandwurmeier über den Mund anstecken. Die Finne des Fuchsbandwurmes gilt in Mitteleuropa als der gefährlichste Parasit des Menschen. Ein Befall führt sehr oft zum Tod, weil die Finne erst Jahre nach der Infektion entdeckt wird und aufgrund ihres infiltrativen Wachstums in der Leber nur schwer operativ entfernt werden kann.
Exponierte Personen sollten in zweijährigen Intervallen Blutuntersuchungen auf Echinococcus-Antikörper vornehmen lassen.

Es besteht Infektionsgefahr für den Menschen (Zoonose). !

Zusammenfassend kann zu der Beurteilung des mit Finnen befallenen Wildes gesagt werden, dass der Tierkörper genusstauglich ist, sofern keine substanziellen Mängel vorliegen und in den inneren Organen nur wenige Finnen vorkommen. Die befallenen Organe sind genussuntauglich. Bei Finnen, die in der Muskulatur vorkommen (z. B. Rehfinne, Schweinefinne), ist der gesamte Tierkörper untauglich.

Parasitosen der Muskulatur

Trichinose

Erreger: *Trichinella spiralis, T. britovi, T. nativa, T. pseudospiralis,* u. a.
Die Trichinen parasitieren als Larven in der quer gestreiften Muskulatur, als geschlechtlich differenzierter Parasit im Dünndarm. Als Träger von Trichinen kommen Fleischfresser, Allesfresser, Nager, Pferde, Greifvögel und Menschen infrage. In Österreich sind je nach Region etwa 1–3 % der Füchse mit Trichinen befallen. Während in entwickelten Ländern durch entsprechende Schlachttier- und Fleischuntersuchung die Gefahr der Ansteckung mit Trichinen weitestgehend zurückgedrängt wurde, ist dies in Ländern der Dritten Welt noch ein bedeutendes Problem. Der Mensch infiziert sich mit Trichinen durch die Aufnahme von rohem oder unzureichend erhitztem, trichinösem Fleisch bzw. Wildbret von Fleisch- bzw. Allesfressern, insbesondere von Schwarzwild. Die Erkrankung kann tödlich verlaufen. Da unter den Wildtieren die Wildschweine als Hauptansteckungsquelle für den Menschen gelten, ist deren Fleisch – genauso wie das Fleisch von Hausschweinen – immer einer Trichinen-Untersuchung zu unterziehen (bevor es in Verkehr gebracht wird). Diese Untersuchung (durch den Tierarzt oder den Trichinenuntersucher) erfolgt mittels Verdauungsmethode, in Sonderfällen (lokale Direktvermarktung an Endverbraucher oder Einzelhändler) ist jedoch noch immer die Kompressionsmethode zulässig.

Eingekapselte Muskeltrichine, betrachtet durchs Dunkelfeld-Mikroskop (100-fach)

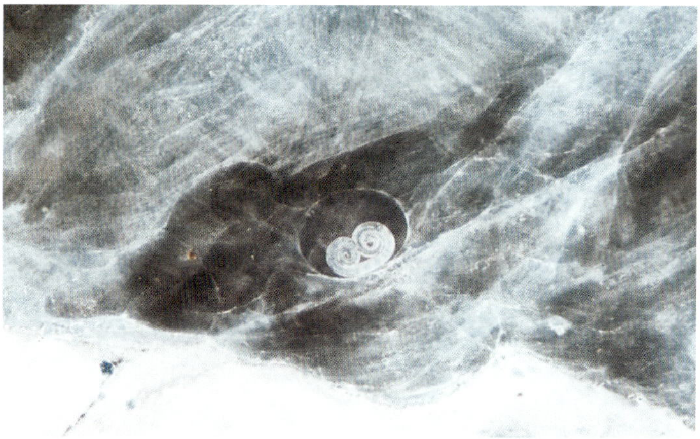

Siehe auch Kapitel „Trichinen“, Seite 221.

Es besteht Infektionsgefahr für den Menschen (Zoonose). Der gesamte Tierkörper ist genussuntauglich. !

Duncker'scher Muskelegel

Der Duncker'sche Muskelegel kommt bei Wildschweinen als Zwischenstadium (Mesozerkarie) des verbreiteten Darmparasiten (Saugwurm) *Alaria alata* vor. Er wird meist nur zufällig im Zuge der Untersuchung von Wildschweinen auf Trichinen mittels Kompressions- oder Verdauungsmethode gefunden. Duncker'sche Muskelegel zeigen sich im mikroskopischen Präparat als weißliche Gebilde (Larven), die entweder frei, zum Teil stark beweglich, oder einzeln in ovale, dünnwandige, nahezu durchsichtige Bläschen bzw. Zysten (mit feiner rasterförmigen Zeichnung) von 0,4–0,7 mm Länge und 0,2 mm Breite eingelagert sind. In Deutschland wurde er beim Wildschwein erstmals 1915 beschrieben, seit 2003 wird zahlreicher über Funde berichtet. In Österreich wurde der Parasit erstmals 1971 gefunden, Studien aus 2012 geben für Ostösterreich eine Häufigkeit von ca. 4,3 % an. Insbesondere in Augebieten können aber auch 25 % der Tiere befallen sein. Nach Literaturangaben tragen in Deutschland gebietsweise bis zu 30 % der Füchse die adulte Form dieses Parasiten – und beispielsweise im Donaudelta fast jeder zweite Marderhund.

Der adulte Saugwurm erreicht eine Größe von ca. 2,5–6,0×0,5–2,0 mm und lebt im Darm von Fleischfressern (Hund, Katze, Fuchs, Marderhund, Nerz usw.). Von diesem werden Eier ins Wasser abgesetzt, die in der Folge vom ersten Zwischenwirt, einer Schnecke, aufgenommen werden. Nachdem sich sogenannte Zerkarien gebildet haben, verlassen diese die Schnecke und befallen den zweiten Zwischenwirt, in der Regel eine Kaulquappe. Dort entwickeln sie sich zu Mesozerkarien, die schließlich wieder die Endwirte über die Nahrung erreichen. Mesozerkarien können aber auch andere Fremdwirte (Amphibien, Reptilien, Vögel oder Säugetiere, die infizierte Kaulquappen aufnehmen) infizieren.
Es gibt Hinweise, dass Menschen durch Verzehr von nicht ausreichend erhitztem Fleisch, das Duncker'sche Muskelegel enthält, an einer larvalen Alariose erkranken können.

Bei der Fleischuntersuchung wird der Duncker'sche Muskelegel in der Regel nicht gezielt gesucht. Hierzu sollte nicht wie bei der Trichinen-Untersuchung nur das Muskelgewebe sondern zusätzlich das muskelnahe Binde- und Fettgewebe im Hals-Wangen-Bereich untersucht werden.

Wird der Befall eines Wildschweins mit Duncker'schem Muskelegel (zufällig, z. B. im Zusammenhang mit der Trichinen-Untersuchung) bekannt, ist das Fleisch sicherheitshalber als „genussuntauglich" einzustufen!

Sarkosporidiose

Erreger: diverse *Sarcocystis*-Arten
Bei den Sarkosporidien handelt es sich um Einzeller, deren ungeschlechtliche Stadien innerhalb der Muskelzellen von Wirbeltieren parasitieren. Sie vermehren sich ungeschlechtlich durch Teilung. Dabei bilden sich schlauchförmige, längliche oder ovale Zysten von mattweißer Farbe, die Miescher'schen Schläuche. Gelegentlich, vor allem bei starkem Befall, kann man sie mit freiem Auge erkennen. Sie kommen bei Haustieren vor allem bei Schafen, bei Wildtieren bei Rehwild, Rotwild, Muffelwild, Wildschweinen und Hasen vor, seit einigen Jahren werden sie auch an Wildenten beobachtet. Die geschlechtlichen Stadien entwickeln sich in der Darmschleimhaut von Fleischfressern. Mit dem Kot werden in der Folge bereits ansteckungsfähige Stadien ausgeschieden.

Zahlreiche Miescher'sche Schläuche (Stippchen) im Zwerchfell

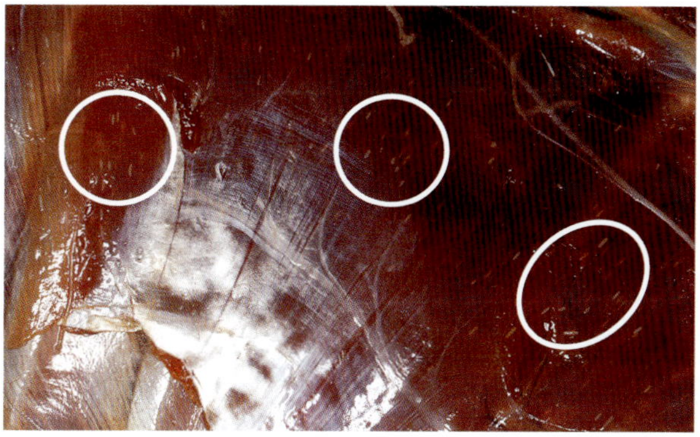

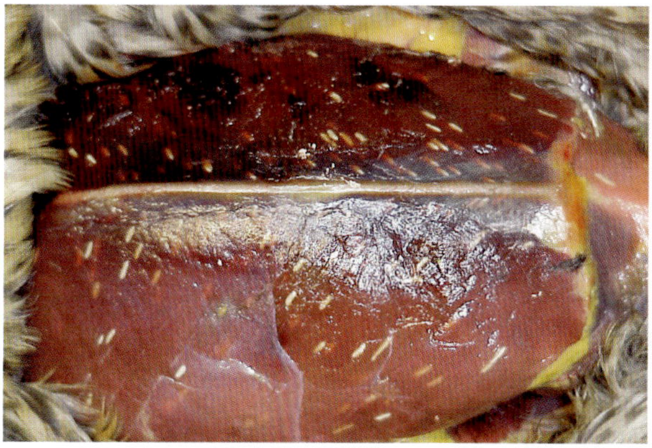

Sarkosporidien, 2002 erstmals in Österreich auch bei einer Stockente nachgewiesen.

Die Veränderungen ähneln Reiskörnern, daher die Bezeichnung „Rice Breast Disease".

Der gesamte Tierkörper ist genussuntauglich, wenn auffällige Veränderungen bzw. substanzielle Mängel des Fleisches gegeben sind.

Parasitosen mit verschiedener Lokalisation

Toxoplasmose

Erreger: *Toxoplasma gondii*
Der Erreger zählt zu den zystenbildenden Kokzidien. Säugetiere und Vögel können Zwischenwirte sein, daher kann rohes Fleisch verschiedenster Tierarten den Erreger beherbergen. Endwirt sind nur die Katzenartigen, von der die für den Menschen nach einer Reifung im Freien infektiösen Stadien ausgeschieden werden. Die Toxoplasmose kann aber auch über die Aufnahme von Zysten aus Fleisch oder inneren Organen auf weitere potenzielle Zwischenwirte, auch auf den Menschen, übertragen werden.
Die wesentlichsten Krankheitserscheinungen bei der akuten Toxoplasmose sind blutiger Schaum an den Nasenöffnungen, Milzschwellung, Schwellung und hellbraune Farbe der Leber und Lymphknotenschwellung. Beim Feldhasen z. B. verläuft die Krankheit sehr rasch und die Tiere zeigen Atemnot und blutig-schaumigen Nasenausfluss.
Die Toxoplasmose des Menschen kann verschieden verlaufen, kritisch ist die Erstinfektion von Schwangeren; hier kann es zu schwerwiegenden Missbildungen des Ungeborenen kommen.

Es besteht Infektionsgefahr für den Menschen (Zoonose).
Der Tierkörper ist genussuntauglich. **!**

Rundwürmer in der Bauchhöhle und im Zentralnervensystem

Setaria tundra, Setaria cervi

und

Elaphostrongylus cervi

Diese Parasiten sind Fadenwürmer (5–12 cm lang), die bei Reh- und Rotwild frei in der Bauchhöhle oder in der Schädelhöhle sowie im Rückenmarkskanal liegend vorkommen. Je nach Befallsstärke und Lokalisation rufen sie Entzündungen und Blutungen hervor.

Nach Entfernung der veränderten Teile und der Parasiten
ist der Tierkörper genusstauglich.

Pilzerkrankungen

Schimmelpilzerkrankungen – Aspergillose, Mukormykosen

Schimmelpilzerkrankungen treten am häufigsten bei Rehwild, aber auch bei Rotwild, Gamswild sowie bei Feldhasen und Wildkaninchen auf.

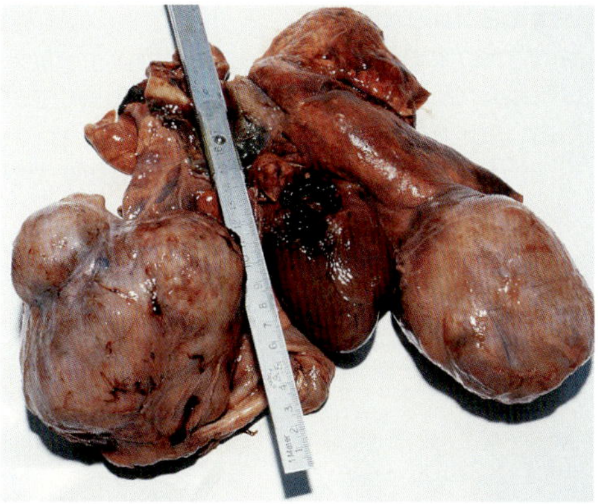

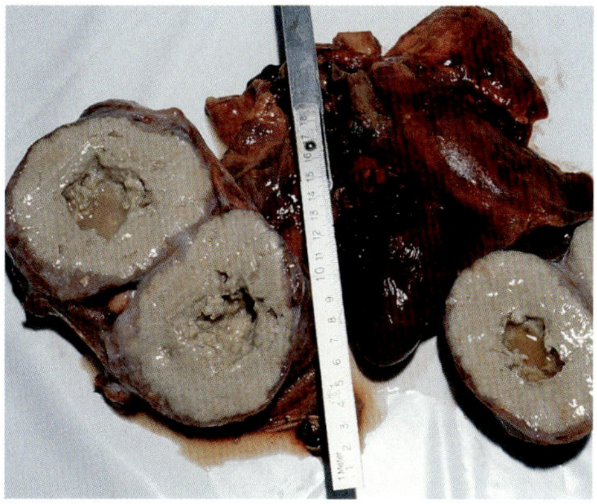

Extrem große Pilzherde in der Lunge – rechts aufgeschnitten

Hauptsächlich ist davon die Lunge befallen, die zahlreiche, meist über hühnereigroße graugelbe Knoten (mykotische Herde) aufweist. Gelegentlich finden sich diese Schimmelpilzherde auch in der Leber oder am Darm.

Wenn keine starke Abmagerung besteht und die veränderten Teile entfernt werden können, ist der Tierkörper genusstauglich.

Trichophytie – Glatzflechte

Man findet die Glatzflechte häufig bei Rindern und bei Schalenwild in Gehegen, viel seltener bei Wild in der freien Wildbahn. Typisch für die Trichophytie sind annähernd runde, stark schuppige, haarlose Stellen, die überall auf der Körperoberfläche auftreten können, da die Haare abbrechen. Diese Pilzerkrankung ist meist mit Juckreiz vergesellschaftet, sodass zusätzlich Kratz- und Scheuerverletzungen vorgefunden werden.

***Es besteht Infektionsgefahr für den Menschen (Zoonose).
Wenn keine starke Abmagerung besteht und die veränderten Teile entfernt werden können, ist der Tierkörper genusstauglich.*** !

Prionen

Chronic Wasting Disease (CWD)

So wird die Prionenerkrankung bei Cerviden (Rothirsch, Weißwedelhirsch) genannt, die vor allem in Nordamerika vorkommt. In Europa wurde der Erreger in Wildwiederkäuern in Norwegen und Finnland nachgewiesen. Ein ähnlicher Erreger wurde übrigens bei Kamelen in Nordafrika gefunden. In Österreich und den Nachbarstaaten wurde der Erreger aber nicht nachgewiesen.
Als Krankheitsanzeichen von CWD werden genannt: Verhaltens- und Bewegungsstörungen, Zwangsbewegungen, Übererregbarkeit, Zittern, schlechter Allgemeinzustand und chronische Abmagerung trotz normaler Futteraufnahme. Aufgrund der langen Inkubationszeit sind die Erkrankungszeichen eher bei älteren Tieren zu beobachten.

Es besteht Infektionsgefahr für den Menschen (Zoonose). Anzeigepflicht! Der Tierkörper ist genussuntauglich.

Vergiftungen

Für das Vorliegen von Vergiftungen (z. B. durch Dicumarol, Carbofuran, Blei) spricht gehäuftes Auftreten von Fallwild, bei dem bei der Sektion kein Anzeichen für eine andere Todesursache gefunden wird. Beim lebenden Tier können besonders Erregungszustände, Aufblähungen, zu Schaum geschlagener Speichel, Durchfall oder auch Verstopfung Hinweise auf eine Vergiftung liefern.

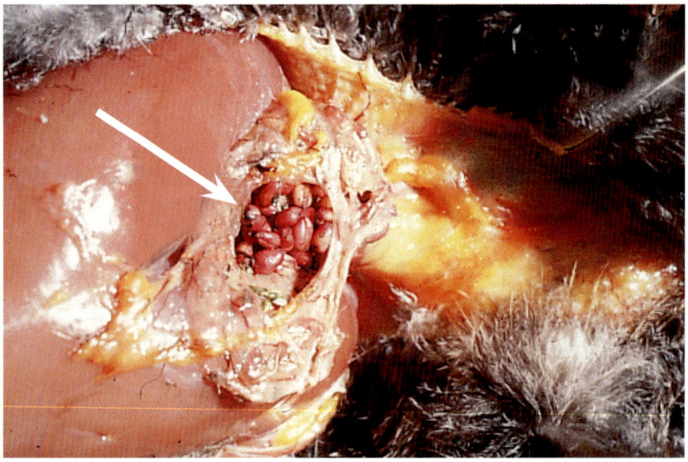

Giftweizen-Körner im Kropf eines Fasans

Raps-Krankheit beim Reh

Gelegentlich treten durch Rapsäsung bedingte Rehverluste in Feldrevieren auf. Das erkrankte Wild zeigt auffällige Verhaltensstörungen (mangelnde Scheu gegenüber dem Menschen). Die Fälle treten insbesondere im Spätwinter auf. Untersuchungen haben ergeben, dass die Rehe an den Folgen übermäßiger Raps-Aufnahme (bitterstoffarme Sorten) erkrankt sind. Ein Inhaltsstoff der Rapspflanze führt zu Blutarmut. Die Tiere können aber auch an den Folgen einer Fehlgärung eingehen.

Schaumige Gärung im Pansen – Rapsvergiftung

Vergiftetes oder einer Vergiftung verdächtiges Wildbret ist genussuntauglich.

Geschwülste (Tumore)

Geschwülste treten am häufigsten beim Rotwild, aber auch bei Rehwild, Gamswild, Damwild, Schwarzwild, Elchwild, Feldhasen und beim Federwild auf. Diese Tumore können sowohl gutartig als auch bösartig sein.

Geschwülste bzw. Tumore (in diesem Fall Papillome – siehe auch Seite 160) beim Rotwild

Geschwülste können aber auch durch Viren hervorgerufen werden (siehe auch Papillomatose, Seite 160).
Je nach Art, Lokalisation und Größe der Neubildung kann der Gesundheitszustand mehr oder weniger beeinflusst sein.

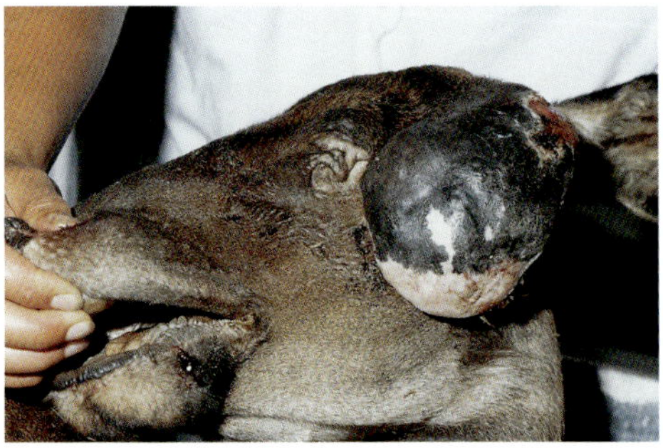

Geschwulst (Rotwild)

Geschwulst (Rehwild)

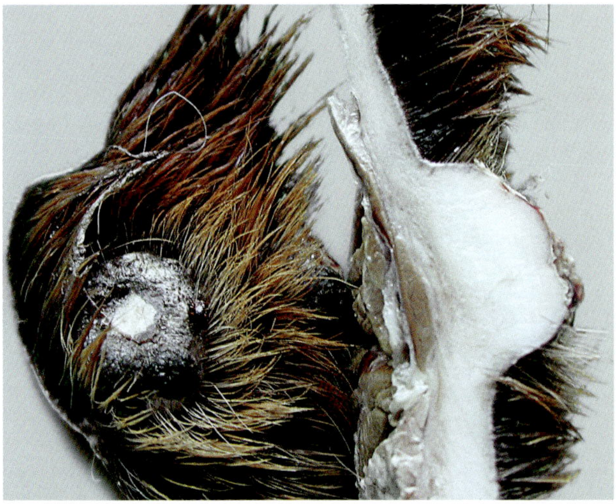

Fibrom, gutartig (Rotwild): der Querschnitt (rechts) zeigt, dass der Tumor nur in der Haut sitzt und nicht in der darunterliegenden Muskulatur

Die Genusstauglichkeit des Tierkörpers ist gegeben, wenn keine starke Abmagerung vorhanden ist, die Geschwülste nicht zahlreich sind und die veränderten Teile restlos entfernt werden können.

Übersichtstabellen Wildkrankheiten

Virale Krankheiten

Krankheit Veränderung Erreger	Tierarten	Mensch Zoonose	Leitsymptome mit freiem Auge erkennbar	Anmerkungen
Atyp. Geflügelpest/ NCD	Fasan, Rebhuhn	–	Schwäche, Atemnot, blauverfärbte Schleimhäute, Durchfall	**AP** bei tot aufgefundenem Wassergeflügel und Greifvögeln, **U**
Aujeszky/ Pseudowut	Schwarzwild, Hausschwein, andere Säuger	–	Ev. Lungen- und Darmentzündung	**AP** nur bei Hausschwein; **U** (akut erkrankte Tiere); Letal f. Hunde, Katzen!
Bluetongue	Wildwiederkäuer	–	Mattigkeit, Rötungen und Krusten an Maulschleimhaut, ev. Klauensaum	**U**
EBHS/RHD	Feldhase, Wildkaninchen	–	Blutungen, Atemnot, Gelbfärbung der Schleimhäute, Leberveränderungen	**U**
Geflügelpest/ Aviäre Influenza	div. Vogelarten	(+)	Schwäche, Atemnot, blauverfärbte Schleimhäute, Durchfall	**AP** bei tot aufgefundenem Wassergeflügel und Greifvögeln, **U**
Hepatitis E	Schwarzwild	+	–	**U** bei Erregernachweis
Lippengrind/ Ecthyma contagiosum	Gams-, Stein- und Rotwild	+	Rötungen und Geschwüre an Kopfschleimhäuten auch bei Lippen, Ohren, Klauen	**U**
Maul- und Klauenseuche (MKS)	Wildwiederkäuer	(+)	(geplatzte) Blasen an Maulschleimhaut, Klauensaum	**AP, U**
Myxomatose	Wildkaninchen, ev. Feldhase	–	Augenentzündung, Schwellungen an Kopf, Läufen	**U**
Papillomatose	alle Säugetiere	–	Knoten, Warzen, z. T. geschwürig verändert	**V**
Schweinepest	Schwarzwild, Hausschwein	–	Akut: Durchfall, Mattigkeit, Blutungen (Niere, Kehldeckel, Harnblase, Lymphknoten)	**AP, U**
Tollwut	alle Säugetiere	+	Verhaltensänderung, Speichelfluss, Verletzungen am Kopf, abnormer Mageninhalt	**AP, U**

AP ... Anzeigepflicht
U ... gesamtes Tier genussuntauglich (bezieht sich hier und in den folgenden Tabellen z. B. bei Ausjeszky'scher Krankheit, Schweinepest, Leptospirose, Tularämie nur auf akut erkrankte Tiere und nicht auf solche, die nur Antikörper im Blutserum gegen die jeweilige Krankheit aufweisen)
V ... veränderte Teile genussuntauglich; bei Abmagerung gesamtes Tier genussuntauglich
\+ ... auf Menschen übertragbar (+) ... Übertragung nur unter besonderen Umständen möglich

Wildkrankheiten

Bakterielle Krankheiten

Krankheit Veränderung Erreger	Tierarten	Mensch (Zoonose)	Leitsymptome mit freiem Auge erkennbar	Anmerkungen
Aktinomykose/ Aktinobazillose	Reh-, Rot- und Schwarzwild, auch Dachs, Feldhase	–	Unterkieferknochen verdickt, Zunge verdickt, verhärtet, Zubildungen am Gesäuge	**V**
Brucellose	Feldhase, Schwarz- und Rehwild, andere	+	Hodenschwellung, Gelenksschwellung, Knötchen in inneren Organen	**U**
EHEC/ pathogene E. coli	Wildwiederkäuer	+	–	Bei Erregernachweis **AP, U**
Gamsblindheit	Gams- und Steinwild	–	Augenveränderungen, und in Folge allg. Abmagerung	**V**
Leptospirose	Feldhase und andere	+	Leberveränderungen, Gelbsucht, Fehlgeburten	**U**
Listeriose	Reh- und Schwarzwild, Feldhase	+	Verhaltensänderung, weiße Knötchen in Leber und Milz	**U**
Milzbrand	verschiedene Wildhuftiere	+	Milz geschwollen und im Inneren breiig, dunkelrot; blutige Ausflüsse aus Körperöffnungen	**U**
Paratuberkulose	Reh-, Rot- und Muffelwild	–	Durchfall, Abmagerung, Darmschleimhaut stark verdickt	**U**
Pasteurellose (Hasenseuche)	Feldhase, Wildkaninchen, Fasan	+	Leber- und Milzschwellung, Blutungen; Lungenveränderungen	**U**
Pseudotuberkulose (Rodentiose)	Feldhase, Wildkaninchen, Nagetiere, auch Rehwild, Fasan	(+)	Knötchen in Leber, ev. auch anderen Organen; Milzschwellung	**U**
Rotlauf	Reh- und Schwarzwild	+	Blutungen im Magen-Darmtrakt, Milzschwellung, ev. Veränderungen an Herzklappen	**U**
Salmonellose	alle Tiere	+	Blutungen in Darm, Gelenksschwellung, Leberveränderung, Verhaltensänderung; z. T. symptomlos im Darm	**U**
Staphylokokkose	Feldhase, Wildkaninchen	+	Abmagerung, Abszesse	**U**
Tuberkulose	Reh- und Rotwild, auch andere Tierarten	+	Verkäste, verkalkte Herde in div. Organen, Lymphknoten des Kopfbereiches und Darmtraktes vergrößert	**U, AP** bei Rind (Ziege), Rotwild
Tularämie (Nagerpest)	Feldhase, Nagetiere, auch Wildkaninchen	+	Milzschwellung, Knötchen in Organen	**U**
Wild- und Rinderseuche	Dam-, Rot- und Schwarzwild	–	Lungen- und Brustfellveränderungen	**U, AP** nur bei Haustieren

AP ... Anzeigepflicht U ... gesamtes Tier genussuntauglich
V ... veränderte Teile genussuntauglich; bei Abmagerung gesamtes Tier genussuntauglich
+ ... auf Menschen übertragbar (+) ... Übertragung nur unter besonderen Umständen möglich

Parasitäre Krankheiten

Krankheit Veränderung Erreger	Tierarten	Mensch (Zoonose)	Leitsymptome mit freiem Auge erkennbar	Anmerkungen
Einzellige Parasiten				
Histomoniasis	Fasan	–	Mattigkeit, schwefelgelber Kot	**U**
Kokzidiose	Feldhase, Wildkaninchen	–	Darmwand verändert; Knötchen in Leber (Gallengangswand)	**V**
Sarkosporidiose	div. Säugetiere, auch Vögel	–	Weiße Pünktchen/ Streifchen in Muskulatur	**U** wenn Skelett-muskulatur sinn-fällig verändert
Toxoplasmose	Feldhase, Wildkaninchen und andere	+	Atemnot, schaumiger Nasenausfluss, Lungen-entzündung, Leber- und Milzschwellung,	**U**
Mehrzellige Parasiten				
Bandwurmfinnen	div. Tierarten	+	Bläschen in div. Geweben, je nach Lokalisation weitere Symptome	**V, U** wenn Finnen in der Skelett-muskulatur)
Dasselbeulen	Reh- und Rotwild	–	Larven im Unterhautgewebe, Muskulatur ev. verändert	**V**
Duncker'scher Egel	Schwarzwild	–	–	**U** wenn der Erreger bei Trichi-nenuntersuchung entdeckt wird
Onchocercose	Rotwild	–	Dünne Würmer im Unterhautgewebe	**V**
Lungenwürmer	div. Wildarten	–	Würmer in Bronchien, Knoten im Lungengewebe	**V**
Luftröhrenwurm, Syngamus tracheae	Fasan	–	Atemnot, rote Würmer in Luftröhre	**V**
Leberegel	Wiederkäuer	–	Leberveränderungen, Vor-derbrust-/Kehlgangsödem	**V**
Magen-Darm Rundwürmer	div. Wildarten	–	Abmagerung	**V**
Rachenbremse	Reh-, Rot- und Damwild	–	Larven in Rachenraum	**V**
Räude	Gams- und Schwarzwild, Fuchs, andere	(+)	Abmagerung; Haut: Krusten, Borken	**V**
Trichinose	Schwarzwild, andere Fleisch- und Allesfresser	+	–	**U**
Würmer in Bauchhöhle oder Rückenmarkskanal	Reh- und Rotwild	–	Parasiten und lokale Entzündungszeichen	**V**

AP ... Anzeigepflicht
U ... gesamtes Tier genussuntauglich
V ... veränderte Teile genussuntauglich; bei Abmagerung gesamtes Tier genussuntauglich
\+ ... auf Menschen übertragbar (+) ... Übertragung nur unter besonderen Umständen möglich

Andere infektiöse Ursachen, Prionen

Krankheit Veränderung Erreger	Tierarten	Mensch (Zoonose)	Leitsymptome mit freiem Auge erkennbar	Anmerkungen
Prionen/Chronic Wasting Disease (CWD)	Hirschartige	–	Verhaltensstörung, Abmagerung	**AP, U**
Trichophytie (Glatzflechte)	Schalenwild	+	Kreis-/ringförmiger Haarausfall, Schuppen	**V**
Pilze (Aspergillose, Mukormykose)	Reh-, Rot- und Gamswild	–	Lungennekrose	**V**

AP ... Anzeigepflicht
U ... gesamtes Tier genussuntauglich
V ... veränderte Teile genussuntauglich; bei Abmagerung gesamtes Tier genussuntauglich
\+ ... auf Menschen übertragbar

Gegenmaßnahmen setzen: Ja oder Nein?

Wild soll nach unserer heutigen Auffassung prinzipiell die Möglichkeit haben, Wild zu bleiben und nicht durch falsch verstandene Hege bzw. Überhege einer beginnenden Domestikation unterworfen werden. Jagd sollte auch in unserer Kulturlandschaft prinzipiell eine „restriktiv aneignende Form der Naturnutzung“ darstellen. International ist die Jagd im Sinne einer nachhaltigen Nutzung wild lebender Ressourcen anerkannt und somit offiziell Teil der weltweiten Naturschutzstrategie, wie die Weltnaturschutzunion (IUCN) schon bei ihrem im Oktober 2000 in Amman, Jordanien, abgehaltenen Weltkongress feststellte. Methoden, wie sie in der landwirtschaftlichen Nutztier- bzw. Intensivtierhaltung Anwendung finden, haben bei diesem Verständnis von Jagd nichts verloren!
Dennoch ist vor allem die sogenannte Biotophege, die der Verbesserung des Lebensraumes dient, sehr zu begrüßen. Auch die Fütterung, soweit sie als kompensatorische Maßnahme gesehen wird, um „Kultursteppen“ für das Wild überhaupt das ganze Jahr über bewohnbar zu machen, ist in vielen Fällen als positiv zu bewerten. Diese Maßnahmen sind auch Säulen für die Gesunderhaltung der Wildtierbestände.
Behandlungen von Wildtieren in freier Wildbahn mittels Medikamenten sind grundsätzlich abzulehnen und in Österreich auch verboten. Eine Behandlung mag ausnahmsweise genehmigt werden, wenn die Gesundheit des Menschen oder seiner Haustiere bedroht wird, wie dies unzweifelhaft bei der Tollwut der Fall ist. Auch der Amerikanische Riesenleberegel *(Fascioloides magna)* stellt in seiner Eigenschaft als exotischer Parasit, der mit voller Wucht auf unadaptierte (Wild)Tierbestände trifft, eine zu rechtfertigende Ausnahme dar. Der Medikamenteneinsatz (auch sogenannte Routineentwurmungen) an frei lebendem Wild (das

sind Wildtiere in freier Wildbahn, in Jagdgattern bzw. umfriedeten Eigenjagdgebieten und Wintergattern) ist seit 2003 aufgrund eines ministeriellen Erlasses generell untersagt (Ausnahme: z. B. wissenschaftlicher Versuch). Im Gegensatz dazu ist Wild in Fleischproduktionsgattern oder Zuchtgattern zu sehen, weil hier die Tierhaltereigenschaft des Gehegebetreibers vorliegt und dieser sicherstellen kann, dass die behandelten Tiere nur nach Einhaltung einer allenfalls erforderlichen Wartezeit dem menschlichen Verzehr zugeführt werden.
Als generelle Strategie im Umgang mit Wildkrankheiten ist die Vorbeugung zu empfehlen, was in der Praxis so viel heißt, wie die Infektionsgefahr und den Infektionsdruck innerhalb einer Wildtierpopulation von vornherein zu senken. Das kann beispielsweise durch Verbesserung des Lebensraumes, durch richtige und zweckmäßige Fütterung, durch seuchensicheres Entfernen krankheitsverdächtiger oder kranker Tiere bzw. Tierkörper und durch Bestandsreduktion erfolgen.
Eine weitere wichtige Maßnahme ist die Kontrolle: Fallwild, aber auch gesund erscheinendes Wild sollte regelmäßig in Form einer repräsentativen Stichprobe auf das Vorhandensein von Krankheiten untersucht werden. Bei manchen Krankheitserregern, wie etwa Parasiten, ist ein gewisser Befallsgrad oft als Gegebenheit zu akzeptieren. Es ist mitunter schon ein Erfolg, wenn der Parasitenbefall auf einem gewissen Niveau gehalten werden kann und nicht drastisch steigt.
Die Aufzeichnungspflicht der kundigen Personen für in Verkehr gebrachtes Wildbret ist nicht zuletzt auch ein wichtiger Schritt in Richtung Gesundheitskontrolle unserer Wildtiere.

Einige Grundregeln der Seuchenhygiene im Zusammenhang mit der Jagd

Biosicherheit bei der Jagdausübung

Alle Maßnahmen, die die Ausbreitung von Krankheitserregern verhindern oder einschränken, zählen zur „Biosicherheit“. Je nach Region und aktueller Tierseuchenlage sind verschiedene Maßnahmen notwendig und z.T. gesetzlich vorgeschrieben. Im Wesentlichen sind 5 Bereiche des Jagdbetriebes betroffen:

1. der Umgang mit dem Aufbruch bzw. den nicht weiter verwendeten Teilen des Wildes,
2. der Transport des Wildes zum Aufbrechplatz in Wildwannen oder anderen nach unten dichten Behältern,
3. Aufbrech- und Zerwirkplätze sollen für andere Tiere nicht zugänglich und notwendigenfalls desinfizierbar sein,
4. Es soll ausreichend Kühlraumkapazität bestehen und
5. Reinigung bzw. Wechsel der Kleidung inkl. Schuhwerk.

Dies betrifft auch Einladungen zu Jagden. Sie haben Tradition und sind meist ein Zeichen von Freundschaft, Wertschätzung und Freude am gemeinsamen Jagen. Darüber hinaus besuchen viele Jäger gerne fremde Reviere – auch in fremden Ländern – als zahlende Gäste. Jagdreisen sind beliebter denn je. Das birgt jedoch auch Gefahren, über die sich der Jäger bewusst sein muss. Denn nur so können sie vermieden oder zumindest eingedämmt werden.
Fachleute gehen davon aus, dass die hauptsächliche Bedrohung durch Krankheiten (für Menschen und Tiere) künftig nur noch von Wildtieren (auch nicht jagdbaren) ausgehen wird, da Haus- und Nutztiere durch gute Gesundheitssysteme weitgehend ständig überwacht werden.
Grund für das oft „spontane" Auftreten von Krankheitserregern ist der veränderte Umgang des Menschen mit seiner Umwelt. Vor allem der weltweite Reiseverkehr, Massen- bzw. Intensivtierhaltung und exotische Haustiere begünstigten auch die Einschleppung neuer Erreger.
Für den Jäger bedeutet dies nun konkret, dass er jedenfalls fremde Jagdreviere nur mit sauberer Jagdbekleidung – einschließlich gut gereinigtem Schuhwerk – betreten sollte. Mit Resten von Blut (Schweiß) auf Jagdstiefeln lassen sich beispielsweise die Erreger der Schweinepest oder Aujeszky'schen Krankheit relativ leicht auch noch nach Tagen übertragen.
Ebenso sollten heimische bzw. eigene Reviere keinesfalls mit verunreinigter Jagdbekleidung betreten werden, die bei Jagdausflügen im Ausland getragen wurde. So gibt es z. B. in Afrika bei Wildtieren eine Reihe von hochinfektiösen Krankheiten (auch Maul- und Klauenseuche), gegen die diese Wildtiere selbst immun sind.
Jegliche Riegeljagden, bei denen mehrere Tiere zur Strecke kommen, bergen ein höheres Infektionsrisiko. Noch höher ist dieses Risiko bei den meisten Jagdgattern (umfriedeten Eigenjagdgebieten) einzustufen.
Weiters sollten Stallungen oder Koppeln bzw. Hausweiden von landwirtschaftlichen Nutztieren (wie etwa Rinder, Schweine, Schafe, Ziegen) nicht mit verschmutzter Jagdbekleidung (Schuhwerk) betreten werden, da auch hierbei die Gefahr einer Krankheitserreger-Übertragung gegeben sein kann. Natürlich sollte man umgekehrt auch nicht mit Stallbekleidung jagen gehen oder etwa Saukirrungen beschicken!
Saubere, frisch gewaschene (chemisch gereinigte) Jagdbekleidung und erforderlichenfalls sogar desinfiziertes Schuhwerk sollte für den weidgerechten Jäger – wann immer er ein fremdes Revier betritt – eine Selbstverständlichkeit sein, um das Risiko von Krankheitserreger-Übertragungen zu minimieren. Das gilt natürlich auch umgekehrt für das Betreten des eigenen Revieres – insbesondere nach Auslandsjagden oder Jagden in Seuchengebieten.

Bei intakter Umwelt und einer dem Biotop angepassten Wilddichte treten all die in diesem Kapitel genannten Krankheiten – insbesondere beim Schalenwild – sehr selten auf. Gehäuftes Vorkommen von krankem Wild ist daher stets ein Alarmzeichen!

Spezielle Untersuchung

Kapitelinhalt:
- Einsendung von Untersuchungsmaterial
- Empfehlungen für den Versand

Einsendung von Untersuchungsmaterial

Die exakte Diagnose von Wildkrankheiten ist und bleibt immer die Angelegenheit von Spezialisten. Um einen Überblick über die gesundheitliche Situation des Wildes eines Reviers oder Gebietes zu haben, ist es nicht damit getan, auffälliges Wildbret als genussuntauglich zu erklären, sondern es ist unbedingt anzuraten, derartige Tierkörper oder deren besonders veränderte Teile zur Untersuchung einzusenden. Dies ist auch in Hinblick auf eine Risikoabschätzung der Krankheitsbedrohung von Wildtieren, aber auch indirekt von Haustieren erforderlich und dient nicht zuletzt auch der Lebensmittelsicherheit bei Wildbret, da dadurch Problemgebiete rechtzeitig erkannt werden.
Aus einzelnen Einsendungen genaue Diagnosen zu stellen, ist nicht immer möglich. Es ist daher wichtig, möglichst alles frisch aufgefundene Fallwild oder mehrfach auftretende Organveränderungen zur Untersuchung zu bringen. Nur so können seuchenartig auftretende Krankheiten rechtzeitig erkannt und Gegenmaßnahmen getroffen werden. Für Einsendungen stehen neben dem für Untersuchungen besonders prädestinierten Forschungsinstitut für Wildtierkunde und Ökologie der Veterinärmedizinischen Universität Wien und anderer universitärer Institute auch die Einrichtungen der Österreichischen Agentur für Gesundheit und Ernährungssicherheit (AGES) zur Verfügung.
Die zu kundigen Personen ausgebildeten Jäger können somit im Dienste der Gesundheit bei etwaiger Seuchenfrüherkennung bzw. bei der Seuchenbekämpfung eine sehr wichtige Rolle für die Allgemeinheit spielen und wären auch für Spezialaufgaben (z. B. Probenentnahmen) gut einsetzbar.
Eine entsprechend starke und dichte Verpackung ist für den Versand unbedingt erforderlich. Weiters ist jeder Sendung ein Begleitbericht beizulegen, auf dem neben den Angaben über das Revier auch alle Besonderheiten und Auffälligkeiten anzuführen sind. Das Einsendematerial sollte möglichst frisch zu den Untersuchungsstellen gebracht oder gesendet werden. Die Aussagefähigkeit der Diagnostik hängt nämlich wesentlich von der Art des Einsendematerials sowie den Bedingungen der Aufbewahrung bzw. des Transportes des Untersuchungsgutes ab! Die größte Mühe ist meist vergebens, wenn bereits verwestes Material ankommt! Bei Versand durch die Post bzw. andere Versandfirmen sind unbedingt die aktuellen Vorschriften für den Gefahrgutversand (erhältlich bei den jeweiligen Firmen) zu berücksichtigen.

Empfehlungen für den Versand

Folgende wesentliche Punkte sind zu beachten:

- Telefonische Abklärung mit der Untersuchungsstelle schon vor der Einsendung, um aktuelle Hinweise zu Probenannahmezeiten etc. zu erfahren. Unter Umständen können auch aussagekräftige Fotos (per E-Mail versendet) hilfreich sein. Die nachfolgenden Empfehlungen sind allgemeiner Natur – Details sind unbedingt bei der Untersuchungsstelle zu erfragen.
- Informationen zum Fall: Ein in Plastik verpacktes Begleitschreiben muss dem Untersuchungsgut beigegeben werden, es soll folgende Angaben enthalten:
    - Einsender (Adresse, Telefon etc.),
    - Fundort/Ort der Erlegung (Gemeinde, Revier, auch, ob in Wiese/Wald/Maisfeld etc.),
    - Tierdaten (Fund- bzw. Erlegungsdatum, Tierart, Geschlecht, Alter, Todesart, eventuell Verhalten bzw. Zustand vor dem Tod),
    - Häufigkeit (Einzelfall oder Massenerkrankung?)
    - Verdacht auf bestimmte Krankheiten, die gewünschte Untersuchung soll angeführt werden.
- Untersuchungsmaterial: Ganze Tierkörper sollten, wenn möglich, in nicht aufgebrochenem (unausgeweidetem) Zustand zur Untersuchung gelangen. Bei ausgeweideten Tieren sollten alle noch verfügbaren Organe mitgeschickt werden, insbesondere Milz, Leber, Nieren mit Nierenfett, Lunge und Herz. Noch lebende, aber offensichtlich schwer kranke Tiere sollten möglichst mit einem Trägerschuss erlegt werden.
- Lagerung bis zum Versand: Das Material darf nicht tiefgefroren werden, da ansonsten histologische und bakteriologische Untersuchungen unmöglich sein können. Kühl lagern. Zum Versand Tiere in dichtem Plastiksack verpacken. Einzelorgane können für histologische Untersuchungen in sehr kleine Stücke zerkleinert und in 8 %iger Formaldehydlösung eingelegt werden.
- Einsendungsart: Idealerweise wird das Untersuchungsmaterial direkt zur Untersuchungsstelle gebracht. Wenn das nicht möglich ist, wendet man sich bezüglich einer seuchensicheren und gesetzeskonformen Einsendung an den örtlich für die Schlachttier- und Fleischuntersuchung zuständigen amtlichen Tierarzt oder den Amtstierarzt der jeweiligen Bezirksverwaltungsbehörde.
- Achtung: Bei Seuchenverdacht obliegt die Einsendung ausschließlich dem Amtstierarzt (Bezirksverwaltungsbehörde).

Informationen zum Gefahrgutversand

Informationen der Post zum Gefahrgutversand:
www.post.at/g/c/gefahrgutbrief

Neben der Post gibt es weitere Anbieter, die z. T. auf (veterinär-)medizinische Proben spezialisiert sind, und die bei der Untersuchungsstelle erfragt werden können.

Kühlraum für Wild in der Decke

Kapitelinhalt:

- **Ausstattung reviereigene Kühleinrichtung/zugelassenes Kühlhaus**

Unter Kühlung werden sowohl die Abkühlung als auch die Kühllagerung verstanden. Der Vorgang der Abkühlung wird durch intensive Luftbewegung gefördert, dabei kommt es auch zur Abtrocknung der Fleischoberflächen. Die Kühlung ist zur Vermeidung des Fleischverderbs unbedingt nötig, weil dadurch das Wachstum der meisten unerwünschten Bakterien gehemmt wird. Temperaturen um 0 °C ermöglichen eine besonders lange Haltbarkeit, die Abkühlung auf solch niedrige Temperaturen darf aber nicht schockartig erfolgen. Temperaturschwankungen am bereits gekühlten Wild führen zur Kondenswasserbildung und können die Haltbarkeit des Fleisches verkürzen.

Gemäß der Verordnung (EG) Nr. 853/2004 muss Wild nach dem Erlegen innerhalb einer angemessenen Zeitspanne auf nicht mehr als +7 °C (Großwild) und +4 °C (Kleinwild) abgekühlt werden. Innereien sind auf nicht mehr als +3 °C zu kühlen. Soweit es die klimatischen Verhältnisse erlauben, ist eine aktive Kühlung nicht erforderlich (während der kühlen Jahreszeiten ist bei niedriger Außentemperatur – unter +12 °C – ein zeitlicher Spielraum von mehreren Stunden gegeben). Dies kann entweder in reviereigenen Einrichtungen, wie Kühlzellen oder Wildkammern, oder in zugelassenen Kühlhäusern – beschränkt auf Wild in der Decke/Schwarte/Federkleid (in der Folge „zugelassene Kühlhäuser" genannt) bzw. in Wildbearbeitungsbetrieben erfolgen. Nach derzeitiger Rechtslage gibt es nur noch reviereigene (private) Kühleinrichtungen und zugelassene Kühlhäuser. Letztere sind solche, die gewerblich betrieben werden bzw. wo bereits ein Besitzerwechsel des Wildstückes erfolgt ist.
Räumlichkeiten (Kühlräume, Kühlzellen, Wildkühlschränke), in denen Wild bis zum Inverkehrbringen durch Abholung durch Endverbraucher (Konsumenten) oder Lebensmittelunternehmer (Betriebe) gelagert wird, unterliegen aber prinzipiell den gleichen hygienischen Mindestanforderungen wie zugelassene Kühlhäuser. Sie werden jedoch nicht regelmäßig bzw. nach einem Kontrollplan behördlich kontrolliert.

Ausstattung reviereigene Kühleinrichtung/zugelassenes Kühlhaus

- Die Fußböden müssen aus undurchlässigem, leicht zu reinigendem und zu desinfizierendem, nicht verrottbarem Material bestehen. Zur Vermeidung von Geruchsbelästigungen sollte das Wasser zu Abflüssen abgeleitet werden, die mit Siphonen versehen sind. In reviereigenen Kühleinrichtungen genügen jedoch Einrichtungen, die ein leichtes Entfernen des Wassers ermöglichen.
- Die Räume müssen glatte, feste und undurchlässige Wände haben. Die Wände müssen bis zu einer Höhe von 2 m (mindestens aber bis in Lagerungshöhe) mit einem hellen, abwaschbaren Belag oder Anstrich versehen sein. Ecken und Kanten müssen so ausgearbeitet sein, dass eine einwandfreie Reinigung leicht möglich ist.
- Aufhängevorrichtungen für Wildkörper müssen derart gestaltet sein, dass diese weder den Boden noch die Wand berühren.
- Die Türen müssen eine verschleiß- und korrosionsfeste, glatte, undurchlässige und leicht zu reinigende Oberfläche haben. Holztüren müssen auf allen Oberflächen eine glatte und undurchlässige Verkleidung aufweisen. Oberflächen von Isolierungen müssen verschleißfest sein. Die Isolierungen dürfen keine Gerüche abgeben. Es müssen ausreichende Vorrichtungen zur Be- und Entlüftung sowie zur gründlichen Entnebelung (= Entfernen der Feuchtigkeit) vorhanden sein. Feuchtigkeit in Kühlräumen entsteht dabei einerseits durch Verdunstung von den noch warmen Tierkörpern bzw. wenn beim Öffnen der Kühlraumtür warme Luft von außen eindringt. Ersteres ist eigentlich erwünscht, da die Verdunstung einerseits die Auskühlung des Tierkörpers fördert und andererseits zu trockenen Fleischoberflächen führt, die dadurch vor bakteriellem Verderb besser geschützt sind, setzt aber voraus, dass das Kühlaggregat mit einem Gebläse arbeitet. Bei Kühlaggregaten ohne Luftbewegung sollte der Tierkörper erst nach einigen Stunden in den Kühlraum gebracht werden. Die genannten Effekte sind aber auch vom Verhältnis des Kühlraumvolumens zur Menge der eingebrachten warmen Tierkörper und anderen Faktoren abhängig.
- Es muss eine ausreichende Beleuchtung vorhanden sein, durch welche die Farben nicht verändert werden. Die Decken müssen leicht zu reinigen sein und sauber gehalten werden.

Keinesfalls dürfen in einer solchen reviereigenen Kühleinrichtung Müllbehälter oder Ähnliches aufbewahrt werden! Von diesen könnten Gerüche, Staub oder sonstige Verunreinigungen auf das Wildfleisch übertragen werden. Weiters ist es nicht statthaft, Raubwild oder Raubzeug im Wildkühlraum zu lagern oder zu bearbeiten. Nicht gestattet ist die gemeinsame Unterbringung von Wild in der Decke mit bereits enthäutetem Wild sowie enthäuteten bzw. gebrühten Schlachtkörpern von landwirtschaftlichen Nutztieren (z. B. Kühlräume in Fleischereien) bzw. von Fleischprodukten wie etwa Würsten oder Schinken. Gestattet ist jedoch die gemeinsame Unterbringung von enthäutetem Wild (bereits untersucht) sowie enthäuteten bzw. gebrühten Schlachtkörpern von landwirtschaftlichen Nutztieren (ebenfalls bereits untersucht). Die Bearbeitung von Wildtieren, landwirtschaftlichen Nutztieren und Geflügel hat jedoch zeitlich und räumlich gesondert zu erfolgen.

Zur hygienisch einwandfreien Ausstattung eines zugelassenen Kühlhauses gehören:
- verflieste oder mit Kunststoff- bzw. Nirostapaneelen verkleidete Wände,
- ein verfliester oder beispielsweise mit einem Plastikbelag versehener Boden, wobei am Übergang zu den Wänden möglichst Hohlkehlen vorhanden sein sollen,
- Plastik- oder Nirostatüren,
- ein leistungsfähiges Kühlaggregat, welches geeignet ist, die erforderlichen Lagerungstemperaturen nach Beschickung raschest zu gewährleisten,
- ein Thermometer, mit dem diese Temperaturen überprüft werden können,
- Rohrbahnkonstruktionen oder Haken zum Aufbewahren großer Tierkörper im Hängen,
- und schließlich Regale, auf denen Kleinwild abgelegt werden kann.

Für die Lagerung von 1.000 kg Schalenwild ist eine Kühlraumfläche von 10 m^2 bei Rohrbahnausrüstung zu veranschlagen. In derart genutzten Räumen darf ausschließlich ungerupftes Wildgeflügel bzw. Wild in der Decke gelagert werden. Eine Bearbeitung – wie z. B. Aus-der-Decke-schlagen – muss in gesonderten Räumlichkeiten erfolgen.
Für die Bearbeitung von Wildfleisch in kleinstem Rahmen ist mindestens ein gesonderter Raum vorzusehen (siehe auch Fachbuch „Wildbret-Direktvermarktung"), der in seiner Beschaffenheit die Voraussetzungen der erwähnten reviereigenen Kühleinrichtung erfüllt. Darüber hinaus muss eine hygienisch einwandfreie Vorrichtung zum Reinigen der Hände und Werkzeuge vorhanden sein. Weiters muss ein solcher Raum mit entsprechenden Arbeitsgeräten (wie Schneidetisch, Behältnisse, Sägen, Messer etc.), die aus korrosionsfestem, die Qualität des Fleisches nicht beeinträchtigendem sowie leicht zu reinigendem und zu desinfizierendem Material bestehen, ausgestattet sein.

Transport – Lagerung

Kapitelinhalt:
- Transport
- Lagerung
- Unterbrechung der Kühlkette

Transport

Der Transport von ganzen Tierkörpern und von Wildfleisch ist in der Verordnung (EG) Nr. 853/2004 bzw. in der Lebensmittelhygiene-Direktvermarktungsverordnung geregelt. Dies betrifft den Transport vom Ort des Erlegens zu einer reviereigenen Kühleinrichtung bis hin zu einem zugelassenen Kühlhaus bzw. zu einem Wildbearbeitungsbetrieb. Tierkörper sind (außer vom Ort des Erlegens bis zur reviereigenen Kühleinrichtung) hängend zu transportieren – dies gilt auch für den Transport von einer Kühleinrichtung zur anderen.

Für den hygienisch einwandfreien Transport vom Ort des Erlegens bis zu einer reviereigenen Kühleinrichtung müssen im Sinne einer Guten Hygienepraxis folgende Bedingungen erfüllt sein:

- Tierkörper müssen auf einer hygienisch einwandfreien, leicht zu reinigenden Unterlage befördert werden, ein Schutz gegen Verschmutzung von oben ist vorzusehen;
- werden mehrere Tierkörper gleichzeitig transportiert, dürfen sie nur so eng gelagert werden, dass ein gegenseitiges Verschmutzen von freiliegenden Fleischteilen ausgeschlossen und der Abkühlprozess nicht beeinträchtigt ist;
- das direkte Übereinanderlegen von Tierkörpern ohne Schutz der unteren Tierkörper ist nicht zulässig;
- nicht ausreichend abgekühlte Tierkörper sind von bereits gekühlten abzusondern, um eine Erwärmung der bereits gekühlten zu verhindern;
- ein Ansteigen der Temperatur der Tierkörper während des Transportes ist durch eine geeignete Ausstattung des Fahrzeuges zu verhindern.
- bereits ausgeweidete Wildstücke dürfen keinesfalls auf offenen Ladeflächen von Fahrzeugen oder Anhängern ungeschützt transportiert werden. Sie sollten jedenfalls in geeigneten Wannen, die mit sauberen Planen abgedeckt werden oder in geeigneten verschließbaren Behältnissen untergebracht werden. Aus hygienischer Sicht sind – für den Transport von bereits ausgeweidetem Wild – auch all diejenigen Transportkonstruktionen kritisch zu beurteilen, die zwecks Wildtransport an Kfz (z. B. an Anhängekupplungen) angebracht werden, da hierbei die Gefahr einer erheblichen Verschmutzung der Wildkörper nicht auszuschließen ist!

Empfehlung: Die Transportdauer ist natürlich von der Umgebungstemperatur abhängig, sollte aber im Regelfall 2 Stunden nicht überschreiten!

Lagerung

Großwild in der Decke/Schwarte

bei Direktvermarktung:	**(–1 °C) bis +7 °C**	**➡ 7 Tage ab Erlegung (gesetzlich geregelt)**
bei Abgabe an den Wildbretgroßhandel:	**(–1 °C) bis +7 °C**	**➡ 7 Tage (empfohlen im Sinne der Guten Hygienepraxis)**

Die Fleischinnentemperatur soll –1 °C nicht unterschreiten, da bei Fleisch bei dieser Temperatur bereits der Gefriervorgang beginnt. Je näher die Kühltemperatur bei 0 °C bis +1 °C liegt, desto länger ist Fleisch haltbar. Es ist daher in reviereigenen Kühleinrichtungen, aber auch in zugelassenen Kühlhäusern eine Kühltemperatur von etwa +1 °C anzustreben. Natürlich ist Wildbret unter diesen Bedingungen länger als 7 Tage lagerfähig. Es muss jedoch für den Käufer ein ausreichender zeitlicher Spielraum für weitere Bearbeitung und Verwendung des Wildbrets als Frischfleisch bestehen.

Kleinwild (nicht ausgeweidet)

bei Direktvermarktung: (–1 °C) bis +4 °C	**➡ 7 Tage ab Erlegung (gesetzlich geregelt) ➡ Im Sinne der Guten Hygienepraxis kann die direkte Abgabe in unausgeweidetem Zustand nicht empfohlen werden, wenn aber doch unausgeweidetes Kleinwild abgegeben wird, dann innerhalb von maximal 3 Tagen (72 Stunden) nach dem Erlegen**
bei Abgabe an den Wildbretgroßhandel: (–1 °C) bis +4 °C	**➡ 3 Tage ab Erlegung (empfohlen im Sinne der Guten Hygienepraxis)**

Kleinwild darf nach der Lebensmittelhygiene-Direktvermarktungsverordnung unausgenommen und ungehäutet bzw. ungerupft bei einer Fleischinnentemperatur von nicht mehr als +4 °C längstens 7 Tage gelagert werden. Da es bei

Kleinwild aber in der Regel durch den Schrotschuss zu Verletzungen des Magen-Darm-Traktes kommt, ist prinzipiell von einem raschen Verderb auszugehen. Es wird daher empfohlen, Kleinwild baldmöglichst, d. h. am Tag des Erlegens, auszuweiden oder umgehend an den Käufer abzugeben.

Unterbrechung der Kühlkette

Eine Unterbrechung der Kühlkette ist nur dann gegeben, wenn die Fleischtemperatur nach bereits erfolgter Abkühlung wieder über die gesetzlich vorgegebene Temperatur (bei Großwild über +7 °C, bei Kleinwild über +4 °C, bei Innereien über +3 °C) ansteigt. Fleisch, das auf etwa +1 °C gekühlt wurde, kann daher – abhängig von der Umgebungstemperatur – ohne aktive Kühlung in isolierten Behältnissen etwa ein bis zwei Stunden transportiert werden, ohne dass dies ein Unterbrechen der Kühlkette bedeuten würde.
Kurzfristige Temperaturüberschreitungen in reviereigenen Kühleinrichtungen oder zugelassenen Kühlhäusern durch Öffnen der Türen, Einladen von Wildkörpern, Manipulationen im Kühlraum und Ähnliches sind ebenfalls nicht zu berücksichtigen.Unabhängig von den rechtlichen Vorgaben ist aber zu berücksichtigen, dass es beim Verbringen von gekühlten Tierkörpern in eine wärmere Umgebung zur Kondensation von Luftfeuchtigkeit an der Fleischoberfläche kommt – und an feuchten Fleischoberflächen kann der bakterielle Verderb schneller ablaufen (Schmierigwerden).

Fleischuntersuchung – Kennzeichnung

Kapitelinhalt:
- Fleischuntersuchung
- Kennzeichnung

Fleischuntersuchung

Werden durch den Jäger vor dem Erlegen keine Verhaltensstörungen beobachtet, bei der Untersuchung durch die kundige Person keine auffälligen Merkmale festgestellt und besteht kein Verdacht auf Umweltkontamination, so darf Wild an Verbraucher abgegeben werden.

In den folgenden Fällen ist eine Fleischuntersuchung durch den amtlichen Tierarzt erforderlich:

- wenn das Wild an einen Wildbearbeitungsbetrieb abgegeben wird, wird es dort zusätzlich vom amtlichen Tierarzt untersucht;
- wenn vor dem Erlegen oder beim Aufbrechen bzw. Ausweiden Auffälligkeiten beobachtet wurden oder wenn die Besichtigung durch die kundige Person Anlass zu Bedenken gegen das Fleisch gegeben hat (sofern es nicht vom Verfügungsberechtigten ohnehin aus dem Verkehr gezogen wird).

Die Untersuchung hat umgehend zu erfolgen. Vor der Untersuchung sind die Tierkörper zu enthäuten bzw. zu rupfen, die Leibeshöhle ist so zu eröffnen, dass sie besichtigt werden kann. Bei Kleinwild kann die tierärztliche Untersuchung auf Stichproben beschränkt werden.

Kennzeichnung

Nach der Untersuchung durch die kundige Person wird Wild nicht mit einem Genusstauglichkeitskennzeichen versehen, es gibt hier nur die Bestätigungen (des Jägers/Erlegers und der kundigen Person) auf der am Wildkörper angebrachten Wildbret-Bescheinigung. Eine Kennzeichnung mittels **Genusstauglichkeitskennzeichen** erfolgt erst nach entsprechender Untersuchung durch den amtlichen Tierarzt. Für eine ordnungsgemäße Untersuchung des Wildes durch den amtlichen Tierarzt sind aber die vom Jäger/Erleger und der „kundigen Person" durchgeführten Untersuchungen, die auf der Wildbret-Bescheinigung bestätigt werden, eine unabdingbare Voraussetzung, da diese Untersuchungen nicht auf anderem Weg nachvollzogen oder durch keine anderen Untersuchungen ersetzt werden können. Der Wildbret-Bescheinigung muss bis zum Abschluss der Untersuchungen zum jeweiligen Tierkörper zuordenbar sein (korrekte Anbringung der Wildbret-Bescheinigung siehe Seite 125).
Das Fleisch ist **genussuntauglich** – Verordnung (EG) Nr. 854/2004, Anhang I, Abschnitt II, Kapitel V, Z 1, lit b –, wenn die Innereien nicht untersucht wurden. Daraus ergibt sich – in Zusammenhang mit Verordnung (EG) Nr. 854/2004, Anhang I, Abschnitt IV, Kapitel VIII, Z 2 –, dass „Tiere, bei denen weder die Mitteilung hinsichtlich der Innereienuntersuchung vorhanden ist, noch die Innereien in den Wildbearbeitungsbetrieb zur Untersuchung mitgeliefert wurden, nicht als genusstauglich beurteilt werden können". – Es ist davon auszugehen, dass diese Regelungen auch nach Inkrafttreten der EU Kontrollverordnung (VO (EU) 2017/625) sinngemäß gelten werden.
Der amtliche Tierarzt hat die Genusstauglichkeitskennzeichnung zu überwachen.
Auf Verpackungen muss ein **Identitätskennzeichen** (wie Genusstauglichkeitskennzeichen, jedoch ohne Kennzahl des amtlichen Tierarztes) angebracht werden, bevor das Erzeugnis den zugelassenen Betrieb verlässt.

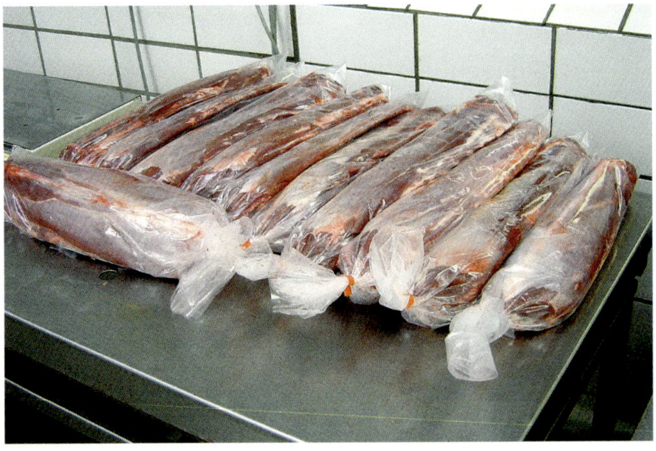

Sauber verpackte Rehrücken, vorbereitet zur Direktvermarktung. Bei der Abgabe ist das verpackte Fleisch mit einem entsprechenden Aufkleber zu versehen („Wildbret aus Direktvermarktung", Jagdgebiet, Gewicht, Aufbrauchsdatum, Preis usw.).

Farben zur Kennzeichnung: Die für die Genusstauglichkeitskennzeichnung (auch für die Identitätskennzeichen, die direkt auf das Erzeugnis selbst aufgebracht werden) verwendeten Farbstoffe müssen gemäß den Gemeinschaftsvorschriften für die Verwendung von Farbstoffen in Lebensmitteln zugelassen sein. (Fleischuntersuchungsverordnung 2006 BGBl. II Nr. 109/2006 i. d. g. F.)

Genusstauglichkeitskennzeichen oval –
Breite mindestens 65 mm, Höhe mindestens 45 mm
Buchstabengröße mindestens 8 mm
Zahlengröße mindestens 10 mm

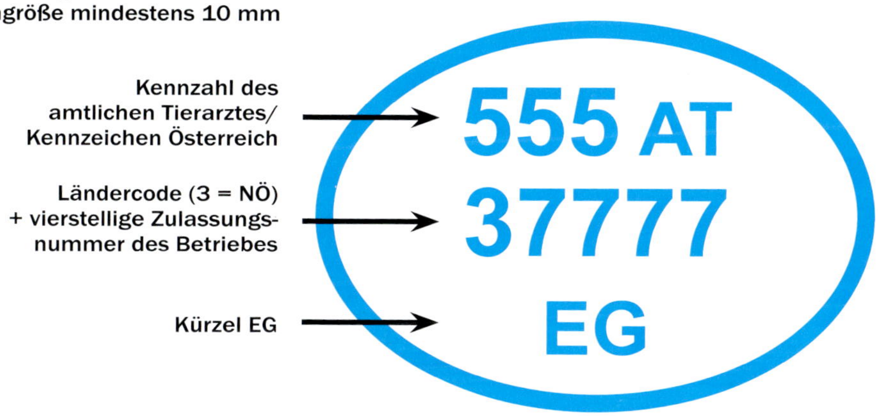

Identitätskennzeichen oval –
auf Erzeugnis, Umhüllung (Verpackung) oder Etikett
Breite mindestens 65 mm, Höhe mindestens 45 mm
Buchstabengröße mindestens 8 mm
Zahlengröße mindestens 10 mm

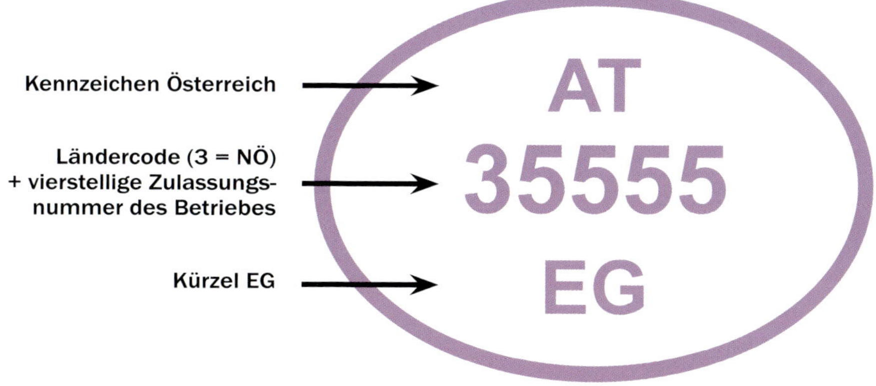

Fleischuntersuchung – Kennzeichnung

Kennzeichnung nach Trichinen-Untersuchung

Wildschweine sind vor dem Inverkehrbringen auf Trichinen zu untersuchen – außer sie werden an den Wildbretgroßhandel abgegeben. In diesem Fall wird die Trichinen-Untersuchung dort von den für diesen Betrieb zuständigen amtlichen Tierärzten nach der Verdauungsmethode veranlasst.
In allen anderen Fällen sind die Wildschweine von dem für die jeweilige Gemeinde zuständigen amtlichen Tierarzt zu untersuchen. Je nach Bundesland können Jäger in der Probennahme zur Trichinen-Untersuchung ausgebildet werden, die Proben werden dann an ein zugelassenes Labor versandt.
Die Bestätigung über die Trichinenfreiheit erfolgt durch die zum Trichinenuntersucher ausgebildete kundige Person bzw. durch den örtlich zuständigen amtlichen Tierarzt auf der am Wildkörper befestigten Wildbret-Bescheinigung. Es ist dafür keine zusätzliche Stempelung am Wildkörper gesetzlich erforderlich.

Früher ausgebildete Trichinenuntersucher haben z. T. eigene Stempel, die noch verwendet werden können. Es wird dabei die Rückseite der Wildbret-Bescheinigung gestempelt.

Vorschlag für den Stempel „Trichinenfrei" – rechteckig
Verhältnis Breite : Höhe = 5 : 2
Buchstaben und Ziffern gut lesbar

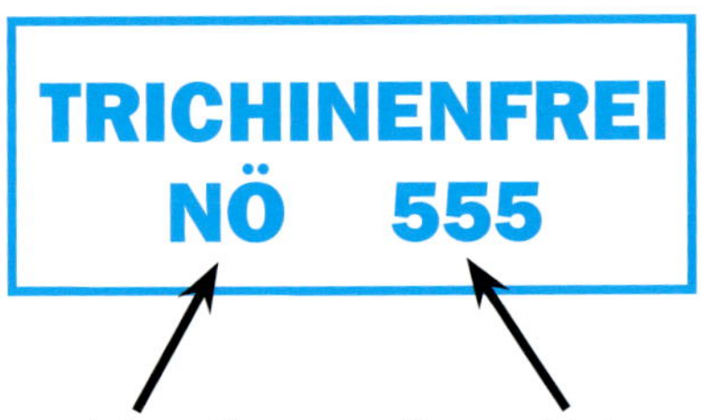

Kennzeichen für das Bundesland

Kennzahl des amtlichen Tierarztes bzw. Kennzahl der dafür ausgebildeten und amtlich bestellten kundigen Person

HACCP und Risikoanalyse

Kapitelinhalt:

- **Qualität und Qualitätssicherung**
- **HACCP und Gute Hygienepraxis**
- **Risikoanalyse**

Erzeugung, Vertrieb und Handel mit Lebensmitteln sind heute oft sehr komplex. So kann es bei der Herstellung von Lebensmitteln zum Teil zahlreiche Produktionsschritte geben, die Rohmaterialien können aus verschiedenen Ländern oder auch Kontinenten bezogen werden usw. Dazu kommt der Konsumentenwunsch nach Produkten mit weniger bis keinen Konservierungsstoffen, mit Frischecharakter und anderen Eigenschaften, welche die Herstellung eines sicheren Lebensmittels nicht gerade erleichtern.

Um zu gewährleisten, dass Lebensmittel auch unter diesen Bedingungen für den Konsumenten „sicher" (d. h. nicht gesundheitsschädlich und nicht für den menschlichen Verzehr ungeeignet) sind, müssen Kontrollen durchgeführt werden. Da man nicht jedes einzelne Lebensmittel bzw. jede Portion auf alle möglichen nachteiligen Einflüsse und Schädlichkeiten untersuchen kann, ist sicherzustellen, dass das Produkt unter Verwendung einwandfreier Rohstoffe und unter einwandfreien Bedingungen erzeugt wurde. Die Prozesskontrolle tritt an die Stelle der Produktkontrolle.

Wenn mehrere Betriebe an der Herstellung und dem Vertrieb eines Lebensmittels beteiligt sind, ist dabei jeder Betrieb für seinen Bereich eigenverantwortlich. Er soll dabei darauf vertrauen können, dass er ordnungsgemäße Ware erhalten hat – so wie der Abnehmer wiederum darauf vertrauen können muss, ordnungsgemäße Ware zu erhalten. So wie bei einer Kette die Kettenglieder zusammenhängen, sind auch die Lebensmittelunternehmer voneinander abhängig (Lebensmittelkette). Dabei muss jedes Glied der Kette in seinem Betrieb „sicher" mit dem Lebensmittel umgehen (Gute Verfahrenspraxis, HACCP), die Vorgänge entsprechend dokumentieren und weiters Aufzeichnungen über den Wareneingang und -ausgang (Rückverfolgbarkeit) führen. Der Konsument kann einen Teil dieser Angaben dem Etikett am Lebensmittel entnehmen, über die Chargenkennzeichnung wäre die genauere Rückverfolgung durchzuführen. Jedenfalls ist auch der verfügungsberechtigte Jäger bzw. der Jagdleiter ein Lebensmittelunternehmer (siehe Kapitel „Eigenkontrolle, Selbstevaluierung, Checklisten", Seite 147), sobald er Wildbret in Verkehr bringt – das heißt, auch schon dann, wenn er es für die Abgabe bereithält.

Qualität und Qualitätssicherung

Unter „Qualität" in Hinblick auf Qualitätssicherung versteht man die Erfüllung von Anforderungen, die im Voraus festgelegt wurden. Diese Anforderungen (Qualitätsmerkmale) müssen in einer bestimmten Art messbar sein.
Die Festlegung der Anforderungen wird als „Qualitätspolitik" bezeichnet.
„Qualitätssicherung" umfasst die Qualitätspolitik und zusätzlich dazugehörige Kontrollaktivitäten.

Vereinfacht gesagt, stellt eine funktionierende Qualitätspolitik sicher, dass man hält, was man verspricht.

HACCP und Gute Hygienepraxis

HACCP (Hazard Analysis and Critical Control Point, Gefahrenanalyse und Kritischer Steuerungspunkt) ist ein Konzept zur Herstellung sicherer Lebensmittel. Das Ziel ist dabei die Vorbeugung, also die vorausschauende Schadensvermeidung. Das Lebensmittelhygienerecht der Europäischen Union fordert von Lebensmittelunternehmern, dass sie die Lebensmittelsicherheit unter Anwendung von HACCP-Grundsätzen gewährleisten.

Keine HACCP-Pflicht besteht für Primärproduktion, also auch nicht für die Jagd inklusive Ausweiden und Transport bis zum zugelassenen Kühlhaus bzw. zum Wildbearbeitungsbetrieb. Ab dem Enthäuten und Zerlegen besteht aber die Notwendigkeit zu prüfen, ob ein solches Konzept auch verwirklicht werden kann. Beim Herstellen von Fleischerzeugnissen ist HACCP verpflichtend.

Für den Jäger und die kundige Person ist es vorteilhaft, zumindest Grundkenntnisse über dieses System zu besitzen. Auch wenn HACCP in der Primärproduktion nicht gefordert wird, ist es für den Direktvermarkter von Wildfleisch oder Wildfleischerzeugnissen (Einzelhändler) sogar eine Notwendigkeit (siehe dazu das Buch „Wildbret-Direktvermarktung").

Wesentliche Elemente des HACCP-Konzeptes:
(Codex Alimentarius Commission, 2003)

- Führe für das jeweilige Produkt eine Gefahrenanalyse mit Risikobewertung durch – das heißt, es werden alle Schritte der Lebensmittelgewinnung notiert und unter Berücksichtigung jeden Schrittes wird überlegt, ob Gefahren für den Konsumenten auftreten können und welche Bedeutung ihnen zukommt .
- Ermittle die kritischen Steuerungspunkte (CCPs). CCP bedeutet, dass hier bei Einhaltung gewisser Grenzwerte die Gefahr unter Kontrolle gehalten oder sogar eliminiert werden kann.

- Lege kritische Grenzwerte für die CCPs fest.
- Richte ein System zur Überwachung der CCPs ein.
- Etabliere die Korrekturmaßnahme, die vorzunehmen ist, wenn die Überwachung anzeigt, dass ein bestimmter CCP nicht unter Kontrolle ist.
- Lege Verifikationsmaßnahmen fest, die bestätigen, dass das HACCP-System wirksam arbeitet.
- Etabliere eine Dokumentation, die alle zu diesen Prinzipien und ihren Anwendungen gehörenden Verfahren und Protokolle umfasst.

Die Umsetzung von HACCP berücksichtigt die Eigenarten des Betriebes und des Produktes, ist also immer betriebs- und produktspezifisch. Um ein solches Konzept einführen zu können, ist eine gewisse Infrastruktur (Raumausstattung, Geräte) und eine geregelte Arbeitsweise nötig (Gute Verfahrenspraxis, siehe das Buch „Wildbret-Direktvermarktung"). Um auch bei kleinen Lebensmittelunternehmen die Grundsätze von HACCP verwirklichen zu können, wurden (vom Bundesministerium für Gesundheit) entsprechende Leitlinien erlassen.

HACCP bei der Wildfleischgewinnung einschließlich -zerlegung
Für kritische Steuerungspunkte (CCP) gelten einige Anforderungen, die im Frischfleischbereich kaum erfüllbar sind (siehe auch das Buch „Wildbret-Direktvermarktung"). Das gilt besonders für die Grenzwertsetzung und wirksame Verfahren zu seiner Überwachung. Wenn also kein kritischer Steuerungspunkt festgelegt wird, sind die ermittelten Gefahren durch die Gute Hygienepraxis zu beherrschen (Arbeits- und Personalhygiene; Einhaltung gesetzlicher Vorgaben, z. B. Fleischtemperatur).
Anders ist die Situation bei der Herstellung von Fleischerzeugnissen. Zur Beherrschung bakterieller Gefahren kann die Überwachung von Brühtemperatur und -dauer bei Brühwürsten bzw. der Abtrockung (= Gewichtsverlust) bei Rohwürsten dienen. Dies ist leicht möglich; Grenzwerte sind zum Teil vom Gesetzgeber oder im Lebensmittelbuch (Codex) vorgegeben.

Risikoanalyse

Ähnlich wie das HACCP-Konzept hat auch die Risikoanalyse einen klar gegliederten Aufbau und ist im Lebensmittelhygienerecht verankert. Während HACCP sich aber an den einzelnen Lebensmittelbetrieb wendet, berücksichtigt die Risikoanalyse alle Betroffenen (Hersteller, Behörden, Konsumenten).
Dabei wird

- zuerst berechnet bzw. eingeschätzt, ob bzw. für welche Personengruppen, Lebensmittel oder Regionen eine mögliche Gefahr tatsächlich ein Risiko darstellt, das heißt, wie wahrscheinlich das Eintreten der Gefahrensituation ist und wie hoch der Schweregrad sein könnte (Risikobewertung);

- bestimmt, ob angesichts der Ergebnisse der Risikobewertung Maßnahmen zur Vorbeugung, Eliminierung oder Verringerung von Gefahren nötig sind (Risikomanagement);
- sichergestellt, dass alle Betroffenen tatsächlich immer informiert sind (Risikokommunikation – das bedeutet auch gegebenenfalls Produktrückrufe, Produktwarnungen).

Die Risikobewertung ist im Allgemeinen eine sehr aufwendige Aufgabe, die Forschungs- und Untersuchungsstellen bzw. -ämtern vorbehalten ist. Aufgrund dieser Ergebnisse kommt es zu politischen Entscheidungen, ob bzw. welche Maßnahmen zu ergreifen sind. Dies können zum Beispiel gesetzliche Änderungen oder auch nur Empfehlungen sein.

Bedeutung für den Jäger

Die Maßnahmen des Risikomanagements betreffen den Jäger, die kundige Person und den Direktvermarkter. Die Wildfleischuntersuchung ist eine der wichtigsten Maßnahmen des Risikomanagements und könnte im Zuge der Gewinnung neuer Erfahrungen und Erkenntnisse – z. B. beim Auftreten neuer Erkrankungen bzw. Seuchen – durchaus auch gewissen Änderungen bzw. Optimierungen unterworfen sein. Ähnliches gilt für die Leitlinien für Direktvermarkter.

Über diese eher formalen Überlegungen hinaus ist das Risikomanagement aber Teil unseres täglichen Lebens bzw. auch des Jagdbetriebes. Wenn man bedenkt, dass jede Verschmutzung der Muskulatur mit Darminhalt die Qualität des Tierkörpers verschlechtert (durch fleischverderbende oder auch durch krankmachende Bakterien), ist ganz klar, dass Jagdart, Treffpunktlage (Weichschüsse) und Ausweidetechnik (Anschneiden des Magens bzw. Darmes) kritische Punkte für die Wildfleischqualität sind. Korrekturmaßnahmen wären z. B. das Abwaschen oder Abschärfen (Ausschneiden) verschmutzter Stellen, Herausreißen des verschmutzten Bauchfelles beim Schwarzwild und auch die unverzügliche Kühlung – und das ist eben Teil einer Guten Hygienepraxis.

Für Qualität und Qualitätssicherung ist auch vom Jäger überlegtes Handeln im Sinne einer Guten Hygienepraxis unabdingbar. Das Rüstzeug dafür erhält der Jäger im Zuge seiner Ausbildung und insbesondere bei der Ausbildung zur kundigen Person.

Trichinen-Untersuchung

Sonderkapitel zur speziellen Ausbildung der kundigen Person (Jäger) zum Probennehmer von Schwarzwild und anderem Wild (das Träger von Trichinen sein kann), welches örtlich direkt vermarktet wird.

Kapitelinhalt:

- **Einleitung**
- **Rechtliche Grundlagen**
- **Untersuchungsmethoden**
- **Epidemiologie**
- **Naturgeschichte der Trichinen**
- **Gebilde, die mit Trichinen verwechselt werden können**
- **Übung der Probenentnahme für Probenzieher**
- **Ablauf der Trichinen-Untersuchung auf einen Blick**

■ Einleitung

Trichinen (wissenschaftlich *Trichinella* genannt; in Gesetzestexten werden jedoch beide Bezeichnungen verwendet) sind Rundwürmer, deren Larven in der Muskulatur verschiedener Fleisch- und Allesfresser auftreten können. Durch den Verzehr von rohem/untererhitztem Fleisch kann sich auch der Mensch infizieren. Der Parasit ist mit freiem Auge nicht zu erkennen, es bedarf daher einer besonderen mikroskopischen Untersuchung, bevor das Fleisch potenzieller Trichinenträger in Verkehr gebracht wird.

■ Rechtliche Grundlagen

Die Abgabe von frei lebendem Wild (im Ganzen) oder von Fleisch von frei lebendem Wild unmittelbar an den Endverbraucher oder an den lokalen Einzelhandel, der wiederum unmittelbar den Endverbraucher versorgt, ist vom „EU-Hygienepaket“ ausgenommen. Die einzelnen EU-Mitgliedstaaten

haben die Möglichkeit, die Trichinen-Untersuchung von Wildschweinen (und anderen Wildtieren, die Träger von Trichinen sein können) für diesen Vermarktungsweg durch nationale Maßnahmen zu regeln. In Österreich wurde im Interesse der Praktikabilität und des Verbraucherschutzes in diesen Fällen der Direktvermarktung die Möglichkeit geschaffen, dass speziell dafür ausgebildete kundige Personen die erforderlichen Proben nehmen und diese an ein zur Untersuchung berechtigtes Labor einsenden. Eine gesonderte Ausbildung zur selbstständigen Trichinen-Untersuchung wurde in einigen Bundesländern angeboten.
Kundige Personen, die Proben zum Versand in ein Trichinenlabor entnehmen, müssen grundlegende Kenntnisse über diesen Parasiten haben, damit sie ausreichend Verständnis für die Bedeutung dieser Untersuchung haben.

Basis für die Untersuchung von Wild aus freier Wildbahn sind die EU-weit geltenden Verordnungen (EG) Nr. 853/2004 (spezifische Hygienevorschriften für Lebensmittel tierischen Ursprungs), DF-Verordnung (EU) 2019/627 (Verfahrensvorschriften für die amtliche Überwachung) und Verordnung (EU) 2017/625 (amtliche Kontrollen zur Überprüfung der Einhaltung des Lebensmittel- und Futtermittelrechts sowie der Bestimmungen über Tiergesundheit und Tierschutz). Mit diesen Verordnungen werden die Hygienevorschriften und Anforderungen für Lebensmittel tierischen Ursprungs sowie die notwendigen amtlichen Kontrollen dazu festgelegt.
Zusätzlich zu diesen Vorschriften werden spezifischere Anforderungen in Bezug auf Trichinen in der Durchführungsverordnung (EU) 2015/1375 der Kommission vom 10. 8. 2015 mit spezifischen Vorschriften für die amtlichen Fleischuntersuchungen auf Trichinen, Abl. L212 vom 11. 8. 2015, festgelegt.
Fleisch von Hausschweinen, Wildschweinen, Pferden und bestimmten anderen Tierarten (auch von Vögeln) kann mit Nematoden der Gattung *Trichinella* infiziert sein. Da der Verzehr von Fleisch, das mit Trichinen infiziert ist, zu schweren Erkrankungen beim Menschen führen kann, sind Maßnahmen zu treffen, um diesbezüglichen Erkrankungen des Menschen vorzubeugen.
Die Verordnung (EG) Nr. 853/2004 gilt nicht für frei lebendes Wild oder Fleisch von frei lebendem Wild, das unmittelbar an den Endverbraucher oder an den lokalen Einzelhandel, der wiederum unmittelbar den Endverbraucher versorgt, geliefert wird. Es liegt aber in der Verantwortung der Mitgliedstaaten, nationale Maßnahmen zu erlassen, um das Risiko, dass Fleisch von trichineninfizierten Wildschweinen den Endverbraucher erreicht, zu mindern. Diese nationalen Maßnahmen sind in Österreich in der Lebensmittelhygiene-Direktvermarktungsverordnung festgeschrieben.

Vorschriften nach der Lebensmittelhygiene-Direktvermarktungsverordnung

Die Lebensmittelhygiene-Direktvermarktungsverordnung (BGBl. II Nr. 108/2006 i. d. g. F.) regelt die direkte Abgabe kleiner Mengen bestimmter Lebensmittel an den Endverbraucher oder an örtliche Einzelhandelsunternehmen, die diese direkt an den Endverbraucher abgeben.

Bei frei lebendem Großwild, nicht gehäutet, im Ganzen, sind hinsichtlich der Trichinen-Untersuchung folgende Vorschriften einzuhalten (s. § 5 Z 2):
Alle für Trichinose anfälligen Arten sind einer Trichinen-Untersuchung nach einer in der Verordnung (EG) Nr. 2075/2005 mit spezifischen Vorschriften für die amtlichen Fleischuntersuchungen auf Trichinen angeführten Methode zu unterziehen (wobei die Befristung bis zum 31. 12. 2009 nicht anzuwenden ist). Die Untersuchung muss so bald wie möglich nach dem Erlegen stattfinden. Die Vermarktung darf erst erfolgen, wenn diese Untersuchung den Nachweis erbracht hat, dass das Fleisch keine Merkmale aufweist, die darauf schließen lassen, dass es gesundheitlich bedenklich sein könnte.

Anmerkung: Auch für in der Lebensmittel-Direktvermarktungsverordnung nicht ausdrücklich genannte Möglichkeiten der Direktvermarktung von Wildschweinen oder anderen Tieren, die Träger von Trichinen sein können (z. B. Direktvermarktung enthäuteter ganzer Wildschweine), ist eine Trichinen-Untersuchung verpflichtend. Das Fleisch wäre sonst kein sicheres Lebensmittel im Sinne des Art. 14 der Verordnung (EG) Nr. 178/2002.

Bei frei lebendem Kleinwild, nicht gehäutet, im Ganzen, sind hinsichtlich der Trichinen-Untersuchung folgende Vorschriften einzuhalten (siehe auch § 6 Z 1):
Alle für Trichinose anfälligen Arten, z. B. Bisamratte *(Ondatra zibethica)* und Sumpfbiber bzw. Biberratte oder Nutria *(Myocastor coypus)*, sind einer Trichinen-Untersuchung nach einer in der Verordnung (EG) Nr. 2075/2005 angeführten Methode zu unterziehen (wobei die Befristung bis zum 31. 12. 2009 nicht anzuwenden ist). Die Untersuchung muss so bald wie möglich nach dem Erlegen stattfinden. Die Vermarktung darf erst erfolgen, wenn diese Untersuchung den Nachweis erbracht hat, dass das Fleisch keine Merkmale aufweist, die darauf schließen lassen, dass es gesundheitlich bedenklich sein könnte. Steht keine kundige Person zur Verfügung, muss die Untersuchung von einem amtlichen Tierarzt durchgeführt werden.
Nach der VO (EG) Nr. 2075/2005 bzw. (EU) 2015/1375 besteht die Untersuchungspflicht auch bei Vögeln, sofern diese Trichinenträger sein können (Fleisch- bzw. Aasfresser). Das kann z. B. bei der Vermarktung von Krähen anzuwenden sein.

Bei zerlegtem Wildfleisch sind hinsichtlich der Trichinen-Untersuchung dieselben Vorschriften wie bei Großwild bzw. Kleinwild einzuhalten (siehe auch § 7, der auf die Einhaltung der §§ 5 und 6 verweist!).

Trichinen-Untersuchung

Spezifische Vorschriften für die amtlichen Fleischuntersuchungen auf Trichinen – Durchführungsverordnung (EU) 2015/1375

➊ Allgemeines über Pflichten der zuständigen Behörden und der Betreiber von Lebensmittelunternehmen (Trichinen-Untersuchung durch den amtlichen Tierarzt in Betrieben)

Für die Zwecke dieser Verordnung werden als „Trichinen" alle Nematoden bezeichnet, die zu den Arten der Gattung *Trichinella* gehören. Für den Nachweis von Trichinen in Frischfleisch wurden verschiedene Laborverfahren zugelassen. Das Magnetrührverfahren für die künstliche Verdauung von Sammelproben wird als zuverlässiges Standardverfahren empfohlen. Die Trichinoskopie wird nicht mehr empfohlen. (Bei der Direktvermarktung gemäß Lebensmittelhygiene-Direktvermarktungsverordnung von Wildtieren aus freier Wildbahn, die Träger von Trichinen sein können, sind besondere innerstaatliche Regelungen möglich.)
Andere Verfahren, wie serologische Tests, können für Überwachungszwecke nützlich sein, sofern sie von einem Gemeinschaftsreferenzlabor validiert wurden. Serologische Tests sind nicht geeignet für den Nachweis von Trichinen in einzelnen Tieren, die für den menschlichen Verzehr bestimmt sind.
Die regelmäßige Überwachung von Hausschweinen, Wildschweinen, Pferden und Füchsen oder anderen Indikator-Tierarten ist ein wichtiges Instrument für die Beurteilung des Infektionsrisikos für den Menschen.
Schlachtkörper von Pferden, Wildschweinen, Zuchtwild und frei lebendem Wild, die Träger von Trichinen sein können, sind systematisch im Rahmen der Fleischuntersuchung in einem Schlachthof oder einem Wildbearbeitungsbetrieb zu beproben. Bei Mastschweinen aus „amtlich anerkannten kontrollierten Haltungen" sind nur 10 % der Mastschweine zu beproben; unter bestimmten zusätzlichen Bedingungen kann die Untersuchung auch gänzlich entfallen.

Untersuchung auf Trichinen und Anbringen der Genusstauglichkeitskennzeichnung
Schlachtkörper (Wildkörper) bzw. andere für den menschlichen oder tierischen Verzehr bestimmte Teile eines Schlachtkörpers, die quergestreiftes Muskelgewebe enthalten, dürfen das Betriebsgelände bzw. den Schlachthof (Wildbearbeitungsbetrieb) erst verlassen, wenn ein negativer Befund der Trichinen-Untersuchung vorliegt. Unter bestimmten Bedingungen können Ausnahmen erlaubt werden.

Ausbildung
Die zuständige Behörde stellt sicher, dass das gesamte an der Untersuchung von Proben zum Nachweis von Trichinen beteiligte Personal eine entsprechende Ausbildung absolviert (was natürlich auch die Übung der Probenziehung mit einschließt) und teilnimmt an:

- einem Qualitätskontrollprogramm für die Trichinennachweisverfahren und
- einer regelmäßigen Bewertung der im Labor eingesetzten Test-, Aufzeichnungs- und Analyseverfahren.

Vorgangsweise bei Trichinenfunden
Alle positiven Proben sind zur Bestimmung der Trichinenart an das nationale Referenzlabor oder das Gemeinschaftsreferenzlabor weiterzuleiten.

Notfallplan
Die zuständigen Behörden der Mitgliedstaaten haben einen Notfallplan (siehe Seite 244) mit den Maßnahmen für den Fall zu erstellen, dass bei Proben ein positiver Trichinenbefund vorliegt. Er gilt prinzipiell auch bei Trichinenfunden bei Wildtieren.
Dieser Plan enthält Einzelheiten zu:
- Rückverfolgbarkeit infizierter Schlachtkörper und Teilen davon, die Muskelgewebe enthalten;
- Maßnahmen zum Umgang mit infizierten Schlachtkörpern und Schlachtkörperteilen;
- Ermittlung der Infektionsursache und eventueller Verbreitung bei frei lebenden Tieren;
- eventuelle Maßnahmen im Einzelhandel oder beim Verbraucher;
- Maßnahmen für den Fall, dass der Befall von Schlachtkörpern nicht im Schlachthof festgestellt werden kann;
- Bestimmung der Trichinenart.

❷ Spezielles über die Trichinen-Untersuchung durch die eigens dafür ausgebildete kundige Person (am Beispiel Niederösterreich)

Die Niederösterreichische Landesregierung hat mit Erlass festgelegt:

Allgemeines
Die häusliche Verarbeitung, Handhabung oder Lagerung von Wild zum häuslichen privaten Verbrauch unterliegt keinen Lebensmittelhygiene-Rechtsbestimmungen.
Bei direkt vermarktetem, frei lebendem Großwild werden Probenentnahme, Verpackung und Einsendung der Proben zur weiteren Untersuchung in ein berechtigtes Labor von einer **speziell für die Trichinenprobeentnahme** geschulten kundigen Person vorgenommen.
Gelangt das Wild in einen Wildbearbeitungsbetrieb, unterliegt es zusätzlich einer Fleischuntersuchung sowie bei für Trichinen empfänglichen Tierarten einer Trichinen-Untersuchung gemäß der Verordnung (EG) Nr. 2075/2005*, veranlasst durch den amtlichen Tierarzt.

** nun Durchführungsverordnung (EU) 2015/1375*

Trichinen-Untersuchung

Da es dem Landeshauptmann obliegt, kundige Personen für bestimmte Untersuchungen heranzuziehen, obliegt ihm auch die Verantwortung und die Kontrolle über diese Personen. Dabei ist es notwendig, organisatorische Richtlinien über die Ausbildung, die Registrierung, die Dokumentationsaufgaben und die Kontrolle festzulegen. Der NÖ Landesjagdverband hat sich schriftlich verpflichtet, die Ausbildungskurse nach den Vorgaben des Landeshauptmannes, wie sie in diesem Erlass dargelegt sind, durchzuführen.

Trichinen-Untersuchungsprotokoll
Über das gemäß Lebensmittelhygiene-Direktvermarktungsverordnung auf Trichinen untersuchte Wild und das Ergebnis dieser Untersuchung sind Aufzeichnungen zu führen.

Zusatzausbildung: Probenentnahme Trichinen-Untersuchung
Aufgrund der in den letzten Jahren steigenden Zahlen von Wildschweinabschüssen besteht im Bereich der Direktvermarktung großer Untersuchungsbedarf, der zunehmend einfacher und besser durch berechtigte Trichinenlabors geleistet werden kann. Da einerseits für diese Probenziehung Grundkenntnisse über Trichinellen erforderlich sind, andererseits die umfangreiche Ausbildung zur speziell ausgebildeten kundigen Person wegen der steigenden Zahl an berechtigten Trichinenlabors nur noch für wenige Jäger von Bedeutung ist, wird eine Ausbildung zum Trichinenprobenzieher empfohlen (Lehrplan siehe folgende Seiten). *Speziell ausgebildete kundige Personen,* die aufgrund einer früher erfolgten Zusatzausbildung befugt sind, die Trichinen-Untersuchung vorzunehmen, dürfen natürlich auch Proben ziehen und diese zur Trichinen-Untersuchung (nach der Verdauungsmethode) in ein berechtigtes Trichinenlabor einsenden.

Untersuchungspersonal

Amtliche Tierärzte

sind immer zur Durchführung der Trichinen-Untersuchung berufen. Unter ihrer fachlichen Aufsicht stehen alle anderen Personen, die, falls sie dazu befugt sind, die Trichinen-Untersuchung durchführen (amtliche Fachassistenten, Trichinenschauer, speziell ausgebildete kundige Personen). Sollten von diesen Personen zweifelhafte Befunde erhoben oder Trichinen gefunden werden, so ist in der Folge immer der amtliche Tierarzt zuständig.

Amtliche Fachassistenten

sind nichttierärztliches Personal, welches aufgrund einer speziellen Ausbildung die Schlachttier- und Fleischuntersuchung vornehmen darf.

Trichinenschauer
sind Personen, die aufgrund einer speziellen Ausbildung befugt sind, die Trichinen-Untersuchung bei allen Tierarten und nach allen zugelassenen Methoden vorzunehmen.

Speziell ausgebildete kundige Personen
Um eine wirtschaftlich günstige Möglichkeit der Untersuchung von Schwarzwild zu ermöglichen, welches direkt vermarktet wird, wurde für Niederösterreich mit Erlass der NÖ Landesregierung die aufgrund der Lebensmittelhygiene-Direktvermarktungsverordnung gegebene Möglichkeit umgesetzt, speziell ausgebildete kundige Personen (nach Absolvierung einer Ausbildung) für die Trichinen-Probenahme heranzuziehen.

Wenn eine kundige Person auch Trichinenproben entnehmen möchte, muss sie einen Antrag bei der Abteilung Veterinärangelegenheiten und Lebensmittelkontrolle stellen. Der Antrag kann elektronisch mit dem Online-Formular, welches auf der Homepage des Landes zugänglich ist, gestellt werden. Auf Wunsch kann der Antrag auch auf jeder Veterinärabteilung der Bezirksverwaltungsbehörden eingebracht werden. Die Registrierung berechtigt die kundige Person, in ganz Niederösterreich als Trichinenprobennehmer tätig zu werden. Bei der Antragstellung ist die Schulungsbestätigung des Lehrganges zur Durchführung der Trichinenprobenentnahme vorzulegen.

Bei der Festlegung des Lehrplanes wurden bereits erworbene Kenntnisse aus der Jungjägerausbildung und der Ausbildung zur kundigen Person berücksichtigt.

Lehrplan für Probenzieher
Unterricht: 4 Stunden

❶ Rechtliche Grundlagen
❷ Naturgeschichte der Trichinen:
  Körperbau
  Entwicklung
  Übertragung auf Mensch und Tier
  Formen der Muskeltrichinen
  Veränderungen in der Muskulatur
❸ Gebilde, die mit Trichinen verwechselt werden können einschließlich Miescher'sche Schläuche
❹ Methoden der Untersuchung auf Trichinen
❺ Übung der Probenentnahme

Trichinen-Untersuchung

Kennzeichnung
Die Bestätigung über diese erfolgte Untersuchung bzw. über die Trichinenfreiheit erfolgt durch den Probenzieher oder durch die zum Trichinenuntersucher ausgebildete kundige Person (bzw. durch den örtlich zuständigen amtlichen Tierarzt) auf der Wildbret-Bescheinigung, die am Wildkörper angebracht wird. Gesetzlich ist keine zusätzliche Stempelung auf dem Wildkörper erforderlich.

Gefrierbehandlung
Eventuell vorhandene Parasiten können durch Gefrieren unter bestimmten Bedingungen abgetötet werden. Bestimmte, bei Wild vorkommende *Trichinella*-Arten (z. B. *Trichinella nativa* bei Eisbären) widerstehen jedoch der Gefrierbehandlung bei den empfohlenen Temperatur-Zeit-Kombinationen. Daher ist die Methode der Gefrierbehandlung gesetzlich prinzipiell nur bei Hausschweinen zulässig. Da die häusliche Verarbeitung, Handhabung oder Lagerung von Wild zum häuslichen privaten Verbrauch nicht dem Lebensmittelhygiene-Recht unterliegt, ist die Gefrierbehandlung von heimischen Wildschweinen für diesen Verwendungszweck jedoch zusätzlich zur Trichinen-Untersuchung eine Möglichkeit, eine etwaige Infektionsgefahr durch Trichinen zu unterbinden. Ebenso wäre auch das Durchgaren (mindestens +60 °C Kerntemperatur über mindestens 10 Minuten) des Fleisches eine geeignete Maßnahme, eventuell vorhandene Trichinen abzutöten. Es gilt aber: werden Trichinen im Fleisch gefunden, so ist dieses genussuntauglich und darf weder durch Tiefgefrieren noch Erhitzen wieder genusstauglich gemacht werden!

Gefrierverfahren
Die technische Ausrüstung und die Energieversorgung der Gefriereinrichtung müssen gewährleisten, dass die erforderlichen Temperaturen in kürzester Zeit erreicht und im Fleisch aufrechterhalten werden.

- Fleisch mit einem Durchmesser oder einer Schichtdicke bis zu 15 cm ist nach einer der folgenden Zeit-Temperatur-Kombinationen einzufrieren:
  - 20 Tage bei –15 °C,
  - 10 Tage bei –23 °C,
  - 6 Tage bei –29 °C.

- Fleisch mit einem Durchmesser oder einer Schichtdicke von 15 bis 50 cm ist nach einer der folgenden Zeit-Temperatur-Kombinationen einzufrieren:
  - 30 Tage bei –15 °C,
  - 20 Tage bei –25 °C,
  - 12 Tage bei –29 °C.

■ Untersuchungsmethoden

Die Trichinoskopische Methode (Fleisch wird zwischen Glasplatten dünn gepreßt) und mikroskopisch auf eingekapselte Würmer untersucht) wurde traditionell zur Untersuchung verwendet, ist aber für nicht-kapselbildende Trichinenarten zu wenig empfindlich.

Die Verdauungsmethoden

Bei den Verdauungsmethoden wird nicht innerhalb gequetschter Muskelpräparate nach eingeschlossenen Muskeltrichinen gesucht, sondern es wird durch „Verdauung“ das Muskelgewebe so weit aufgelöst, bis die Trichinen frei werden. Nach einem Anreicherungsverfahren (Absetzen) kann das Sediment auf Trichinen untersucht werden. Diese Methoden der Trichinen-Untersuchung sind von der Ausstattung und der Durchführung her aufwendig, sind aber für Untersuchungen größerer Tierzahlen, z. B. in Schlachthöfen, aber auch für die Untersuchung von Fleisch- und Wursterzeugnissen auf Trichinen gut geeignet. Weiters werden so alle Trichinenarten – auch die noch nicht eingerollten Wanderstadien – zuverlässig nachgewiesen.

Trichinen-Untersuchung

Probenentnahme zwecks Untersuchung nach der Verdauungsmethode in einem berechtigten Trichinenlabor

Bei Wildschweinen werden aus einem der beiden Zwerchfellpfeiler mindestens 10 g (kastaniengroßes Stück) entnommen, ordnungsgemäß beschriftet und verpackt sowie umgehend an ein berechtigtes Trichinenlabor versandt.

Fehlen die Zwerchfellpfeiler, so ist ein ebenso großes Stück (10 g) aus dem Brustbeinstück des Zwerchfells oder von der Unterarm- oder Zungenmuskulatur zu entnehmen. Die 10-g-Probenmenge bezieht sich auf fett- und bindegewebsfreie Muskulatur.

Werden nicht ganze Tierkörper, sondern nur Teile (zerlegtes Fleisch) untersucht, ist je Fleischteil eine mindestens 10 g schwere, fettarme Probe aus quer gestreiftem Muskelfleisch, möglichst in der Nähe von Knochen oder Sehnen, zu entnehmen.

In der Muskulatur abgekapselte Trichinellenlarven in unterschiedlicher Vergrößerung

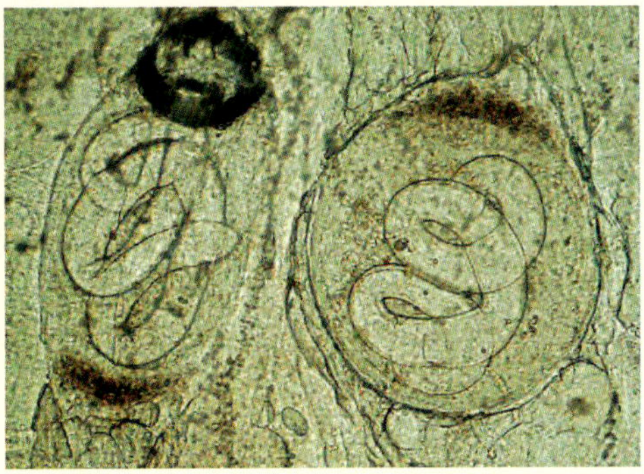

Eine Trichine, durch die Verdauungsmethode aus der Muskulatur freigesetzt

Darmtrichine (etwa 80-fach vergrößert)

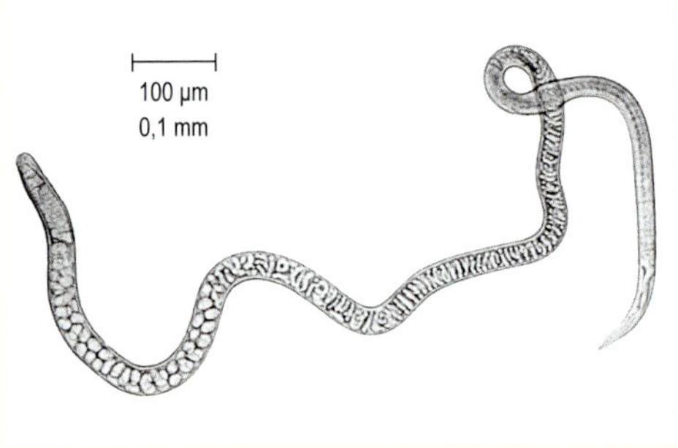

Epidemiologie

Potenzielle Trichinen-Infektionsgebiete für Wildschweine

Aus wissenschaftlichen Studien ist bekannt, dass – je nach Gebiet – etwa 1 bis 3% der Füchse Träger von Trichinen sind. Durch die omnivore (allesfressende) Lebensweise der Wildschweine und in weiterer Folge durch verschiedene Verwertungsarten von rohem Wildschweinfleisch ergeben sich potenzielle Trichinen-Infektionsmöglichkeiten für den Menschen. Nicht zuletzt durch die hohe Zuwachsrate des Schwarzwildes in den letzten Jahren überschneiden sich Trichinen-Verbreitungsgebiete bei Rotfüchsen mit Schwarzwild-Lebensräumen. Die allgemeine Zunahme von Wildschweinen, aber auch von Füchsen, bedingen erhöhte Kontaktraten und verstärken die Gefahr des Überspringens der Trichinose auf Schwarzwild und damit humaner Infektionen durch den Verzehr trichinösen Wildschweinfleisches.

Pflichten der zuständigen Behörden

Die zuständigen Behörden sind angehalten, ein risikobasiertes Überwachungsprogramm für frei lebende Tiere (Wild und gegebenenfalls Indikatortiere) durchzuführen.

Naturgeschichte der Trichinen

Die Trichinose (Trichinellose) wird nach wie vor als eine der gefährlichsten durch den Verzehr rohen Fleisches verursachte parasitären Erkrankungen des Menschen angesehen. Weltweit wird die Anzahl der an Trichinose erkrankten Personen auf etwa 10 Millionen Fälle geschätzt (Nöckler, 2005 – aus Dupouy-Camet, 2000). Innerhalb der Europäischen Union besteht für Pferde, Wildschweine und andere Zucht- und Wildtierarten, die Träger von Trichinen sein können, Untersuchungspflicht. Bei Hausschweinen ist die Untersuchung von Stichproben möglich („amtlich anerkannte, kontrollierte Haltungsbedingungen“). Ein gänzlicher Entfall der Trichinen-Untersuchung ist unter bestimmten Bedingungen möglich.
Ein kritischer Punkt bei der Trichinen-Untersuchung mit der trichinoskopischen Methode kann das Vorkommen von *Trichinella pseudospiralis* sein, da dieser Parasit nicht abgekapselt wird und frei in der Muskulatur liegt. Im Quetschpräparat ist er daher nicht zuverlässig erkennbar, außer er befindet sich im Fleischsaft im Randbereich des Präparats. In Österreich wird jährlich eine große Zahl der erlegten Wildschweine (etwa 50%) über den Großhandel vermarktet und daher mittels Verdauungsmethode auf das Vorhandensein von Trichinen untersucht. In den letzten Jahren wurde *Trichinella pseudospiralis* gelegentlich in Schwarzwild in Österreich nachgewiesen. Diese nicht-kapselbildende Trichinenart ist mittels Kompressorium nicht sicher nachweisbar, weshalb Verdauungsmethoden zur Trichinen-Untersuchung anzuwenden sind.

Trichinen-Untersuchung

Um ein grundlegendes Verständnis für das Aufgabengebiet der Trichinen-Untersuchung zu erreichen, ist es zunächst erforderlich, sich eingehend mit der Naturgeschichte dieses Parasiten auseinanderzusetzen.

Zoologische Grundlagen

Die Gattung *Trichinella (z. B. Trichinella spiralis, Trichinella nativa, Trichinella nelsoni, Trichinella britovi, Trichinella pseudospiralis)* gehört zum Unterstamm der Faden- oder Rundwürmer *(Nematoda).* Diese wiederum zählen zum Stamm der Schlauchwürmer *(Nemathelminthes).* Welche dieser durchaus unterscheidbaren Trichinenarten bei den Wildtieren hauptsächlich vorkommt, ist noch nicht völlig geklärt. Während *Trichinella britovi* als die typische Trichinenart beim Fuchs gilt, werden beim Wildschwein in Österreich *Trichinella pseudospiralis* bzw. in anderen Ländern auch *Tr. spiralis* nachgewiesen.

Bei den Nematoden unterscheidet man prinzipiell 3 Arten, nämlich jene, die

- ❶ ungefurchte Eier ablegen
- ❷ Eier ablegen, welche sich bereits im Stadium der Furchung befinden
- ❸ bereits entwickelte Larven ausscheiden

Die Trichinen gehören zu den Nematoden, die Larven ausscheiden.
Bezüglich der verschiedenen Entwicklungswege gibt es eine weitere Unterscheidung: Einige brauchen keinen Zwischenwirt, d. h. einen Organismus, in dem sie als Zwischenstadien leben (direkte Entwicklung), für andere ist ein Zwischenwirt unbedingt erforderlich (indirekte Entwicklung).

***Trichinella britovi* bei einem Fuchs (stark vergrößert)**

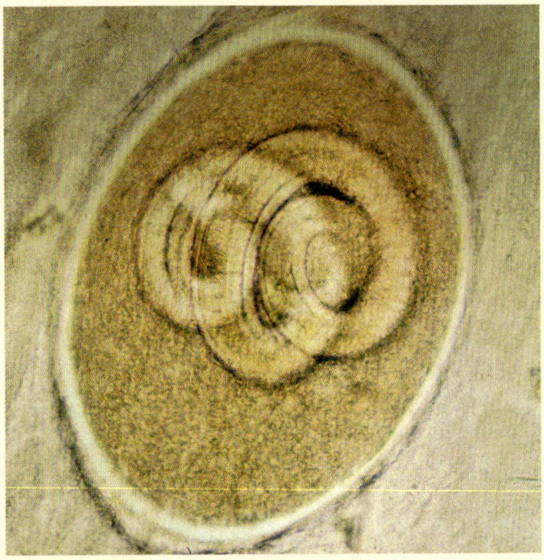

***Trichinella britovi* bei einem Fuchs, links verkalkt**

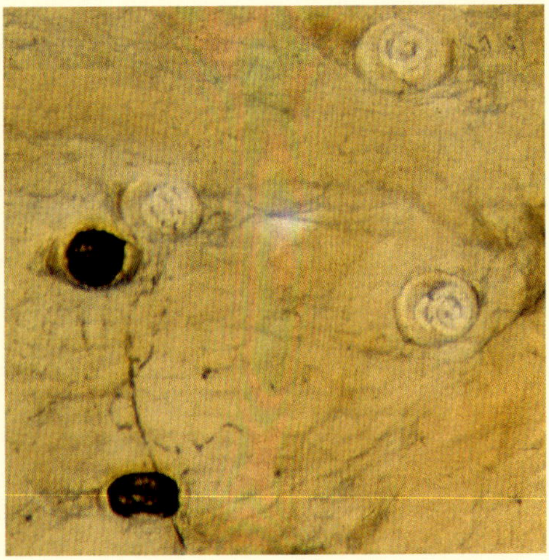

Die Trichinen durchlaufen die gesamte Entwicklung in einem Wirt, der zuerst als Endwirt fungiert (für Darmtrichinen) und anschließend als Zwischenwirt (für Muskeltrichinen).
Die Trichinen können fast alle Wirbeltiere mit Ausnahme der Fische befallen. Besonders gefährdet sind neben dem Menschen Allesfresser (Schweine, Dachse, Bären), Fleischfresser (Füchse, Marderhunde) und Nagetiere (Ratten). Es gibt verschiedene Trichinenstämme, die unterschiedlich infektiös sind. Weiters wäre z. B. der arktische Stamm *(Trichinella nativa)* zu erwähnen, der gegen tiefe Temperaturen weitestgehend widerstandsfähig ist.

Körperbau

Die geschlechtsreife Trichine oder Darmtrichine, die im Dünndarm lebt, ist ein dünner Fadenwurm, dessen Durchmesser etwa 0,04 mm bis 0,06 mm beträgt. Weibliche Würmer haben dabei eine Körperlänge von durchschnittlich 4,00 mm, männliche nur eine von 1,50 mm.
Jungtrichinen (Erstlarven), die aus der Darmwand über Lymph- und Blutgefäße in die quer gestreifte Muskulatur ausgeschwemmt werden, sind etwa 100 µm (0,10 mm) lang und 6 µm (0,006 mm) dick.

1	Millimeter (mm) =	1.000	Mikrometer (µm)
0,1	Millimeter (mm) =	100	Mikrometer (µm)
0,01	Millimeter (mm) =	10	Mikrometer (µm)
0,001	Millimeter (mm) =	1	Mikrometer (µm)

Die Muskeltrichinen, die sich einrollen und von einer Kapsel umschlossen werden, haben eine Länge von ca. 0,80 bis 1,00 mm. Die Kapsel, die aufgrund einer Gewebereaktion des Wirtskörpers zustande kommt, ist in der Regel oval oder zitronenförmig und misst 0,25×0,40 mm.

Entwicklung

Nach dem Verzehr von Fleisch, in dem Muskeltrichinen (in einer mehr oder weniger abgekapselten Form) eingelagert waren, werden diese im Magen durch die Verdauung freigesetzt. Bei diesen Trichinen handelt es sich noch immer um Erstlarven. Sie gelangen (in der Folge) mit dem Speisebrei in den Dünndarm. Dort bohren sie sich in die Darmschleimhaut ein. Sie sind innerhalb von zwei Tagen geschlechtsreife Würmer, wobei sie vier Häutungen durchmachen. Die Männchen sterben kurz nach der Begattung ab, die Weibchen leben rund sechs Wochen lang. In dieser Zeit gebären die weiblichen Würmer etwa 1.000 bis 2.000 Jungtrichinen (Larven), die sie in die Darmwand absetzen. Die Jungtrichinen durchbohren ab dem 9. Tag als Wanderlarven (die einen Mundstachel besitzen) die Darmwand und gelangen mit dem Lymph- und Blutstrom in die (quer gestreifte) Körpermuskulatur. Sie werden dabei hauptsächlich in gut durchblutete Muskeln, wie etwa Zwerchfellpfeiler, Zungen-, Zwischenrippen-, Kehlkopf- und Augenmuskulatur eingeschwemmt. Im Kapillargebiet verlassen sie den Blutkreislauf, dringen (aktiv) in die Muskulatur ein und setzen sich schließlich bevorzugt dort fest, wo diese in die Sehnen übergeht. Vom Anbeginn der Infektion bis zu dieser Phase dauert es zwei bis acht Wochen. Die befallenen Muskelfasern bilden sich zu sogenannten Ammenzellen um, in denen sich die in der Zwischenzeit auf rund 0,80 bis 1,00 mm Länge herangewachsenen Muskeltrichinen einrollen. Die Ammenzelle bildet nun etwa ab dem 17. Tag um die Muskeltrichine herum eine Bindegewebskapsel. Diese Kapsel beginnt nach

Lebenszyklen von Trichinen (modifizierte Vorlage „Centers for Disease Control and Prevention, www.cdc.gov/dpdx/trichinellosis/index.html)

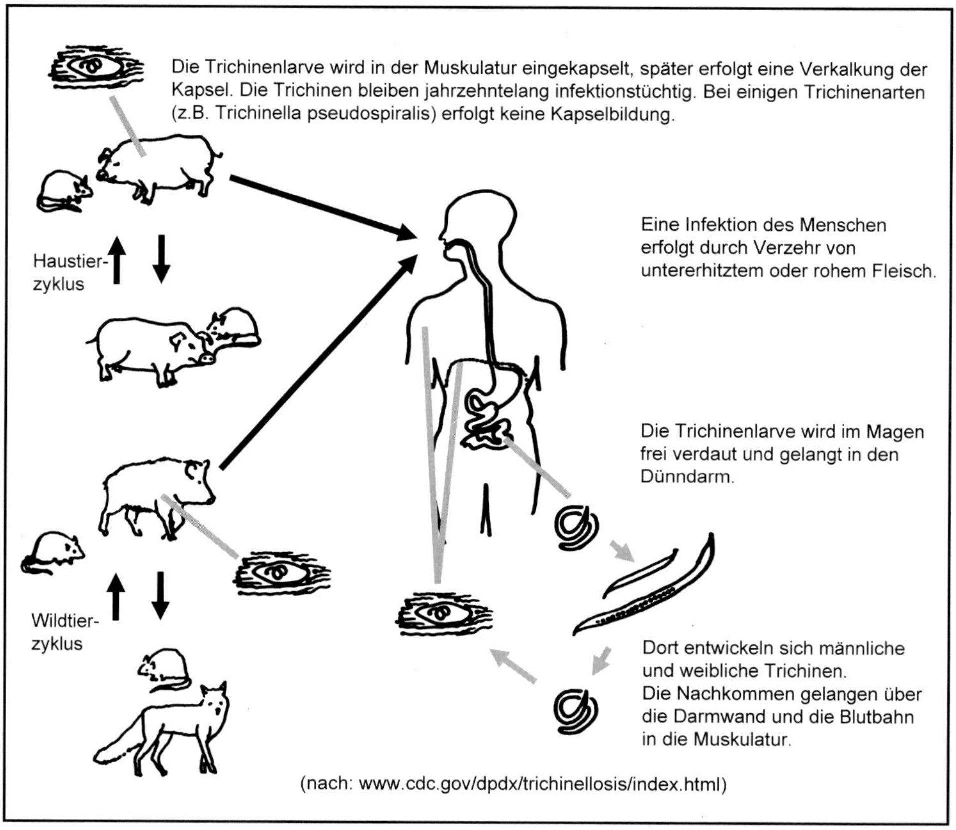

sechs Monaten allmählich zu verkalken. Die Muskeltrichine befindet sich mittlerweile in einem Ruhestadium und kann im Wirt zehn bis maximal dreißig Jahre lang überleben. Wird diese von Trichinen befallene Muskulatur von Menschen oder Tieren aufgenommen, beginnt der Kreislauf wieder von vorne.
In der ersten Phase nach der Aufnahme der Trichinen treten beim Menschen meist fieberhafte Magen-Darm-Störungen in Form von Brechdurchfällen auf. Ebenso kann es zu Kreislaufbeschwerden, Schwellungen im Gesicht und rheumaähnlichen Muskelschmerzen kommen, die nach der Phase der Verkapselung der Muskeltrichinen, also ein bis drei Monate nach der Infektion, wieder abklingen. Oft bleiben jedoch schmerzhafte Muskelverhärtungen und -schwellungen zurück. Ein massiver Befall führt durch die Lähmung der Atemmuskulatur nicht selten zum Tod!

Übertragung auf Mensch und Tier

Durch die vorgeschriebene Trichinen-Untersuchung bei Hausschweinen, aber auch bei Wildtieren, wie z. B. Schwarzwild, Bär und Dachs, wurde die Infektionsgefahr für den Menschen im letzten Jahrhundert wesentlich zurückgedrängt. Zudem verhindert die heutige Form der Schweinehaltung und -fütterung, die praktisch ausschließlich in geschlossenen Stallungen mit Fertigfutter erfolgt, dass Schweine trichinöses Fleisch aufnehmen. In kleinbäuerlichen Betrieben kann es durch Unwissenheit, indem etwa gesetzeswidrigerweise (Tierseuchengesetz, Tiermaterialiengesetz) Küchentrank verfüttert wird, durchaus zum Trichinenbefall der Schweine kommen. Wurde trichinellenhaltige Nahrung (z. B. infiziertes Aas) gefressen, werden die Larven im Magen des Tieres frei und können binnen 24 Stunden mit dem Kot ausgeschieden werden. Diese Larven bleiben im Kot bei Temperaturen um +20 °C bis zu 4 Tage lang ansteckungsfähig!
Für die vorhin angeführten Wildtiere sind Füchse das hauptsächlichste Erregerreservoir, da sie gebietsweise sehr stark mit Trichinen befallen sind. Aktuelle Untersuchungen in der Steiermark ergaben, dass 1,2 % der untersuchten Füchse einen Befall mit Trichinen aufwiesen. Durch verendete Füchse oder durch das Auslegen von Fuchskernen ist die Infektionskette zu anderen Füchsen oder Wildschweinen gegeben. Die Infektiosität von Muskeltrichinen in Aas (verwesendem Fallwild) kann monatelang aufrecht sein. Wird z. B. ein infizierter Fuchskern (oder Fleischabfälle von trichinösen Wildschweinen) den Hausschweinen verfüttert, und werden diese Schweine dann nicht auf Trichinen untersucht, da sie im Rahmen des häuslichen Bedarfes verwertet werden, so kann das katastrophale Auswirkungen haben. Dieser Vorfall passierte in Österreich im Jahr 1969 tatsächlich und führte bei 12 Menschen zu schweren Erkrankungen. In verschiedenen osteuropäischen Ländern tritt derzeit die Trichinose bei

Tieren wesentlich häufiger auf als bei uns. Gerade dort stellt der Wildbestand ein bedeutendes Erregerreservoir dar. Durch die offenen Grenzen zu Osteuropa ist das Risiko der Verbreitung von Trichinen gewachsen.
Die Häufigkeit der Trichinellennachweise beim Schwarzwild ist je nach Region verschieden und kann zwischen 1 von 100.000 bis zu 1000 von 100.000 Tieren liegen.

Der Mensch infiziert sich in der Regel durch Verzehr von nicht entsprechend tiefgekühltem oder nicht ausreichend erhitztem trichinösem Fleisch. Auch bei Rohwürsten, Speck und Rohschinken muss bei der Ausgangsware eine ordnungsgemäße Trichinen-Untersuchung erfolgt sein!

Achtung: Raubwildkerne sind entweder tief zu vergraben oder – besser – über die Einrichtungen der Tierkörperbeseitigung unschädlich zu entfernen. Ebenso wäre idealerweise mit Fallwild (Raubwild) vorzugehen.

Trichinenfälle bei erlegtem Schwarzwild in Europa 2013 in Prozent der untersuchten Strecke (Quelle: EFSA/ECDC 2015)

Eingekapselte Muskeltrichine, 40-fach vergrößert (Dunkelfeldaufnahme)

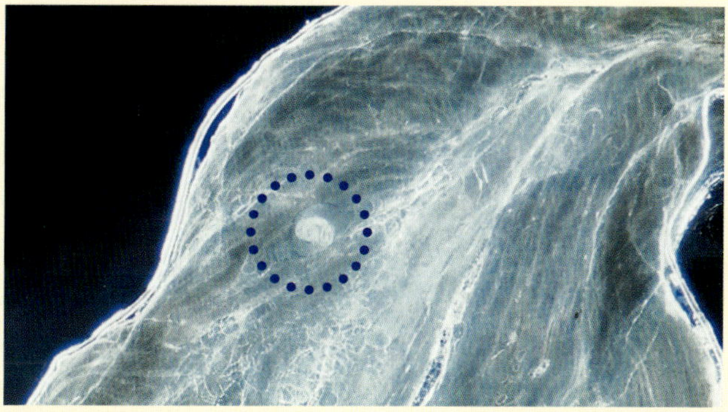

Formen der Muskeltrichinen

Die Wanderlarve, die in die Muskulatur einwandert, ist zunächst als lang gestrecktes Gebilde erkennbar (nur bei starker Vergrößerung). Erst wenn sie auf eine Länge von etwa 0,80 bis 1,00 mm herangewachsen ist, beginnt sie sich einzurollen. Auch wenn sie bereits durch die Gewebsreaktion des Wirtes eingekapselt wurde, wächst sie noch weiter und ist schließlich etwa 2,00 mm lang. Die Kapseln haben meist eine ovale oder zitronenförmige Form.

Eingekapselte Muskeltrichine, 100-fach vergrößert (Dunkelfeldaufnahme)

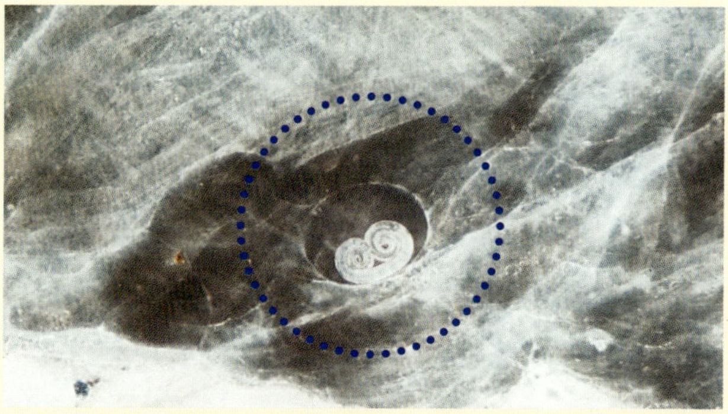

Veränderungen in der Muskulatur

Die von den Wanderlarven befallenen Muskelfasern bilden sich zu Ammenzellen um. Als Abwehrreaktion des Wirtes bildet sich um jeden dieser Fremdkörper (Muskeltrichinen) ab dem 17. Tag nach dem Eindringen in die Muskulatur eine Bindegewebskapsel. Nach etwa zwei Wochen ist diese Einkapselung zunächst abgeschlossen, bis nach etwa einem halben Jahr die Verkalkung der Kapsel einsetzt. Der Verkalkungsvorgang dauert dann ein bis zwei Jahre. Während der Abkapselung treten Muskelentzündungen, Muskelverhärtungen und rheumaähnliche Schmerzen auf, die unter Umständen lebenslang bestehen bleiben.

Gebilde, die mit Trichinen verwechselt werden können

Mit freiem Auge sind Trichinenlarven in der Muskulatur nur ausnahmsweise erkennbar (verkalkte Kapseln). Verkalkte Bandwurmfinnen, Miescher'sche Schläuche, kleine Eiterherde, kleine Geschwülste, Knötchen der Muskeltuberkulose oder der Strahlenpilzerkrankung erscheinen ebenfalls als kleine weißliche Knötchen.

Miescher'sche Schläuche

Als Miescher'sche Schläuche werden die als weiße Pünktchen oder Streifen hauptsächlich in der Muskulatur des Zwerchfells, der Bauchwand und des Herzens anzutreffenden Parasitenzysten von Sarkosporidien bezeichnet. Diese Sarkosporidienzysten können mit freiem Auge mit verkalkten Trichinen verwechselt werden. Im Gegensatz zu Trichinen sind Sarkosporidienzysten auch im Herzmuskel zu finden und sind stets von unterschiedlicher Größe *(siehe auch Seite 193)*. Eine sichere Diagnose ist aber nur mit dem Mikroskop möglich.
Die in den Muskelfasern eingebetteten Muskelzysten der Sarkosporidien (Sarcos = Fleisch; Sporidien = Sporentierchen) stellen die für Fleischfresser infektiösen Stadien dieser einzelligen Parasiten dar. Im Fleischfresser (= Endwirt; z. B. Hund) erfolgt in der Darmschleimhaut eine geschlechtliche Differenzierung, die zur Verschmelzung von weiblichen und männlichen Zellen führt. Danach kommt es noch in den Zellen der Darmschleimhaut zur Sporenbildung (Sporozysten mit Sporozoiten). Die Sporozysten werden in großer Anzahl mit dem Kot ausgeschieden und führen zur Kontamination der Umwelt. Nimmt sie ein geeigneter Zwischenwirt (z. B. Rehwild) auf, dann werden im Verdauungstrakt des Zwischenwirts die Sporozoiten frei, diese verlassen den Darm und durchlaufen in den Gefäßwandzellen (Endothelien) eine erste ungeschlechtliche Vermehrung,

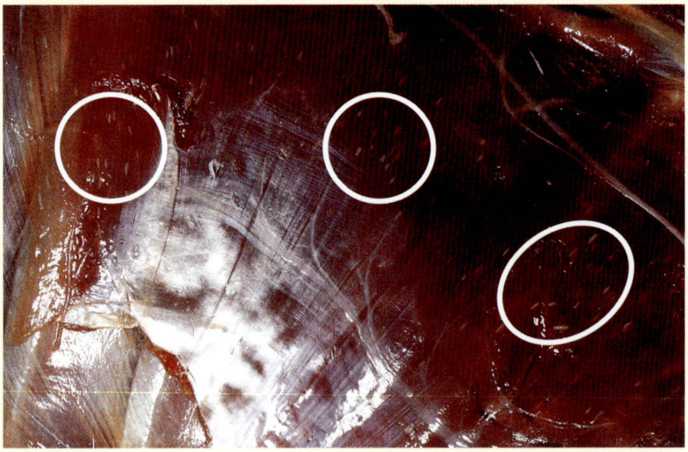

Miescher'sche Schläuche

Sarkosporidienzyste, frisch

ehe sie sich in der Muskulatur ansiedeln und in Muskelfasern zu Dauerzysten heranwachsen, in denen wieder viele Tausend infektiöse Stadien (Zystozoiten) entstehen. Interessanterweise gibt es eine Unzahl von Sarkosporidienarten, die sehr wirtsspezifisch jeweils ganz bestimmte Zwischenwirt-Endwirtspezies befallen (z. B. Hund – Reh, Hund – Rind, Hund – Schwein, Katze – Rind, Mensch – Schwein, Mensch – Rind usw.).
Die Muskelzysten können mikroskopisch klein sein, bei vielen Arten erreichen sie jedoch eine Länge von über 1 mm und sind daher, wenn sie in größerer Anzahl vorliegen, mit freiem Auge gut erkennbar.
Im Feinbau unterscheiden sich Miescher'sche Schläuche durch ihre längliche spindel- oder schlauchförmige Gestalt unterschiedlicher Größe und ihre einfache Hülle, während die eingekapselten Muskeltrichinen zitronenförmig, von stets gleicher Größe sind und eine doppelt konturierte, deutlich von der Muskulatur abgesetzte Kapsel besitzen. Weiters unterbrechen die Muskeltrichinen die Querstreifung der Muskulatur, während diese bei den Miescher'schen Schläuchen erhalten bleibt. Im Inneren fällt bei den Muskeltrichinen der typisch eingerollte Rundwurm auf, bei den Sarkosporidienzysten eine lamellenartige Struktur.

Sarkosporidienzyste, alt

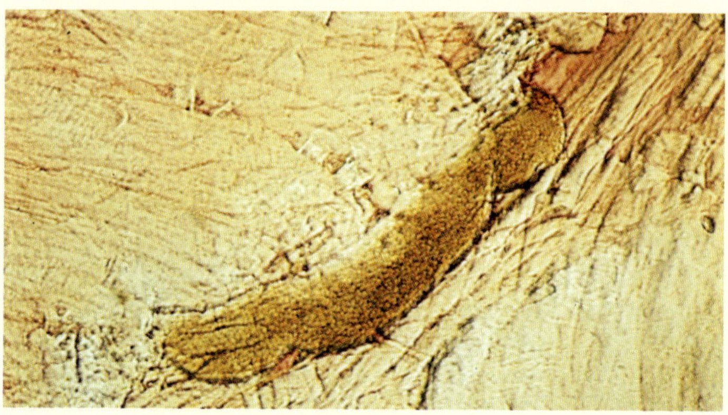

Beim Wild kommen Sarkosporidien besonders beim Schwarzwild und Muffelwild (80 %), beim Rot- und Rehwild (bis zu 100 %) sowie bei Hasen und bei Wildenten vor.

Fleischhygienische Beurteilung: Sind Miescher'sche Schläuche in großer Zahl vorhanden oder ist das Fleisch hierdurch wässrig geworden oder auffällig verfärbt, ist der Tierkörper untauglich, sonst tauglich.

Bandwurmfinnen

Hinsichtlich der Verwechslungsmöglichkeit mit Trichinen hat nur die Schweinefinne *(Cysticercus cellulosae)* Bedeutung. Die Schweinefinne ist das Larvenstadium des beim Menschen vorkommenden Schweinefinnen-Bandwurmes *Taenia solium*. Sie kommt bei uns kaum noch vor, in Ländern der Dritten Welt muss hingegen mit dem Auftreten der Schweinefinne gerechnet werden.
Prinzipiell kann davon ausgegangen werden, dass Trichinen, im Gegensatz zu Bandwurmfinnen, mit freiem Auge nicht sichtbar sind und nur durch eine mikro-

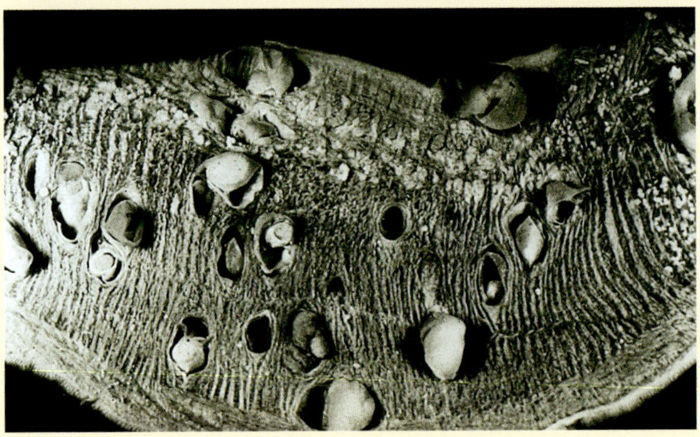

Schweinefinne *(Cysticercus cellulosae)* in der Zungenmuskulatur

skopische bzw. trichinoskopische Untersuchung erkannt werden können. Lediglich bei starker Anlagerung von Fettgewebe an die Kapselenden oder bei starker Verkalkung können die Trichinen schon mit freiem Auge sichtbar werden und so mit frühen Entwicklungsformen von Bandwurmfinnen verwechselt werden.
Mittels der mikroskopischen Untersuchung kann die Bandwurmfinne leicht anhand ihres Feinbaues erkannt werden. Weiters aufgrund der Tatsache, dass Bandwurmfinnen stets zwischen den Muskelfasern liegen und auch im Herzmuskel vorkommen, während Trichinen nur innerhalb der Muskelfasern anzutreffen sind.
Die Schweinefinne ist ein stecknadelkopf- bis erbsengroßes, flüssigkeitsgefülltes dünnwandiges Bläschen, in welchem sich die hirsekorn- bis hanfkorngroße Kopfanlage abzeichnet. Lieblingssitz der Schweinefinne ist die Hinterschenkelmuskulatur, die Bauch-, Zwerchfell-, Zwischenrippen-, Nacken- und Herzmuskulatur.

Fleischhygienische Beurteilung: Das gesamte Fleisch ist untauglich.

Tyrosinkristalle

Die als weiße Stippchen auftretenden Einlagerungen kommen nur im gepökelten und geräucherten Fleisch vor. Im Mikroskop ist erkennbar, dass sie sich über mehrere Muskelfasern erstrecken, von keiner Kapsel umgeben und strukturlos sind.

Tripelphosphatkristalle

Diese nur in fauligem Fleisch anzutreffenden Kristalle sind im Mikroskop an ihrer typischen „Sargdeckelform" zu erkennen. Sie können, ebenso wie die Tyrosinkristalle, leicht mittels Essigsäure oder Kalilauge aufgelöst werden.

Widerstandsfähigkeit der Trichinen

(gilt nicht für *Trichinella nativa* hinsichtlich Gefrieren)

Zur Inaktivierung sind mindestens notwendig:

1. Temperatur:	+60 °C durch 10 Minuten
	–37 °C durch 2 Minuten
	–35 °C durch 40 Minuten
	–30 °C durch 24 Stunden
	–20 °C durch 96 Stunden
	–12 °C durch 13 Tage
2. Pökeln:	14 Tage bei einem Salzgehalt von 4 %

Übung der Probenentnahme für Probenzieher

Für die Einsendung an ein berechtigtes Trichinenlabor werden bei Wildschweinen aus einem der beiden Zwerchfellpfeiler oder von der Unterarm- oder Zungenmuskulatur mindestens 10 g (kastaniengroßes Stück) entnommen. Werden nicht ganze Tierkörper, sondern nur Teile (zerlegtes Fleisch) untersucht, ist je Fleischteil eine mindestens 10 g schwere, fettarme Probe aus quer gestreiftem Muskelfleisch, möglichst in der Nähe von Knochen oder Sehnen, zu entnehmen.

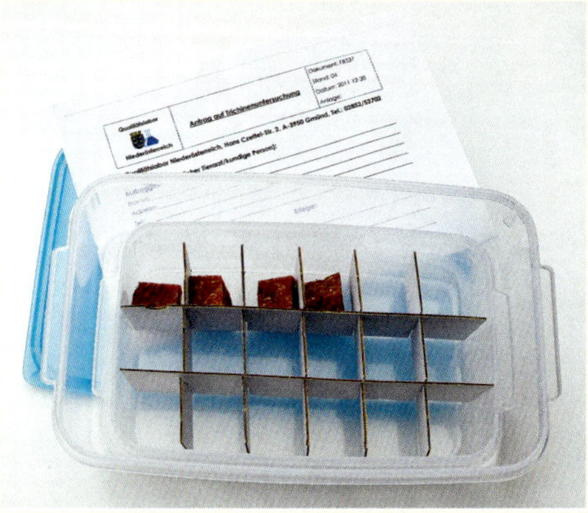

Verpackungsbeispiele:

Links: Verpackung für eine größere Probenzahl

Unten: Einzelproben-Verpackung

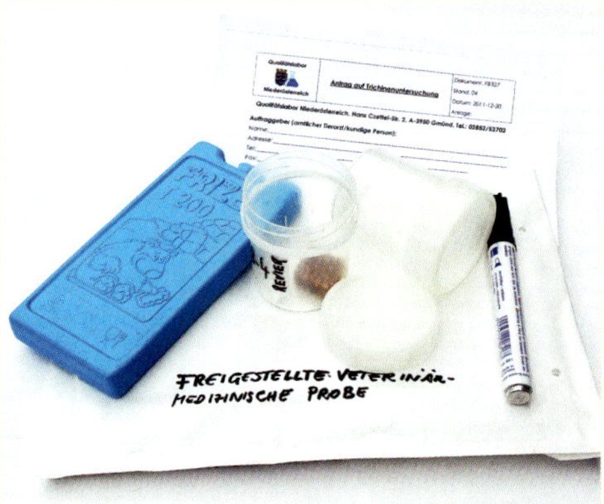

Beim Versand von Proben für die Trichinenuntersuchung sollten die Anforderungen des Untersuchungslabors zuvor erfragt werden.
Proben für die Trichinen-Untersuchung gelten als „freigestellte veterinärmedizinische Proben“, d. h., es besteht nur eine minimale Wahrscheinlichkeit, dass sie Krankheitserreger enthalten. Die Verpackung muss zweischichtig sein, die innere Schicht wasserdicht (z. B. verschweißter Plastiksack oder Dose mit Schraubdeckel), die äußere Schicht zumindest staubdicht, optimal mit saugfähigem Papier zwischen den beiden Schichten. Beim Postversand wird die so verpackte Probe in ein Polsterkuvert gegeben. Das Kuvert ist mit „freigestellte veterinärmedizinische Probe“ (Schrifthöhe mindestens 6 mm) zu beschriften.
Für Einzelproben sind Plastiksäckchen ausreichend, bei mehreren Proben (z. B. nach Riegeljagden) gibt es entsprechende Einsendegefäße, die auch bei den Labors erhältlich sind. Den Proben ist unbedingt ein Begleitschreiben beizulegen (Musterblätter sind bei den Labors erhältlich).

Es besteht Infektionsgefahr für den Menschen (Zoonose). Fleisch mit Trichinen ist genussuntauglich. !

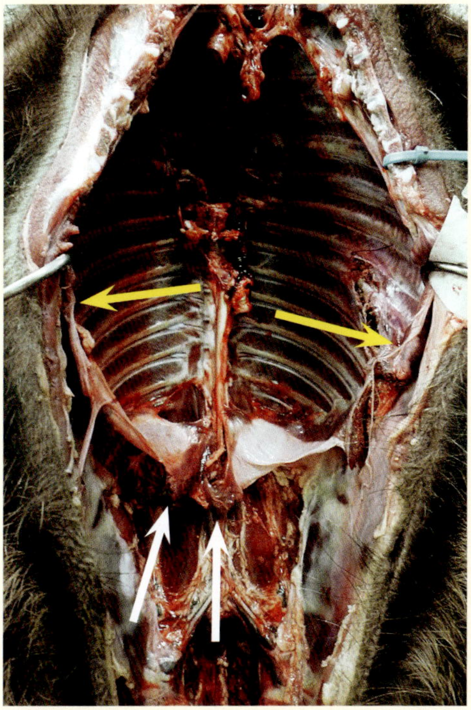

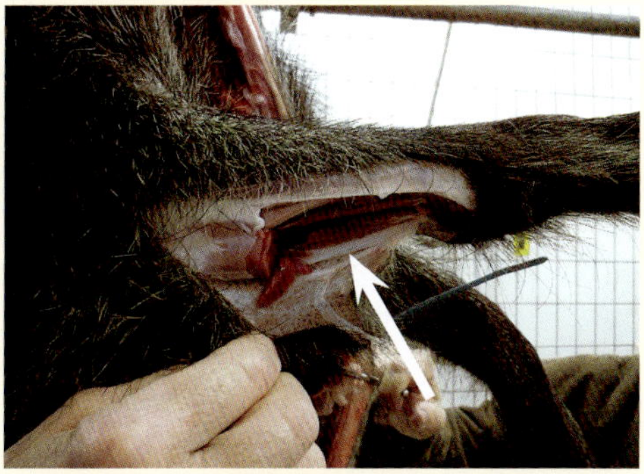

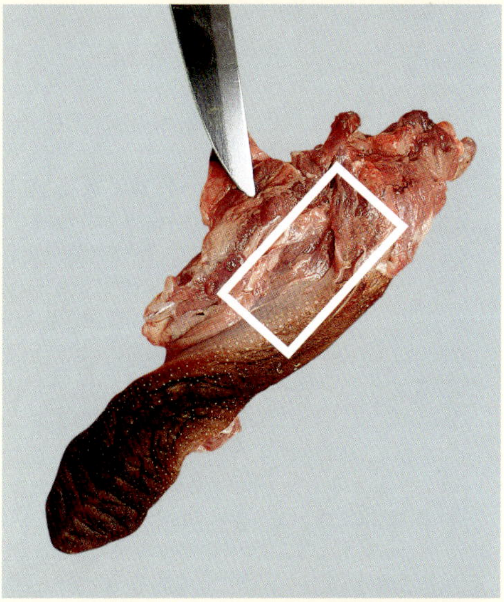

Die Proben sind entweder

- vom Zwerchfell (Bild oben: Zwerchfellpfeiler, weiße Pfeile), oder vom Rippen-Brustbeinteil (Bild oben: gelbe Pfeile) zu nehmen oder
- von der Unterarmmuskulatur (Bild rechts oben)
- oder von der Zunge (Bild rechts Mitte).

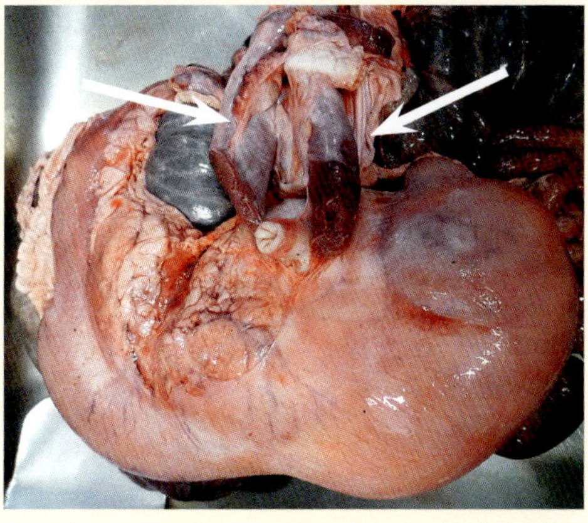

Achtung: Beim Herausreißen des Zwerchfells bleiben Teile der Zwerchfellpfeiler am Magen, links und rechts von der Einmündung der Speiseröhre in den Magen (Bild rechts).

Trichinen-Untersuchung

Notfallplan Österreichs

gemäß Artikel 7 Verordnung (EG) Nr. 2075/2005,
Beilage zu GZ 74.310/0002-IV/4/2007 vom 24. 1. 2007

Zur Verhinderung der Übertragung von Trichinellen von Tieren auf den Menschen ist folgende Vorgangsweise einzuhalten und sind gegebenenfalls folgende Maßnahmen durchzuführen:

1. Schlachtkörper dürfen erst nach Vorliegen des negativen Trichinenbefundes den Schlachthof, Wildschweine den Betrieb, wo die Trichinen-Untersuchung eingeleitet wurde, verlassen. Eine weitere Bearbeitung vor dem Vorliegen des Untersuchungsergebnisses darf nur dann stattfinden, wenn diese in einem Betrieb erfolgt, der in unmittelbarem örtlichen und organisatorischen Zusammenhang mit dem Schlachthof steht und durch entsprechende Maßnahmen sichergestellt ist, dass kein Teil der betreffenden Partie Fleisch vor Abschluss der Untersuchungen aus dem Betrieb abgegeben wird.
2. Die Rückverfolgbarkeit der einzelnen Tierkörper zum Herkunftsbetrieb (Tierhalter) bzw. Jagdrevier im Falle von Wildschweinen ist durch betriebseigene Systeme in Verbindung mit den vorgeschriebenen Begleitdokumenten im Rahmen der Lebensmittelkette durch den Lebensmittelunternehmer zu gewährleisten.
3. Das Ergebnis der Untersuchung und damit die endgültige Genusstauglicherklärung ist nachweislich dem Betriebsverantwortlichen bekannt zu geben. Tierkörper und Fleischteile, die als trichinenpositiv beurteilt wurden, sind als genussuntauglich zu kennzeichnen und gemäß Verordnung (EG) Nr. 1069/2009 i. d. g. F. und Tiermaterialgesetz BGBl. I Nr. 2003/141 als Material der Kategorie 2 zu entsorgen. Werden vor Abschluss der Trichinen-Untersuchung im Zuge einer weiteren Bearbeitung Teile verschiedener Tierkörper vermischt, so sind im positiven Fall alle Teile der betroffenen Partie entsprechend zu entsorgen.
4. Werden nach dem Inverkehrbringen von genusstauglich befundetem Fleisch bei Kontrollen Trichinen festgestellt, so sind vom Lebensmittelunternehmer alle erforderlichen Maßnahmen, einschließlich der Verständigung der Lebensmittelaufsichtsbehörde gemäß Artikel 19 der Verordnung (EG) Nr. 178/2002 und einer allfälligen Rückholung bereits abgegebener Ware, zu veranlassen.
5. Positive und zweifelhafte Befunde sind im österreichischen Referenzlabor für Trichinen abzuklären:

   Österr. Agentur für Gesundheit und Ernährungssicherheit (AGES),
   Institut für Veterinärmedizinische Untersuchungen Innsbruck,
   6020 Innsbruck, Technikerstraße 70,
   Tel. 0505 55-713 11 11,
   Fax 0505 55-712 22,
   E-Mail: vetmed.innsbruck@ages.at
   Internet: www.ages.at
6. Im Herkunftsbetrieb bzw. Jagdrevier sind von der zuständigen Behörde gemäß Zoonosengesetz Erhebungen durchzuführen.

■ Ablauf der Trichinen-Untersuchung auf einen Blick

Wild, das Träger von Trichinen sein kann:

◆ **für den eigenen häuslichen Verbrauch:**
● Untersuchung dringend empfohlen (gesetzlich nicht verpflichtend).

◆ **für Direktvermarktung:**
● a) Die kundige Person (siehe Seite 226) entnimmt Zwerchfellpfeiler und sendet die Probe an ein berechtigtes Labor zur Untersuchung
b) der amtliche Tierarzt entnimmt Probe und untersucht bzw. veranlasst die Untersuchung in einem berechtigten Labor

Die Regelungen können je nach Bundesland differieren.

◆ **an den Wildbearbeitungsbetrieb:**
Die Probenentnahme wird im Wildbearbeitungsbetrieb vorgenommen, die kundige Person hat keine Proben zu entnehmen!

Zwerchfellpfeiler beim Aufbrechen für die spätere Probenziehung am Tier belassen!Giatecae pudaest omnis nossit ulparchit offic tem eaquid

Lage der Zwerchfellpfeiler

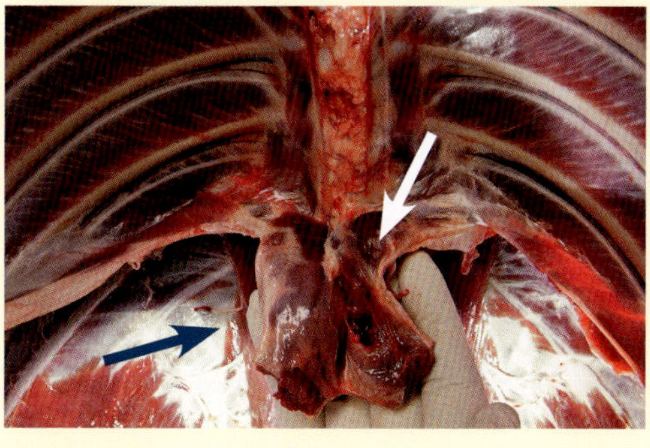

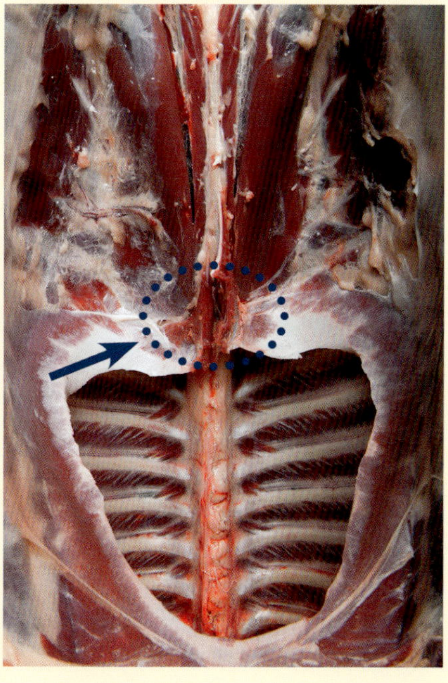

Trichinen-Untersuchung

Gegenwärtige Abläufe bei der Trichinen-Untersuchung

Die vorgeschriebene Methode ist die der künstlichen Verdauung, wobei es für die sogenannte „Direktvermarktung" Ausnahmen gibt, allerdings mit Einschränkungen hinsichtlich Stückzahl und Verarbeitungsmöglichkeiten.

Abgabe an	Ablauf
Wildbearbeitungsbetrieb (Wildhandel)	➡ Jäger stellt sicher, dass Zwerchfellpfeiler nicht entfernt wird
Konsument, Jagdgast, Gastwirt, Fleischer	➡ Jäger stellt sicher, dass Zwerchfellpfeiler nicht entfernt wird ➡ geschulte kundige Person entnimmt Probe und sendet diese an zugelassenes Labor; Ergebnis an geschulte kundige Person, diese trägt Ergebnis auf Wildbret-Bescheinigung ein ➡ Probenahme auch durch amtlichen Tierarzt möglich

Obwohl die Gefahr der Ansteckung durch Trichinen hierzulande stark zurückgedrängt wurde, muss das Schwarzwild ausnahmslos auf Trichinen untersucht werden

■ Wichtige Adressen (Stand 2020)

Forschungsinstitut für Wildtierkunde und Ökologie der Vet.-Med. Univ. Wien
1160 Wien, Savoyenstraße 1
☎ 01/250 77-7900, Fax 01/250 77-7941
E-Mail: fiwi@vetmeduni.ac.at
Internet: www.vetmeduni.ac.at/fiwi

Österr. Agentur für Gesundheit und Ernährungssicherheit (AGES) Zentrale
Spargelfeldstraße 191
1220 Wien
☎ 05 05 55-0
Fax 05 05 55-220 19
Internet: www.ages.at

Abteilung für Hygiene und Technologie von Lebensmitteln der Vet.-Med. Univ. Wien
1210 Wien, Veterinärplatz 1
☎ 01/250 77-33 01
Fax 01/250 77-33 90
E-Mail: peter.paulsen@vetmeduni.ac.at
Internet: www.vetmeduni.ac.at/de/fleischhygiene

Institut für Parasitologie der Vet.-Med. Univ. Wien
1210 Wien, Veterinärplatz 1
☎ 01/250 77-22 01
Fax 01/250 77-22 90
Internet: www.vetmeduni.ac.at/parasitologie

Gefahrgut-Hotline:
Österreichische Post AG
E-Mail: post@g-mayer.at
Internet: www.post.at/g/c/gefahrgutbrief

Kommunikationsplattform Verbrauchergesundheit (Österreich):
Internet: www.verbrauchergesundheit.gv.at

Friedrich-Loeffler Institut (Deutschland), Information über Tierseuchen:
Internet: www.fli.de

Weltorganisation für Tiergesundheit (Internationales Tierseuchenamt, OIE):
Internet: www.oie.int

Landesjagdorganisationen

Burgenländischer Landesjagdverband
7000 Eisenstadt, Johann-Permayer-Straße 2a, ☎ 0 26 82/668 78,
E-Mail: info@bljv.at, www.bljv.at

Kärntner Jägerschaft
Schloss Mageregg, 9020 Klagenfurt, Mageregger Straße 175,
☎ 0 463/51 14 69,
E-Mail: office@kaerntner-jaegerschaft.at,
www.kaerntner-jaegerschaft.at

Niederösterreichischer Jagdverband
1080 Wien, Wickenburggasse 3/13, ☎ 01/405 16 36,
E-Mail: jagd@noeljv.at, www.noeljv.at

Oberösterreichischer Landesjagdverband
4490 St. Florian, Hohenbrunn 1, ☎ 0 72 24/200 83,
E-Mail: office@ooeljv.at, www.ooeljv.at

Salzburger Jägerschaft
Jagdzentrum Stegenwald, 5451 Tenneck, Pass-Lueg-Straße 8,
☎ 0 64 68/399 22,
E-Mail: info@sbg-jaegerschaft.at, www.sbg-jaegerschaft.at

Steirische Landesjägerschaft
8010 Graz, Schwimmschulkai 88, ☎ 0 316/67 36 37,
E-Mail: lja@jagd-stmk.at, www.jagd-stmk.at

Tiroler Jägerverband
6020 Innsbruck, Meinhardstraße 9, ☎ 0 512/57 10 93,
E-Mail: info@tjv.at, www.tjv.at

Vorarlberger Jägerschaft
6845 Hohenems, Markus-Sittikus-Straße 20,
☎ 0 55 76/746 33, E-Mail: info@vjagd.at,
www.vjagd.at

Wiener Landesjagdverband
Gumpendorfer Straße 15/1/9a, 1060 Wien,
☎ 01/548 49 99, E-Mail: office@jagd-wien.at, www.jagd-wien.at

A

B

C

D

E

F

Sachregister

G

H

J

K

L

M

N

O

P

Q

R

S

T

U

V

W

Z

Fachbuch

DIREKT-VERMARKTUNG

Wildbret
Direktvermarktung

Hygiene – Zerwirken – Gesetze – Vermarktung

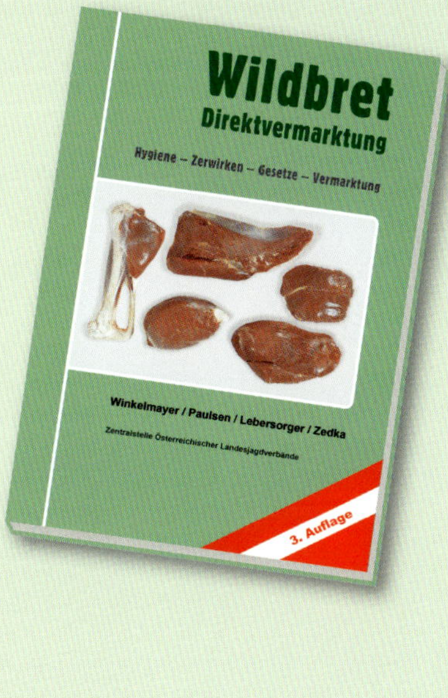

Dieses Buch soll allen, die Wildbret gerne selbst essen, es vermarkten oder es in irgendeiner Form be- oder verarbeiten, als Hygieneleitlinie zur Verfügung stehen: dem Jäger als Direktvermarkter, dem Wildbretliebhaber, dem Fleischhauer, dem Gastwirt, dem Koch und dem Personal der Gemeinschaftsküchen, aber auch den Schülern und Studenten einschlägiger Fachrichtungen.

Autoren:
Prof. Dr. Rudolf Winkelmayer,
Ass.-Prof. Dr. Peter Paulsen,
Dr. Peter Lebersorger,
Hans-Friedemann Zedka

3., völlig neu bearbeitete und erweiterte Auflage, 192 Seiten, 175 Fotos, viele Grafiken und Tabellen

26,–

ISBN 978-3-9501873-9-7

Notizen

Notizen